가구 @ 디자인

Furniture@Design

김국선 · 이세환 · 공석만 공저

光文閣
www.kwangmoonkag.co.kr

머리말

공간의 중요한 구성 요소인 가구는 산업 기술의 발달, 그리고 다양화되는 디자인 개념과 소비자의 요구에 따라 급격한 변화와 발전을 거듭하고 있다. 세계에서 개최되는 가구 관련 박람회는 한 해의 디자인 트랜드를 선도하고, 단순한 조형성 추구가 아닌 기술력이 지원되는 개발로 이어지게 된다. 이러한 가구 관련 분야에 성공적인 디자이너가 되기 위하여서는 단순한 심미적 해결을 위한 디자인 교육이 아니라 총체적인 접근의 교육이 진행되어야 한다. 즉, 프로 디자이너는 가구 개발의 전체 과정을 이해하는 것이 중요하며 인간에 대한 공학적 이해와 환경에 대한 합리적 사고를 바탕으로 하여야 하는 것이다. 따라서 가구의 개념을 기초로 구조, 재료, 제작 공정 및 공간과의 연계성 등에 대한 이해가 이루어지고, 디자인의 커뮤니케이션을 위한 제도, 랜더링, 그리고 프리젠테이션을 위한 보드 및 모형 제작 등 실질적이고 구체적이며 실무에 입각한 교육을 진행함으로써 전문 디자이너를 위한 학습의 효율성을 극대화 할 수 있을 것이다.

오랫동안 가구 디자인을 지도하면서 학생들의 학습 효과 극대화를 위한 학습 방법의 연구와 주문식 교육 체재에 따른 실질적이고 체계적인 내용을 포함하는 산업체 업무에 바로 접목될 교재에 대한 개발 필요성을 느끼게 되었다. 이에 최신의 정보와 가구 디자인 관련 실무에 대한 이해를 돕는 지침서가 되도록 구성하였으며, 이는 가구 디자이너가 되고자 하는 학습자의 멘토링 역할을 담당하게 될 것으로 기대해 본다.

앞으로도 변화하는 디자인 패러다임에 적극 대응하는 최신의 정보와 지식을 가구 디자인을 공부하는 학생들과 공유하도록 지속적인 정보 수집과 연구 분석을 진행할 것을 약속하며, 이 책의 출간을 위해 물심양면으로 지원해 주신 광문각 출판사의 박정태 사장님과 조화묵 상무님, 편집에 많은 수고를 해주신 임직원들에게 감사의 마음과 함께 새로운 한해를 맞이해 본다.

2007년 2월
저자 일동

CONTENTS

Chapter 4 가구의 재료

Chapter 5 가구 개발과 프로세스

Chapter 6 가구와 표현 기법

Chapter 7 가구와 미래 디자인

Chapter 1
가구와 개념

1. 가구의 정의

1-1. 가구라는 도구

우치다 시게루는 "예전에 우리(동양)와 가장 가까운 생활용품 중에 '가구'라는 것은 없었다. 오로지 '도구'만이 존재했다. 하지만 기능적인 측면에서만 얘기한다면 서양의 '가구'에 필적하는 도구였다."라고 그의 저서에서 얘기하고 있다. 그는 서양이나 동양 모두 '도구로서의 가구'는 고정화된 사물이 아니라 역사적으로는 자유롭게 움직이는 것이라고 하였고, 그 예로 서양 중세의 주거 형태가 주거 공간의 크기와 상관없는 원룸 시스템으로 '홀'이라 불리는 넓은 연회장을 현대의 리빙룸, 다이닝 룸, 베드룸, 워킹룸의 모든 역할로 겸하였고, 특히 좌식 생활을 하는 동양의 일본, 한국 등에서는 하나의 공간이 조리, 식사 공간, 일터, 수면까지 하게 되는 공간이 됨으로써 그 공간을 구성하는 가구는 자유롭게 운반되고 움직이는 형태가 된 것이다.

이러한 가구의 해석 방법은 전통적인 생활 양식에 따라 두 가지로 나눌 수 있는데, 정착 생활하는 농경민 사고의 'fixture'와 유동 생활을 하는 유목민 사고의 'movable'이 그것이다.

독일과 프랑스 등 유럽의 가구는 'mobel', 'meuvle'이라 하여 유목인 전통인 'movable'의 의미가 남아 있고 가구가 세분화되어 종류가 많다. 농경민 전통을 가지고 있는 우리의 가구는 중국과 일본과 같이 'fixture' 개념이 남아 가구의 종류가 세분화되지 않은 편이다. 오늘날처럼 생활이 분화되지 않았던 고대인들의 가구는 그 종류가 많지 않을 것이다. 농경민들에게는 농사에 필요한 도구가, 유목민의 경우는 이동과 사냥에 필요한 도구가 중요한 가구였을 것이다. 인류학자들에 따르면 전통적으로 농경민보다 유목민들이 사용하는 도구와 언어가 세분화되었을 뿐 아니라 무겁고 장식적인 농경민의 가구 디자인에 비해 유목민의 가구는 이동에 유리하도록 가볍고 기능적인 디자인이라고 지적하였다. 농경민의 농사 도구는 사용 방법과 시기가 고정적인데 비해 유목민은 다양한 외부 환경에 적응해 나가야 하고 예측 불가능한 위험에 대처해야 하는 유동적인 생활 때문에 가구와 도구의 종류가 다양하게 발전되었다.

오늘날 가구를 프랑스어로 '뫼블', 이탈리어로 '모빌리아' 라고 부르는 것도 모두 움직인다는 의미를 포함한 것이다.

오늘날의 가구는 중세 프랑스어인 Furnir(설비)에서 유래되었다고 한다.

1-2. 가구가 지니는 기능

가구는 공간과 인체를 연결하는 매개체로 문, 창문, 조명처럼 실내 공간을 구성하는 중요한 요소 중 하나이다. 가구는 실내 공간의 기능과 동선을 결정하여 공간에서 이루어지는 행태를 지원하는 기능뿐 아니라 실내 분위기를 좌우하는 심미적 기능을 지닌다. 따라서 주택 내 가구의 구성이나 배치는 공간 구성원의 성격이나 취향, 선호도를 잘 반영해 준다. 또 의식주 생활을 편리하게 유지하고 관리해 주는 생활의 도구인 것이다.

시대별로 나타나는 가구의 기능을 알아보면 다음과 같다.

(1) 고대

고대의 가구 기능은 권력의 상징물이었다.

고대에서 근대까지의 가구는 지배층 혹은 귀족들의 전유물로 이집트, 로마를 비롯한 고대 국가의 가구는 지배층의 신분을 나타내는 문양을 조각하거나 귀한 재료로 제작되었다. 투탄카멘 왕의 의자는 절대 권력을 상징하는 사자의 발톱 조각과 금박으로 장식되었고, 로마의 막시미아누스 대제의 옥좌는 섬세한 조각이 된 상아로 만들어졌다.

(2) 중세

중세의 가구는 부와 종교적 권력의 상징인 장식적 기능은 물론이고 이동의 기능을 포함하였다.

중세는 초기 기독교와 비잔틴, 로마네스크, 고딕을 포함하는 시기를 일컬으며, 이 시기의 가구는 종교적 기능을 가졌었다. 중세 봉건사회의 영주와 기사들은 넓은 점령지를 돌아다녀야 했으므로 고대 권력자들의 나들이용 가구가 그 원형인 의자와 탁자의 구조를 이동과 보관에 용이하도록 X자 형으로 접어 이동 시 부피를 줄였고, 성에는 카소네(Cassone)와 같이 무겁고 튼튼한 궤 안에 남겨야 할 물건을 보관해 두었다.

(3) 르네상스 이후

르네상스 이후 대량 생산이 가능한 구조와 기능을 지닌 가구가 제작되었고, 부의 축적과 사교에 따른 기능의 가구가 제작되었다.

무역과 상업의 발달로 꾸준히 증가되는 가구의 수요에 적응해서 장식은 점차 사라지고 가구 스타일은 대량 생산이 가능한 단순한 디자인으로 변하게 되었다가, 생활수준의 향상과 직능의 분화로 매우 화려하고 사교적 기능을 지닌 가구들도 만들어졌다.

(4) 근현대

20세기에는 실용적 기능과 함께 단순미를 추구하게 되었고 다양한 재료를 실험적으로 사용하게 된다. 19세기 초 산업혁명 이후, 1851년 수정궁의 런던 대박람회를 계기로 기계 문명과 공업화의 발전으로 생산 기술의 변화와 제품의 질 향상을 이루게 되었다. 이는 가구 수요의 확대와 기계 산업 발전으로 강한 구조적 특성과 복합적 기능을 지니는 가구의 생산이 이루어지게 되었다. 이는 현대에 이르러 다양한 공간과 사용자, 그리고 사용 목적에 따른 다양한 가구를 지원하는 현대 가구 디자인의 기능을 지니게 된다.

1-3. 가구가 지녀야 하는 구조

가구는 주어진 공간 내에서 인간의 행태를 보조하고 지원하는 도구로써, 그러한 활동에 수반되는 여러 가지 힘 또는 충격에 대응할 수 있어야 한다. 이러한 외부적 힘과 충격에 대해 대응하는 디자인은 기획 초기 단계부터 고려되어야만 한다. 이러한 체계적인 단계를 거쳐 효율적 제품 생산이 이루어짐으로써 가구로서의 기능을 적절히 수행할 수 있다. 그러므로 디자이너는 가구의 구조에 대해 충분히 이해하고 안정성과 견고성을 고려하여 디자인함으로써, 미적인 조형적 측면과 기능적인 구조적 측면을 모두 만족시킬 수 있다.

과거에는 구조적인 부분을 감추기 위하여 장식 부착이나 디자인의 다양한 처리기법을 활용하였다. 그러나 현대 디자인에 있어서는 구조가 가구 전체의 형태나 요소들의 구성을 결정하기도 하는 적극적 요소로 활용되는 예도 많아서 구조가 더는 감추어져야 할 부분이 아니며, 오히려 표면적인 장식보다 더욱 조형성을 지니는 경우가 많다. 실제로 구조는 단순한 기술적인 문제일 뿐 아니라 전체 디자인에 영향을 주는 중요한 요인으로 고려되어야 한다.

디자인 과정에서 반영되어야 하는 가구 기능을 지원하는 구조는 안정성과 견고성, 전단응력, 휨과 꼬임 등에 대한 보강 등을 고려하여야 한다.

1) 안정성

가구는 안정성과 견고성을 동시에 고려하여 디자인하여야 한다. 가구의 안전성은 가구 자체 구조물의 무게인 고정 하중(Static Loads)과 연관성이 있고, 견고한 구조라도 안정성이 유지되지 않고 구조는 견고하지 않더라도 안정적인 가구가 있을 수 있다. 또한, 한 장소에서 안정성을 유지한다 해도 다른 장소로 옮겨져 같은 모습으로 안정적인 평형을 이루지 못하면 안 된다. 이는 가구 자체의 중력 중심과 가구에 부가되는 수직적인 힘이 가구를 지지하는 하부 구조물의 영역 이내로 들어왔을 때 항상적인 안정성을 가진다. 그러나 환경에 따라 가구에 부가되는 힘은 일정하지 않으며 그 위치와 강도가 변화할 수도 있다. 즉, 가구에 놓여져 있던 물체의 이동으로 인하여 변화된 수직적 힘으로 인해 중력의 중심이 바뀌게 되며, 이것이 탁자를 지지하는 하부 구조물, 즉 탁자 다리의 영역을 벗어나게 되면 그 가구는 안정적인 평형 상태를 잃게 되어 넘어지게 된다.

일반적으로 중력의 무게 중심이 낮을수록 안정적이다. 따라서 중력의 중심을 낮추기 위하여 바닥에 접하는 하부 구조물을 넓고 무겁게 하여 가구를 보다 안정적으로 유지되도록 디자인할 수 있다.

가구에 가해지는 힘은 위치뿐만 아니라 강도도 변화할 수 있어서 가구 디자인에 있어서 중력의 중심 위치가 항상 이동할 수 있다는 사실이 고려되어야 한다. 수납장과 같은 경우 서랍을 열거나 문짝을 열게 되면 중력의 중심 위치가 이동하며, 그것이 바닥과 접하는 면적 밖으로 이동하면 평형을 잃고 쓰러지거나 이음새가 갈라지는 등 구조적 결함이 나타나게 되는 것이다.

따라서 가구의 안정성을 위해서는 외부로부터 가해지는 힘 이외에 가구 자체의 무게와 구조, 무게 중심의 위치 등을 고려하여 가구의 이음새와 지지대 등에 무리를 주지 않도록 하여 가구의 제 기능을 다할 수 있도록 해야 한다.

이동이 잦은 가구의 경우에는 디자인의 초기 단계부터 마찰력 때문에 발생되는 안정성의 문제를 방지할 수 있도록 가구의 이동을 고려하여 캐스터를 달거나 이동이 간편한 형태로 조절해야 한다. 또한 자주 사용하는 서랍의 경우에는 움직임을 용이하게 해주는 경첩을 선택하면 가구 사용의 안정성을 부여하게 될 것이다.

2) 견고성

놓여진 상태를 잘 유지하는 것이 안정성이라고 한다면, 하중이나 파괴, 분리, 휨 등의 외부 힘에 대한 저항력을 견고성이라고 한다. 가구의 견고성은 적절한 재료의 선택과 균형있는 각 부분들의 크기 및 결합을 통하여, 사용 시에 예상되는 외부적 압력에 미리 대응함으로써 이루어진다. 이러한 견고성의 개념은 파손에 대한 대비 측면만이 아니라 가구 사용의 기능성과도 관련이 있어서 선반의 처짐과 불안한 흔들림과 기울어진 가구는 제 기능을 다할 수 없기 때문이다. 그러나 견고성에 치중하여 필요 이상의 규격과 강한 자재를 사용한다면, 구조는 튼튼하겠지만 과다한 가구 자체의 무게와 재료의 낭비, 비용의 문제 등이 발생할 수 있다. 때문에 적절하고 체계적인 방법으로 안정성과 견고성을 고려하여 가구를 디자인함으로써 사용자의 생활과 행태를 지원하는데 적합한 가구가 되도록 하여야 한다.

3) 응력

기능적으로 문제가 없는 디자인을 하기 위해서는 가구의 구조에 영향을 주는 외적 압력에 대한 일반적인 이해가 필요하다.

물체에 가해지는 압력은 구조물 전체로 분산되어 각 부분에 다른 영향을 준다. 고정적 하중이나 적재 하중은 지속적 힘을 가구에 가하게 된다. 이를 응력이라 하고 가구의 각 부분과 부자재에 따라 압축 응력, 인장 응력, 전단 응력 등으로 분류할 수 있으며, 전단 응력은 부재의 이음새와 연결용 피팅(Fitting)에서 나타나는 힘으로 재료의 구성 요소들이 각기 다른 방향으로 힘을 받을 때 형성되는 압력이다. 예로써 선반의 다보와 경첩 등을 선반이나 측판, 문짝 등을 파내고 조립함으로써 전단응력으로부터의 파손을 방지하는 것이다. 구조물의 지지점 역할을 해야 하는 모서리의 이음새 등은 상당한 힘이 가해짐으로 단순히 접착제만으로 조립하는 것보다는 나사못이나 나무못을 사용하여 그러한 압력에 견딜 수 있도록 하거나, 이음새의 접합 부분의 면적을 넓히는 이음 방법을 적용하여 압력의 분산을 도와야 한다.

지렛대의 원리를 기초로 하는 캔틸레버 구조는 한쪽 끝에 지지점이 있는 지렛대와 같은 구조로서 사람이 의자에 앉게 되면 체중의 2배에 가까운 힘이 실리며 이는 지지점 또는 의자의 다리를 통해 바닥으로 전달된다. 그러므로 앉는 부분의 강도가 크지 않으면 지지점을 중심으로 부러지게 되는데, 이를 막기 위해서는 앉는 부분의 길이를 상대적으로 짧게 하여 가해지는 힘을 감소시키거나 부재를 덧대어야 한다.

압력이 가해지는 경우 가구의 이음새가 가장 큰 영향을 받게 되는데, 이는 힘이 모이는 지점이 되기 때문이다. 가구 디자인을 전개시키는 데 있어서 이러한 외부적 힘의 종류 및 강도에 대한 파악은 기초적인 것이며, 그것을 미리 예측하고 대응할 수 있는 구조적 설계가 필요하다.

4) 휨, 꼬임

휨, 꼬임은 하중에 의한 부재의 변형이다. 양쪽 두 개의 지지대에 의해 받쳐진 목재의 보에 장력(tension), 압축력(compression), 전단 응력(shearstress) 등이 작용하여 휨과 꼬임의 현상을 나타내게 된다. 보의 하부는 장력에 의해 늘어나고 상부는 압축력에 의해 줄어들며, 지지대가 있는 지점에는 전단 응력이 적용하여 휘는 현상을 가중시키는 것이다.

휨과 꼬임의 현상을 방지하기 위해서는 구조적인 해결 방법과 재료의 적절한 선택에 의해 해결할 수 있다. 구조적 해결 방법으로 두 가지 요인을 고려할 수 있다.

첫 번째는 지지대 사이의 간격이고, 두 번째로는 보의 위치 방향성이다. 예로써 선반의 길이를 되도록 짧게, 보의 높이는 크게 디자인할 수 있는 것이다. 재료에 의한 해결 방법으로는 구조재에 원목보다는 여러 겹의 합판이나 철판 등 외부의 힘에 대응하는 재료를 선택하는 것이 좋다.

5) 보강

과거에는 가구 제작자나 디자이너들이 가구의 구조나 기술적인 측면에 있어서 심각한 문제에 직면하는 경우가 많지 않았다. 그들은 익숙한 재료를 전통적인 방법에 따라 조립하였고, 경험과 상식에 따라 문제를 해결하였다. 그러나 현대의 디자인은 사용자들의 생활양식이 복잡해지고 다양화되었으며, 사회는 급속도로 변화하고 있음에 따라 단순히 전통을 답습하고 상식적으로 구조를 결정하는 것에 만족하지 않는다. 또한 사용자들은 새로운 기능과 디자인을 원하며, 디자이너들도 독특한 재료로 개성적인 형태를 만들어 내기 위해 노력하고 있다.

가구는 공간을 구성하는 중요한 구성 요소로서 인간의 생활을 지원하여 삶의 질 향상을 이루는 것을 생각해 볼 때, 가구가 제 기능을 다할 수 있도록 가구의 구조에 대해 잘 파악하고 연구하여 견고하고 기능성 있는 가구를 만드는 것도 디자이너의 역할에 있어서 필수적이다. 또한, 형태가 아름다운 가구를 만들어 내어 사용자들에게 즐거움을 주는 것도 가구 디자이너에게 있어서 중요한 역할로, 기능만을 우선하는 실용성을 고집하지 않고 가구 소유자의 개성을 강조하는 품격과 예술성을 표현해 주는 것도 주요한 역할이라 하겠다.

2. 가구 디자인의 역사

2-1. 가구의 형성과 발달

가구는 풍토, 민족, 지역, 문화 등의 여러 조건에 영향을 받으면서 오랜 세월 동안 독특한 양식을 이루어 오늘에 이른다. 그러나 인류 역사상 언제부터 가구가 존재했는지 정확하게 알 수 없으나 오늘날과 같은 개념의 가구가 최초로 제작된 것은 스코틀랜드, 오크니제도(Orkney 諸島)의 스크라 브래(Skra Brae)에서 발굴된 신석기 시대의 주거지에 있던 의자와 침대가 통합된 가구를 최초의 것으로 일컫고 있다.

그러나 본격적으로 가구가 제작되고 실용화된 것은 고대 이집트의 전성기인 신왕국(新王國)의 수도 테베(Thebes)의 비지에르 렉마이어(Vizier Rekhmire) 고분에서 발견된 벽화에 노예들이 가구를 제작하는 모습이 묘사되어 있는 것으로 보아 고대 국가의 형성 이후라고 언급되고 있다. 현재의 역사적인 유품의 대부분은 주로 권력층이 사용한 가구이며, 일반 서민이 일상생활에서 널리 가구를 쓰게 된 것은 유럽에서도 18세기 이후의 일이라고 한다.

가구는 인간이 농경 생활과 같은 정착 사회를 형성하기 시작한 이후부터 의식주와 밀접한 연관성을 지닌 생활용품으로써 인간이 미적 · 기능적 욕구를 충족시키기 위한 생활 도구로써 발달되기 시작하였다. 이러한 가구의 형성과 발달 과정은 넓은 의미로는 각 인종과 민족의 독특한 정서와 미학을 내재하고 있는 사상과 종교의 역사적 전통성에 근원을 두고 있다. 좁은 의미로는 계급적 분화가 일어난 역사 이후의 시대부터 당시의 문화를 반영하는 조형물로서 건축 양식과 밀접한 관련이 있으며, 그러나 이와 같은 가구의 양식은 어느 한 민족의 문화적 요인으로서만 성립하는 것이 아니라 다른 민족의 문화적 요인을 흡수하고 융화시켜 그 민족 특유의 미의식을 내포한 조형미로 창조하고 발전시킨 것이라 할 수 있다.

가구의 발생은 다음 세 가지 요인에 의한 것으로 생각해 볼 수 있다.

첫째, 정착 생활과 농경 생활로 인해 의식주에 여러 종류의 도구와 기구가 필요했기 때문이다.

둘째, 신체적 안락과 편리를 위해서이다.

셋째, 종교 의식이나 상징의 차원 때문이다.

이러한 가구의 형성, 발전은 역사적 · 문화적 요인 외에도 지리적인 영향과 기후조건, 천연자원 등 자연 환경의 영향을 복합적으로 받고 있다. 따라서 가구는 시대별, 지역별, 계층별 특성에 따라 각 시대의 문화와 생활양식을 그대로 반영하는 조형예술품의 하나라고 말할 수 있다.

그리고 현대에 들어와서는 급속한 발전을 이루는 산업 구조의 변천과 함께 각 나라 상호 간에 문화 교류의 빈도가 증가되고, 더욱이 현대의 산업 사회가 요구하는 대량 생산의 필요성에 의해서 가구의 제작 방법은 분화되고 기술적인 진보 역시 하루가 다르게 변화되고 있다.

1) 자연 환경의 영향

가구의 발달에 있어서 자연 환경은 가구의 지역적 특성을 형성하는 중요한 요인으로 작용한다.

기온과 습도, 강수량, 그리고 지세(地勢)와 지질(地質)은 가구의 주요한 재료로 사용되어온 나무의 생장 및 수종(樹種)의 분포에 직접적인 요인으로 작용할 뿐 아니라 주택의 공간 구조에도 영향을 미쳤다. 전 세계적으로 살펴볼 때 가구의 발달은 북반구의 북위 23~66° 사이의 지역 중 사막 기후 지대와 건조한 초원 지대인 스텝 기후 지역을 제외한 각 지역에서 발달하게 되었다. 즉, 수목 생장의 가능 지역과 한계 지역의 뚜렷한 차이는 가구 발달의 가능성에 관한 명확한 한계를 보여준다. 다만, 예외로 열대 지방은 천연 수목의 자원이 풍부함에도 불구하고 가구의 발달이 미약했는데, 이러한 원인은 고온다습한 기후가 가구의 보존을 방해하였을 뿐만 아니라 열대 지역 거주민의 생활양식과 주택 구조가 가구의 발달을 필요로 하지 않았기 때문이다.

따라서 가구의 발달은 사계절이 뚜렷하게 나타나고 다양한 종류의 나무가 분포한 온대 지역과 풍부한 침엽수로 형성된 냉대 기후 지역에서 두드러지게 나타나는 것이다. 특히 온대 지방에서는 인간의 의식주가 사계절에 따라 변모하므로 이에 따라 용기, 식량, 의복의 관리 및 사용을 위한 가구의 사용은 필연적인 것이었으며, 이러한 가구 사용의 필연성은 다양한 수종으로 형성된 삼림 자원으로 충족될 수 있었다.

2) 주거의 영향

실내의 공간 구조는 가구와 깊은 관련이 있다. 역사적으로 주택의 실내 공간 구조가 가구의 형태 및 그에 따른 양식의 형성에 결정적인 영향을 미쳐왔음은 많은 선례를 통해서 엿볼 수 있다. 따라서 실내 구조가 가구에 미친 영향을 알기 위해서는 동양과 서양에 있어서의 실내 공간을 해석하는 개념의 차이와 역사적으로 동양과 서양의 건축에 사용된 재료와 가구의 특성을 서로 비교할 필요가 있다.

역사적으로 서양의 건축 구조는 돌이나 벽돌에 의한 주거 공간의 입체화라고 할 수 있다.

프랑스의 건축가 르 코르뷔지에(Le Corbusier)가 "유럽에 있어서 건축의 역사는 창(窓)과의 투쟁, 바로 그것이었다."라고 말하였듯이 돌과 벽돌로 만든 건축에 있어서 개구부(開口部)를 만드는 일은 기술적으로 극히 어려운 문제가 되는 것이다. 따라서 르 코르뷔지에의 말은 '유럽에 있어서 건축의 역사는 돌과 벽돌과의 투쟁이었다' 라고 해석할 수 있을 것이다.

이러한 지적은 돌과 벽돌로 형성된 서양의 건축 공간이 가구 양식의 전개에 커다란 요인으로 작용하고 있음을 암시한다. 반면에 동양, 특히 한국과 일본에서는 목재를 주로 사용하여 주택을 만들었으므로 창과 출입구와 같은 개구부를 만드는 것이 서양보다 훨씬 쉬웠다고 할 수 있다. 그러기에 서양의 건축은 해체할 경우 그것은 곧 입체의 소멸을 의미하기 때문에 다시 원상태로의 복구가 어렵지만, 동양의 건축은 대부분이 해체한 뒤에도 원형대로의 복구가 가능하다.

3) 종교와 사상의 영향

종교와 사상의 영향이 가구의 형성에 직접적인 영향을 미치게 된 것은 역사 이후의 시대이나 그 기원은 선사 시대의 종교적 조형 미술에서 시작된다고 할 수 있다.

원시 종교는 수렵 및 채취 생활과 깊은 관련을 가진 샤머니즘과 토테미즘의 마술적 수렵 의식을 토대로 해서 그에 따른 조형 미술을 창조하였다. 특히 토템의 동물 미술은 원시인들의 신앙 및 생활 배경과 불가분의 관계를 가질 뿐 아니라 구체적인 상징성을 통하여 그들의 세계관을 보여주고 있다.

이와 같이 샤머니즘과 토테미즘에서 파생된 원시 종교의 조형 미술은 구석기 시대의 사실적인 동물 묘사와 같은 자연주의 경향을 거쳐 신석기 시대에는 추상화, 상징화된 표현의 형식주의가 등장하게 된다. 이들 미술은 미적인 가치를 지니고 있을 뿐만 아니라 종교적 의의도 지니는 것이다.

또한 신석기 시대의 조형 미술에 있어서 형식주의의 등장은 종교에 있어서 구석기 시대의 일원론적 세계관이 애니미즘의 이원론적 세계관에 의해 대치되었음을 의미한다. 이러한 원시 종교의 조형 미술은 고대 국가의 건국 신화나 시조 신화 등과 결합하여, 종교로서의 형식을 갖춘 역사 이후의 시대로 계승되어 인간의 정신세계를 구체적으로 표현시킨, 즉 신(神)을 표현하는 종교적 조형 미술로서 본격적인 발전을 하게 되는 것이다.

따라서 이러한 종교적 조형 양식이 고대 국가의 성립 이후 신성한 힘이나 권위의 상징을 이용된 고대 가구의 성격 형성에 커다란 영향을 미치게 된 것은 필연적인 결과였다.

한편, 사상의 흐름에서 보면 서양에서는 가구의 조형에 있어서 그 영향이 르네상스 시대까지는 종교와 분리되지 않고 종속적인 상태로 작용하였다. 그러나 르네상스 시대 이후에는 가구에 있어서 종교의 영향이 감소되고, 그 대신 사상의 영향이 확대되었으며, 특히 20세기 이후에는 가구 양식에 대한 독자적인 사상 또는 개념이 생기게 되었다. 그러나 동양에서는 사상이 역사 시대 이후부터 근세에 이르기까지 거의 전 시대를 통하여 종교와 분리할 수 없는 결합된 상태로 가구에 영향을 미치고 있다.

따라서 가구의 형성과 발달에 있어서 종교와 사상의 영향은 동양과 서양 모두 예외 없이 종교에서 시작되었다고 할 수 있다.

4) 가구 양식의 형성

양식이란 예술 작품 등에 있어서의 유형적 특징을 말한다. 따라서 양식화라는 말은 보통 자연물의 형태를 재래의 관용되어온 형식에 따라서 강력하게 또는 필요 이상으로 바꾸거나 단순화하는 조형 예술상의 한 수법을 말한다.

한편 전통은 여러 세대의 경험이 집적되어 나타나는 법칙, 즉 인간의 경험이 귀납한 법칙이 있다. 그러므로 이러한 법칙이 형으로 표현되어 나타날 때 하나의 형식을 지닌다고 할 수 있다.

이런 의미에서 볼 때 가구의 형태나 양식미는 전통 위에 성립된다. 가구에 있어서의 전통은 미래의 형이나 양식을 지키고 그 속에서 더욱 이것을 발전시키는 힘을 가지게 되는 것이다.

그러나 시간이 흐르면 이러한 힘이 쇠퇴하게 되고 개성이나 미의식이 전통의 법칙인 기존의 양식에 반발하게 된다. 그리하여 새로운 양식의 출현을 보게 되는데, 이는 곧 양식의 변천을 뜻하게 된다.

가구 양식의 변천 과정은 특정의 시기에 각 민족에게 공통된 정신적 표현 방법을 나타내는 시대 양식의 변천에 근거를 두고 있다.

2-2. 고대(Ancient Age)

1) 이집트

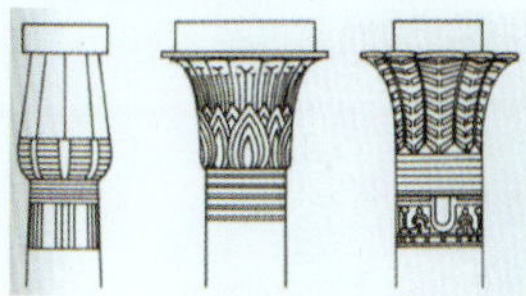

이집트의 주두

이집트는 기원전 3000년경에 이미 국가가 세워지고 파라오를 비롯하여 귀족들은 문화생활을 영위하고 있었다. 이집트의 문화는 진보적이고도 장대하며 위엄 있는 문화였다. 이집트의 문화가 생성된 이면에는 종교가 있었으며, 이집트인의 종교관은 그들이 제작한 모든 조형물에 적용되고 있다.

지배 계급은 실내에서 의자를 사용하였고, 이집트 예술과 디자인의 특성은 좌우대칭, 기하학적인 형태와 비율감을 사용하였으며, 영원성과 견고함을 표현하고자 하였다.

신전 건축과 궁전의 내부는 평평한 석판(린텔:lintel)으로 된 천장과 이를 지탱하기 위한 많은 원통형 석재 기둥들로 채워졌다.

이집트의 가구 종류는 수납용 가구 및 탁자 형태의 가구도 있으나 좌석용 가구가 지배적이다. 이러한 좌석용 가구는 이후 유럽의 각지에서 발생하는 좌석 가구 양식의 기본 형태가 되었다

의자는 명예의 상징으로 고귀한 신분의 사람만이 사용할 수 있었다. 의자의 다리는 황소의 발굽이나 사자의 발톱을 조각하였으며, 발굽 또는 발톱 밑에 작은 나무토막이 받쳐져 있는데 이것은 사자의 머리나 발톱, 소의 발굽 등 조각 장식과 함께 이집트 가구 양식을 대표하는 것으로 이후에 발생한 유럽의 가구 양식에 있어서 주요한 형태의 전형이 되고 있다.

침대는 집권층만이 사용할 수 있었던 사치스러운 가구의 본보기였다. 초기의 침대 형태는 발을 두는 방향으로 침대가 경사져 있었고, 흔히 침대 위에 초승달 모양의 목침을 두고 있다

이집트인의 미학적인 표현을 단적으로 보여주고 있는 이집트의 가구 양식은 가구의 구조적인 접합이 매우 치밀하도록 디자인되어 있으며, 가구의 장식에 쓰이는

재료와 좌석에 사용된 직물의 특성을 발달시켰다.

2) 그리스

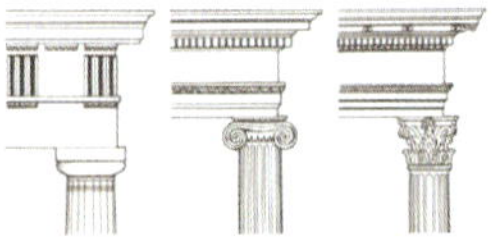
그리스 양식

클리스모스 의자

그리스 접이형 의자

그리스 문명은 B.C 2200년경에 에게해 연안과 그리스 본토를 중심으로 발달하여 유럽 문명의 기초가 되었다고 할 수 있다. 그리스의 모든 건축과 가구에는 기하학적인 공식과 대수학에 기초를 둔 이론적 제도가 적용되었다. 그러므로 일정한 규격의 단위 형태와 단위 형태 상호간의 관계를 고려하여 적절하게 조합된 형태로 발전되었다. 따라서 건축과 가구의 양식은 직관적인 미를 내포하고 있다.

그리이스인들은 나무로 된 트러스 구조와 박공 지붕, 섬세하게 조각된 엔타블러처(Entablature), 3가지 기둥 양식인 도리아식, 이오니아식, 코린티안식을 개발하였다.

파르테논은 가장 완벽한 그리스 신전으로 여겨지며, 1:1.618이라는 황금비율로 계획되었다. 그리스 초기 시대의 가구에 있어서 가장 경이로운 작품은 헤제소(Hegeso) 벽화에서 그 완벽한 모습을 엿볼 수 있는 앞뒤로 벌어진 우아한 곡선의 다리와 둥글게 에워싼 등받이의자, 즉 장식을 배제한 클리스모스(Klismos) 의자를 들 수 있다.

그 밖의 초기 시대와 고 시대의 의자들은 이집트의 의자와 유사하게 다리 부분을 개나 사자의 발톱 등 동물의 다리로 장식하고 있으며, 키가 낮은 의자의 등받이 상단부는 백조의 머리 형태를 조각하고 있다.

B.C 5세기경에는 의자 다리의 전단면이 둥글거나 사각 형태인 직선적인 다리 형태의 새로운 의자가 등장하였으며, B.C 5세기 후반에는 등받이 상단부에 장미 무늬나 소용돌이 무늬를 새겨 넣거나 신화적인 장면을 조각 또는 채색하였다.

B.C 4세기경부터 장방형의 탁자는 점차 다리가 세 개 달려 있는 둥근 형태의 탁자로 대체되었으며, 이러한 둥근 탁자는 헬레니즘 시대에 크게 유행하였으며 로마 시대 탁자의 전형이 된다.

3) 로마

로마의 대리석 옥좌

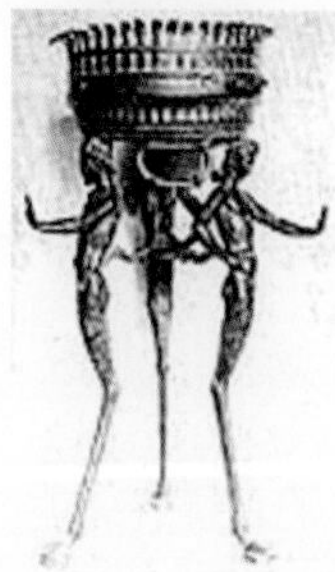
로마의 'Tripod'

B.C 753에 세워져 A.D 400까지 서양 문명 세계의 대부분을 장악하였으며, 디자인에 있어서는 그리스의 예술과 기술을 광범위하게 받아들여 모방하였으나 질적으로는 열등하였다. 그리스는 이상주의를 표방한데 비하여 로마는 실용적이고 조직적이고 세속적이었다.

아치, 볼트, 돔을 발전시켰으며, 콘크리트를 사용하여 구조적 발달을 이루었다. 고대 로마에서는 시민을 사회 제도로서 여섯 계급으로 나누고 최상급의 시민을 클라시쿠스(Classicus)라고 하였다. 이것이 전래되어 예술상의 한 양식으로 발전하였고, 이러한 양식의 작품을 클래식(Classic)이라 부르게 되었다. 따라서 가구의 세계에서 모범적, 전형적인 작품을 클래식이라 부르나 그 범위는 매우 넓게 쓰이고 있다.

좌식 가구로는 솔리움(Solium), 카테드라(Cathedra), 셀라쿠룰리스(Sellacurulis), 바이셀리움(Bisellium) 등이 있다. 그리고 탁자로는 원형의 천판과 삼각대 탁자와 두꺼운 목재로 된 장방형의 천판과 대리석의 구각으로 형성된 탁자가 있다.

이상과 같이 볼 때 로마 시대에는 장이나 함과 같은 수납 가구는 발달이 미약하였고, 탁자나 의자 그리고 침대와 같은 입식 가구가 발달하였다.

실내 벽에는 원근법에 의한 트롱프 뢰유(Trompe L'oeil)에 의해 시각적 착각을 유도한 프레스코화를 그렸고, 바닥에는 모자이크로 눈속임 장식을 하였다. 그림의 주제는 신화, 바깥 풍경, 일상생활, 역사, 초상화, 동물 등이었으며, 가장 즐겨 사용한 색은 검은색과 주홍색이었다. 이외에 유리 제품과 식기류, 램프, 장식 촛대 등이 즐겨 사용되었다.

2-3. 중세(Middle Age)

Middle Age란 용어는 17세기 유럽인들이 그리스, 로마의 영광과 자신들의 근세 사이에 놓인 단절의 시대를 표현하는 말로 사용되었으며, 유럽 세계에 비잔틴과 이슬람이라는 새로운 문명이 등장한 시대이다.

1) 비잔틴

330년 콘스탄티노플(지금의 이스탄블)에 수도를 둔 동로마제국은 1453년 오스만 투르크에게 정복되기까지 고대 로마의 생활양식과 전통을 계승하고 동양의 영향을 혼합하여 독특한 비잔틴 양식을 만들었다. 사각형 건물 위에 돔 지붕을 씌우면서 펜던티브를 발전시켰다. 색 유리와 모자이크 예술이 발달하였으며, 실내는 창을 적게 내어 빛의 유입 효과를 강조하였다. 비잔틴 양식은 중세 그리스와 이탈리아, 러시아의 교회 건축에 영향을 미쳤다.

비잔틴 양식의 가구로는 남아 있는 것이 적다. 그 이유는 이 양식이 과도기적인 것으로 후기의 로마네스크 양식에 쉽게 흡수되어 버렸기 때문이다. 대표적인 가구로는 사자의 머리와 발톱, 돌고래 등의 고대 이집트와 그리스의 조각 장식을 사용한 접을 수 있는 스툴인 쿠올(Cuoule)이 있고, 목조 의자에 정교한 조각 장식을 한 다음 금판을 덮고 등받이 부분에 당시의 건축 양식을 사용한 성피터(St. Peter) 의자, 7세기에 제작된 청동에 도금한 다가베르트(Dagabert) 의자, 동방의 상아 조각의 양상을 보여주는 상아로 된 막시미아누스(Maximianus)의 사교좌 등이 있다.

2) 로마네스크

로마네스크는 초기 중세 봉건 시대에 샤를마뉴(771~814년)의 카로링 왕조에서부터 시작하여 1200년까지 독일, 이탈리아, 프랑스, 영국, 스칸디나비아에서 나타난 교회 건축 및 예술 양식이다. 영국에서는 1066년 노르만족의 침공과 함께 노르만 양식으로 전해졌다.

로마네스크의 디자인 특성은 장식이 적고 육중하고 단순한 느낌이며, 중세 후기에 나타난 고딕을 낭만시에 비유한다면, 로마네스크는 서사시적인 분위기라 할 수 있다. 로마네스크 양식은 비잔틴 양식에 지방 특유의 요소가 융합하여 형성된 양식이다. 이 로마네스크 양식은 가구를 비롯한 장식 미술에 있어서 다분히 동양적이고 추상적 형태의 기하학적이고 환상적인 세계를 드러내고 있다.

봉건 영주들은 여러 개의 성을 가지고 있어서 장소를 옮겨 다녔으며, 이동 가능한 가구나 타피스트리(Tapestry)가 발전하였다. 로마네스크 양식의 가구로는 독일 지방에서 제작된 농민 의자와 스칸디나비아 지방에서 제작된 의자 및 책상, 의류를 수납하고 걸상을 겸용한 철과 청동 장식의 궤, 13세기 중엽에 스위스에서 제작된 아치형의 다리를 부착시킨 호두나무 궤 등이 대표적인 가구이다.

미셸 성당

3) 고딕

12세기 중엽 프랑스에서 고전 양식에 근거를 두지 않는 새로운 교회 건축 양식이 탄생하였다. '고딕' 이라는 용어는 중세 시대 이후 이탈리아인에 의하여 경멸의 뜻으로 '고트족풍' 이라고 부른데서 유래하였다. 고딕 시대에서는 종교가 중심이 되어 금욕적인 생활이 강조되었지만, 양식에서 나타난 디자인 특성은 인간과 자연에 대한 관심을 보여주며, 돌의 무게를 느끼지 않도록 온갖 기교로 자질구레한 장식을 하였으며, 화려한 색채와 곡선이 사용되어 낭만적인 성격을 지니고 있다. 이러한 성격은 이후 아루누보 양식에 영향을 미치게 된다.

건축물은 십자가 형태의 평면이 일반적이었으며, 신앙심을 고취시키기 위하여 수직선이 강조되어 높이 치솟았다. 줄어든 벽면 대신 유리창을 이용하여 색채를 가미한 스테인드글라스 예술이 발달하였으며, 수직적인 구조를 보강하기 위하여 가는 석재 기둥들을 겹쳐서 사용하였고, 고딕 양식의 가구도 비율, 치수 등에 있어

생트샤펠 성당

외형상 장중한 것이 대부분으로 직선을 선으로 한 장방형으로 되어 있다. 또한 가구의 접합 부분도 거의 직각으로 구성되어 딱딱한 느낌을 준다.

도금을 하거나 건축적인 주제를 가구의 양식으로서 적용한 것이 가장 큰 특징이며 천의 주름과 같은 부조를 가구 표면에 장식하는 리넨 폴드(linen fold) 장식과 매듭 형태의 부조 장식인 트레서리(Tracery) 등을 적용한 것도 고딕 가구의 특징이다.

의자는 대부분 직립형이며 등받이에 문장 조각이나 장식, 부조를 하였으며 목제의 천개를 가진 의자도 있다.

상자 형태의 함은 중세 시대의 정치적 여건이 불안전한 기간 동안 가구의 필수적 장점인 운반의 용이성을 보유하고 있어 중요한 구조를 갖는다.

크레덴스(Credence)도 고딕 시대의 주요한 가구 중의 하나인데, 이것은 제대 또는 공물대를 지칭하는 것을 이 크레덴스는 함에 다리를 부착한 장을 의미하는 것이기도 하였다. 또 헌치라는 궤는 가정의 가장 중요한 귀중품을 보관하는 상자로 사용되었는데 침대 옆에 항상 놓여 있었다. 침대는 네 귀퉁이에 지주를 부착시키고 그 위에 천개를 씌웠으며, 트런들(Trundle) 침대는 하인이나 아이들이 사용하는 소형의 각륜 침대를 가리키는 것이다.

고딕 양식의 가구나 북부와 중부의 유럽에서 제작되는 동안 회교도의 지배를 받고 있던 이베리아 반도에서는 가구에 기하학적인 장식을 적용한 플라테레스코(Plateresco) 양식을 발전시켰다.

2-4. 근세(Modern Age)

1) 르네상스

1400년경에 이탈리아의 피렌체 지방에서 중세적 생각을 부정하면서 고대 문화를 되돌아보고 인간성 회복을 중심으로 한 인본주의로, 르네상스의 본질은 중세 종교의 속박에서 인간성을 해방시키는 휴머니즘(Humanism)의 정신에 있었다.

이것이 조형 미술의 경향으로서는 그리스와 로마 시대의 조형 양식으로의 복귀를 의미하는 고전(Classic) 양식의 부활로 나타나게 되었다.

르네상스 운동이 처음 등장한 곳은 고전의 본래 발상지인 이탈리아로서, 이미 14세기에 그 움직임이 있었으며 15~16세기가 절정기가 되어 전 유럽에 확산되었다.

십자군 운동, 마르코폴로의 항해, 시민 계급의 독립, 인쇄술의 발명, 지동설, 나침반 발견 등의 사회적인 변화와 함께 이탈리아인의 지성과 창조적인 본능이 르네상스라는 예술적인 힘으로 발전하였다.

이탈리아 르네상스의 건축적 디테일은 원주, 반원 아치, 볼트, 돔 등 고대 로마의 형태를 사용하였고, 실내에서는 피데스탈, 원주, 기둥, 페디먼트, 니치(Niche) 등이 사용되었다. 평면은 대칭 균형을 이루었다. 벽은 자연스러운 색상으로 문양이나 프레스코 벽화를 그려 넣었으며, 천장은 들보나 코퍼(Coffer)로 꾸며졌으며, 채색을 하기도 하였다. 바닥은 벽돌, 타일, 대리석으로 되었으며, 기하학적인 패턴을 사용하였다.

15세기 말 프랑스는 나폴리 왕국에 출정하게 되어 르네상스의 예술과 건축을 접하게 되었으며, 프랑수와 1세(1515~1547년) 때는 레오나르도다빈치, 비놀라 등 이탈리아의 예술가들을 프랑스로 데려와 왕실에서 일하게 하였다.

따라서 프랑스 성의 실내 궁전의 방들은 좀 더 장식적이며 우아하도록 외부의 건축적 디테일(벽 기둥, 몰딩, 페디먼트 등)이 자주 사용되었다. 방들은 정해진 기능이 없이 용도에 맞도록 가구가 배치되어 사용되었으며, 방마다 벽 마감의 색조를 다르게 하기도 하였고, 화려하게 조각된 벽난로가 배치되었다.

영국은 르네상스의 영향을 가장 늦게 받아 16세기에 사용되었다. 양식의 명칭은 왕권의 이름을 따서 세분화된 단계로 나누어져 헨리 7세와 8세, 에드워드 6세, 메리 1세의 튜더 양식(1500~1558년), 엘리자베스 여왕 시대(1558~1603년), 제임스 1세, 찰스 1세의 자코비안 시대(1608~1649)로 나눌 수 있다.

튜더 시대에는 문과 벽난로의 트림과 패널과 가구의 디테일에서 이탈리아 르네상

프랑스 성의 실내

스가 처음으로 나타나기 시작하였으며, 튜더 아치가 문, 벽난로의 개구부에 많이 사용되었다. 영국 르네상스의 전성기인 엘리자베스 시대에는 고전적인 디테일이 더욱 강조되었으며, 직사각형 형태의 대칭 균형을 이루는 대규모 저택이 발달하였다.

영국 르네상스의 실내는 공간이 큰 만큼 목재 패널에 의해 천정선이 높게 처리되었으며, 후기로 갈수록 실내 및 가구에는 실크, 벨벳으로 의자의 좌석과 등받이에 천을 씌우거나 타피스트리, 쿠션, 자수 등을 많이 사용함으로써 안락함과 화려함을 더하였다.

2) 바로크

베르사이유위 거울의 방

바로크는 17세기 매너리즘에서 시작되었으며, 바로크라는 말은 불규칙한 진주를 의미하는 스페인어 바루카(Barrucca)에서 유래한 말로 '일그러진 진주' 라는 뜻을 가지고 있다. 풍부하고 지나친 장식, 불규칙한 모양의 움직임이 특징이다.

르네상스의 후퇴적인 양식으로 여겨졌던 바로크 양식이 20세기에 와서는 바로크의 공간적인 복잡성을 현대에 나타나고 있는 새롭고 모험적인 작품 성향과 연결하여 재인식되기도 한다. 르네상스 말기에 이르러 예술가들은 엄격한 고전의 범주에서 빠져나오려는 시도를 하게 되었다. 그리고 르네상스 시대를 통하여 재현되고 충실해진 고전 양식은 자연과학의 기초 연구가 활발히 진행되고 기술상의 발견과 발명이 쏟아져 나옴에 따라 점차로 변형되어 갔다.

바로크 양식의 특징은 르네상스 시대의 정연하고 단정한 것에서 비(非)정연하고 유동적인 형식으로 변한 데 있다.

바로크 양식의 가구는 직선과 곡선이 조화된 구성에 의하여 장중하고 호화스러운 장식성을 낳고 있다.

이탈리아 바로크 양식의 실내는 매우 화려하고, 과시적이었으며 다양하고 불규칙한 형태와 색을 사용함으로써 조화성을 상실하였다.

프랑스에서의 바로크 양식은 루이 14세 시대의 국가적 양식으로서 궁정 귀족의 생활과 더불어 가장 화려하게 발전하였다. 베르사이유 궁전은 궁전 자체가 하나의 복합 주거지로서 거울의 방은 망사르가 설계하고 르브룅이 실내를 디자인하였는데, 웅장하고 화려하게 디자인되었다.

3) 로코코

로코코 양식은 바로크나 신고전주의의 중간 시기인 18세기에 유럽에서 유행하였으며, 로코코란 용어는 프랑스어인 로카유(Rocaille)와 코키유(Coquille)라는 두 단어가 합쳐진 단어로 로카유는 '자갈'을, 코키유는 '조개껍질'을 의미한다. 따라서 18세기의 로코코 시대 가구는 아름다운 감각이 강조되었다. 베르사이유 궁전 정원에 만들어진 인공적인 바위 동굴을 장식하는데 사용된 조개껍질과 돌 등의 장식을 의미하는 로카이유(Rocaille)에서 유래하였다.

바로크 양식과 비슷하게 직선을 피하고 곡선적인 장식을 선호하였지만, 바로크가 다이나믹하고 남성적인 분위기인데 비해 로코코는 부드럽고 경쾌하고 작은 곡선, 비대칭 균형, 섬세한 파스텔 색조 사용이 주조를 이루는 우아하고 여성적인 분위기이다. 바로코는 종교적인 건물이나 건물 외관에 나타난 경우가 많고, 로코코는 인체 스케일에 맞도록 크기가 작아졌으며, 비종교적 건물이나 실내디자인과 가구에 적용되는 경우가 많았다.

프랑스 로코코의 루이 15세 양식은 1730년에서 1760년 사이에 유행하였으며, 귀족들은 바로크 시대의 엄격한 궁정 생활에 해방되어 보다 자유롭게 생활하고자 하였으며, 상류층 여성들의 사회 참여가 높아졌으며, 사교용 살롱을 중심으로 실내 장식과 가구가 화려하고 세련된 미로 표현되었다.

다양한 평면으로 주택이 지어졌으며, 공동 공간과 개인 공간이 명확하게 구분되었으며, 방의 용도에 맞도록 실내 및 가구가 디자인되었다.

영국의 로코코는 앤 여왕의 통치 시대(1702~1714년)와 조지 1세, 2세의 통치 기간(1714~1750년)의 초기 조지안 시대로 나눌 수 있다. 앤 여왕 시대에서부터 곡선을 주제로 한 로코코풍의 디자인이 유행하였으며, 초기 조지안 시대에서는 이탈리아의 팔라디안 양식과 고대 로마의 폼페이안 장식 디테일들이 합쳐져서 유행하였다. 팔라디안 양식의 대표적인 건축가로 윌리엄 켄트(1685~1748년)와 가구 디자인을 중심으로는 치펜데일이 활약하였다.

미국 로코코는 후기 콜로니얼 양식에 해당하며, 영국의 퀸 앤 양식과 조지안 양식의 영향과 이외 프랑스, 네덜란드, 이탈리아 및 동양의 영향도 받았다.

초기 정착민보다는 점차 생활이 안정되면서 주택과 건축물, 가구에 대한 수요가 증대하였다.

4) 신고전

18세기 말부터 19세기 초에 걸쳐 고대로의 복귀라는 강한 배경을 가지고 태어난 예술 양식을 신고전주의라 한다.

역사적으로는 18세기 중엽에 행해진 폼페이와 해르쿨라네움(Herculaneum)의 발굴이나 동방 여행에 의한 그리스 세계의 발견 등이 계기가 되어, 프랑스 대혁명 전후에 이미 뚜렷이 고대적인 것에의 동경이 커다란 흐름으로 존재하고 있었다. 이리하여 이탈리아, 그리스, 이집트의 양식에 대한 연구가 활발하게 전개되고, 이들 세 나라의 고전적 원칙에 대한 유럽 각국의 집착이 두드러지고, 각 나라 상호간에 양식의 연결이 밀접하게 됨으로써 19세기 이후의 새로운 양식의 탄생을 유도하게 된다.

신고전주의의 미학은 그리스 예술을 깊이 연구한 빙켈만(Johann Joachim Winckelmann)의 '이상미(理想美)의 이론' 에 의해 근거가 이루어졌으며, 이 만인 공통의 이상미에 의한 사고방식이 후에 아카데미즘(Academism)의 성립을 재촉하게 된다.

이와 같이 형성된 신고전주의의 가구는 단순하고 기하학적인 형태로 이루어져 있으며, 장식은 모두가 고전적인 형태로 고안되었다.

이것은 19세기 전반 50년 동안에 형성된 가구의 모습이 고딕 시대 이후 과거 200년 동안 변모되어 왔던 가구의 양식들보다 훨씬 근본적인 형태를 나타내고 있음을 의미한다.

프랑스의 신고전 양식은 루이 16세 시기에 재정적인 악화, 폼페이와 헤르쿨라네움의 발굴(1748년 시작)과 함께 복잡하고 사치스러운 로코코보다는 단순하고 균형 잡힌 고대 그리스, 로마 예술에 대해 관심을 두게 되었다. 대표적인 실내 공간으로 가브리엘이 디자인한 베르사이유 궁전의 쁘띠 트리아농이 있다. 전체적인 실내 분위기는 고전적이고 위엄이 있었으나 낭만주의의 영향으로 웅장하지는 않았으며 경쾌하였다.

디렉뚜와르 시대는 루이 16세 시대의 일반적인 스타일을 따랐으나 직선적인 형태의 엄격한 고전주의를 시도하였다.

엠파이어 시대에는 나폴레옹의 이집트 출정과 관련하여 이집트적인 모티브와 군대적 요소들, 농민층을 반영하는 농기구, 나폴레옹의 이니셜 N, 벌, 조세핀을 상징하는 백조, 장미 등의 모티브가 주로 사용되었다.

프랑스 성의 실내

영국의 신고전 양식은 후기 조지안 시대(1770~1810년)와 웨일즈 조오지 황태자가 통치하기 시작한 1811년부터의 과도기적 리전시 시대(Regency)로 나눌 수 있다. 후기 조지안 시대에 로버트 아담(1760~1793)은 로마에서 건축을 공부하고 폼페이 발굴에 영향을 받아 팔라디안 양식을 응용하여 신고전 양식을 이끌어 나갔다. 주택의 평면은 실용성을 중시하였고 건축, 실내, 가구, 카펫 등 모든 요소들을 디자인하여 통일감을 주었으며, 가구 디자인을 중심으로는 해플화이트 스타일, 쉐라톤 스타일이 유행하였다.

리전시 스타일은 18세기 후반의 신고전 양식에 속하며, 프랑스 엠파이어와 유사하나 더 가볍고, 공상적이고 장식적으로 그리스와 로마 양식뿐만 아니라 이집트, 중국, 이슬람 양식에서도 영향을 받았다.

2-5. 근대(Modern)

1) 빅토리아

영국 중산층 주택의 거실

산업혁명이 일어난 시기의 영국과 미국에서 강하게 나타난 시대 양식으로 64년간 통치한 영국의 빅토리아 여왕의 이름에서 비롯되었다. 1851년 영국 런던에서 개최된 대박람회와 1876년 미국 필라델피아에서 개최된 박람회에서는 과거 전통 양식의 복합적인 모방과 여백이 없이 지나치게 장식하는 빅토리아 양식의 특성이 잘 나타났다.

디자인 역사가들은 빅토리아 양식을 20세기 기능주의 이전의 과도기적인 양식으로 미학적 가치관과 디자인의 질이 최저로 떨어진 시대로 보았으며, 동시대에 빅토리아 양식과는 전혀 다른 이미지의 미국 셰이커 교도들이 직접 생산한 가구와 실내는 기능적이고 실용적이면서도 미적 아름다움을 가져서 인기가 많았다.

2) 아트 앤 크래프트

아트 앤 크래프트 양식을 재현한 것으로 시골풍의 가구, 자연을 소재로 한 직물류, 녹색 페인팅, 타일형 그림, 식물을 모티브로 이용한 카페트 등이 이 양식의 분위기를 창조하기 위해 활용되었다.

아트 앤 크래프트는 장식적 디자인과 수공예의 예술이라는 뜻을 가진 용어로, 1880년대와 1890년대에는 예술가와 공예가를 통해서 디자인의 일반적인 수준을 높이자는 목적 하에 길드가 조직되어 유럽에 나타난 예술과 공예를 새로이 하자는 운동을 말한다.

산업혁명 이후 대량 생산화에 대항하는 공예를 부활시키자는 움직임으로, 예술적 전통성이 강한 영국과 프랑스에서 체계적으로 발달하였는데, 푸긴(Pugin)과 러스킨(Ruskin), 모리스(Morris)의 예술 이론으로부터 발전하였다.

수공예품의 수요가 줄어들고 품질이 조합한 기계 생산 모조품이 범람하자 가구 디자인은 그 전통성을 잃고 혼란기에 들어가게 되었다. 모조품이 범람하는데 대한 윤리적 반감은 1860년 영국의 낭만파 시인 윌리엄 모리스(William Morris)에 의해 주창된 미술 공예 운동으로 나타나게 됐다.

기계에 의해 대량으로 생산되는 저질의 생산품을 배제하고, 재료의 정직한 사용과 가구 제조업의 정직한 원리에 기반을 두어 단순하고 건전한 직선적인 형태의 가구가 나타난 것과 자연으로부터 모티브를 따온 장식 등의 사용을 들 수 있다.

이 운동은 많은 사람들에게 수공예로 만든 일상생활 예술품을 제공하자는 본래의 의도가 실패로 돌아가 대중적인 호응을 얻지 못하였다. 그러나 후의 아르누보의 형식적 발달과 뒤이어 전개된 여러 창조적인 양식들의 바탕을 이루었다.

모리스와 러스킨의 추종자인 예술가 디킨슨이 1903년 디자인한 거실로서 단순성, 안락함과 타일과 동제품 등 수공예를 강조하였다.

1 영국

- 어거스트 푸긴(August Pugin)

이성적 구조를 신봉하고 훌륭한 공예 기술과 순수성의 복귀를 주장. 저서를 통해 많은 영향을 끼침.

- 윌리암 모리스(William Morris)

영국의 건축가. 현대 디자인의 아버지. 그의 디자인 개념은 논리적이고 자연에 대한 이해를 포함. 단순함과 튼튼한 구조 등에 가구에 대한 분명한 생각을 가짐.

2 미국

- 프랭크 로이드 라이트(Frank Lloyd wright)

프레리 학파의 주창자로 유기적 건축을 주장. 예술의 통일성을 강조. 가구를 유기적 건축 개념의 일부분으로 계획. 일본 문화의 영향을 받음. 그는 수공예의 미래는 기계 속에 있다고 하였고 올바르게 사용하면 멋있는 도구가 되고, 지배를 받으면 파괴적 도구가 된다고 주장.

라이트가 1908년 디자인한 뉴욕의 보인톤 주택의 큰 식당

3) 아르누보

곡선을 건축적 구조, 계단 난간, 바닥 재료, 벽 장식 응용한 아르누보 실내

아루누보는 20세기로 넘어오는 시기에 나타난 사조 중에서 가장 논란의 대상이 되어온 것으로 그 용어는 1895년 파리에서 문을 연 사무엘 빙(Samuel Bing)의 메종 드 아르누보에서 유래되었다. 아르누보란 'New Art'를 의미하는 합성어로, 1900년 파리 대박람회에 출품된 각종 공예품이 아르누보로 지칭된 것이 아르누보의 명칭이 되었으며, 모던 디자인의 전위적 운동으로 1910년을 계기로 쇠퇴하였다. 아르누보는 자연으로부터 영감을 받은 디자인이 중심을 이루었고, 선의 장식적 가치를 가장 중요하게 다루었으며, 풍부한 상징성을 지니고 있었다.

과거의 양식에서 간접적으로 영향을 받는 아르누보는 그 이론은 고딕에, 형태에서의 조형적 개념은 바로크에서, 로코코에서는 비대칭의 원리에 영향을 받고 있다. 또한 일본의 선적이고 색감이 풍부한 예술에서도 영향을 받았다.

단철로 공간적 개방감을 극대화, 생동감 있는 곡선은 식물의 줄기로부터 영감을 받은 아르누보의 특징

직선은 가능한 한 생략되고 흐르는 듯한 곡선이 아르누보의 특징이 되었다. 아르누보의 디자인은 형태에 있어서는 성공하였지만, 시간과 재료를 효율적으로 사용하지 못하였으므로 기술에 있어서는 실패하였다. 세기 전환기에 매우 짧은 장식유행이었으나, 실내디자인의 통일성을 확립하였다.

1 벨기에

- 빅터 홀타(Victor Horta)

19세기, 20세기 벨기에 건축을 주도. 고딕과 루이 15세의 영향을 받은 식물에서 따온 추상 형태와 네오 바로크적 형태를 주로 사용.

- 헨리 반 데 벨데(Henry Van de Velde)

아르누보 창시자, 이론적 기초가. 절충주의 양식 표현.
과거의 양식적인 요소들을 엄격히 거부.

맥킨토시의 하우스

2 프랑스

• 에밀 갈레(Emile Galle)

프랑스 아르누보의 대표자. 구조와 디자인은 프랑스 전통에 기초하고 장식에서 아르누보의 경향을 보임.

• 헥터 귀마드(Hector Guimard)

아르누보 건축을 주도. 식물 형태를 딴 파리의 지하철역 디자인으로 유명.

3 영국

• 찰스 레니 매킨토시(Charles Rennie Mackintosh)

아르누보 시대의 가장 독창적 디자이너 중 한사람. 글래스고우를 중심으로 활동. 가구 재료와 구조적 측면보다는 최종적인 외관에 더 관심. 일본의 영향을 많이 받은 1890년대 영국의 대표적 장식가이자 디자이너.

1094년 매킨토시가 윌로우 찻집을 위해 디자인한 의자

1904년 매킨토시가 디자인한 컵보드로서 목재에 페인트칠하고 애나멜과 석유리로 상감하여 장식

4 오스트리아

• 오토 와그너(Otto Wagner)

비엔나 학교의 설립자. 포스트 오피스 세이빙 은행(Post Office Saving Bank)의 디자인을 통해 당시 예술에 공헌.

• 아돌프 루스(Adolf Loos)

미국 시카고 학교 전성기인 1893년부터 1896년까지 설리반에 영향을 받음. 형태는 그것이 의도하는 기능을 나타내 줄 때와 형태의 모든 요소들이 분리할 수 없는 전체로 결합할 때 아름답다는 것을 증명하고자 노력.

5 스페인

• 안토니오 가우디(Aantonio Gaudi)

자신의 형태 언어를 고향인 카탈로니아의 전통과 자연에 두고 19세기의 네오고딕, 네오바로크, 네오로코코와 공상적인 자연주의를 장식적인 양식 요소로 융합시키는데 성공.

가우디가 디자인한 집합주택의 발코니로서 자연스러운 유기적인 곡선을 과감하게 장식적으로 사용

4) 아르데코

사리넨의 미국식 아르데코형 크랜브룩 예술학교의 식당

1931년 건설된 신시내티의 네덜란드 플라자 호텔로 개조된 아르데코 공간

아르데코는 이 양식이 사치스럽게 전시되었던 1952년 파리 장식 예술 박람회의 축약어이다. 이 양식은 루이 16세 시대의 가구에서 순수한 형태와 세련됨을 계승하였고, 1920년대에는 기능주의의 새로운 시도와 취향으로 인하여 변형되었다.

이 시대의 디자이너는 전통주의자와 모더니스트, 그리고 개인주의자의 세 그룹으로 나뉘었다. 그중 전통주의자들에 속한 아르데코의 디자이너들은, 미는 인간의 심리적인 안정에 필수적인 것으로 믿어 장식은 아르데코의 디자인에 있어서 중요한 요소이다.

- 엘린 그레이(Eileen Gray)

아일랜드 태생의 아르데코 대표 디자이너. 실내가 건물 외관에 의존하는 것이 아니라 외관을 결정짓는 주체 역할을 해야 한다고 강조.

- 에드가 브란트(Edgar Brandt)

철을 이용한 가구를 만든 디자이너. 철은 예술에 의해 건축과 결합되고 예술의 의도에 따라 변화된다고 주장. 주 모티브는 솔방울, 유칼리나무, 은행나무, 장미 등으로 디자인 영감을 자연으로부터 찾아 사용하였음.

5) 드 스틸

1917년경 다수의 미술가, 건축가, 작가들이 네덜란드 리덴(Lieden)시에 모여 만든 그룹이다. 그들은 '예술을 새롭게 바꾸는 것'을 목표로 하고, 그들의 좌우명은 새로운 디자인으로 모든 전통적인 영향을 배제하는 것이다.

드 스틸의 철학을 형성하는 세 가지 기본 원칙은 사각형, 삼원색, 비대칭이다. 파생된 건축 스타일은 평평한 평면, 직사각형과 정사각형의 사용, 비대칭의 사용으로 현대 건축의 지대한 영향을 미쳤다. 정육면체를 근거로 삼아 서로 직각으로 배열린 독립적 평면으로 내부 공간을 나누는 것을 무한하게 확장 가능한 하나의 원리로 생각하였다.

● 게릿 리에트벨트(Gerrit Riefaeld)

드 스틸의 주요한 가구 디자이너. 대표적 레드 블루 의자는 직육면체로만 이루어진 가구로 각 부분은 분리되어짐. 그외 지그재그 의자와 쉬로더(Schroder) 주택이 유명.

리에트벨드가 1917년 실험적으로 디자인한 레드 블루(Red-Blue) 의자

리에트벨드 'Zig Zag Chair'

리에트 벨드 'End Table'

6) 바우하우스

1919년 월터 그로피우스가 바이마르 예술 아카데미와 바이마르 아트 앤 크래프트 학교를 통합하면서 탄생하였다. 그로피우스는 예술가와 수공예가 사이의 장벽을 없애고 새로운 수공예가 길드를 조직하여 새로운 건축물을 고안하고 창조할 것을 주장하였다.

1920년대 말과 1930년대 초에 걸쳐 나타난 국제적 스타일로 발전 보급되었다.

● 미스 반 데 로에(Mies Van Der Rohe)

초기 모더니즘의 대표적 건축가. 그로피우스의 뒤를 이은 바우하우스 책임자. 후에 미국의 일리노이 공대의 건축학과 과장이 됨. 그외 디자인은 빈틈없는 공예 기술과 천연 재료가 산업 기술과 합쳐져 고전적인 우아함과 단순함을 지니고 있다. 1931년 바르셀로나 산업전시에 발표된 X자형 바르셀로나 의자가 유명. 기하학적 형태를 사용하여 기계 생산에 적합하도록 디자인.

미에스의 바로셀로나 의자가 놓인 사무실 공간

● 마르셀 브로이어(Marcel Breuer)

헝가리 태생. 가구자체를 건축으로 여김. 1925년 최초로 굽은 철관으로 된 탄력성 있는 의자와 캔딜레버식 의자디자인의 U자형스툴을 디자인. 1928년에는 캔딜레버식 철판의자 디자인.

마르셀 브로이어 'Wassily Chair'

1935년에는 플라이우드로 된 Stacking chair, 세스카 의자(Cesca chair)와 사칸 라운지 의자(Sakan lange chair) 등이 대표적 작품.

알바알토 'Pamio Chair'

1 핀란드

- 알바알토(Alvar Aalto)

기계적 생산에 적합하도록 디자인. 핀란드의 천연 목재를 이용 Bent Wood 가구를 제작. 단순하면서도 튼튼하고 우아하며 시대의 유행을 초월한 것.

그의 디자인은 옛것과 새것의 조화, 자연적인 요소와 공학적인 요소의 대비로 이루어짐.

르 꼬르뷔지에의 가구 세트, 덴마크 안 자콥슨(Jacobson)의 플라스틱 의자 등이 사용된 높은 천장의 공간감 있는 현대적 실내

2 프랑스

- 르 꼬르뷔제(Le Corbusier)

스위스 태생. 프랑스 건축가. 표면 장식보다는 단순성과 보기 좋은 비례의 아름다움을 선호. 그의 디자인은 기능적인 원리들과 기하학적 형태에 기초. 대표적 가구 디자인은 그랜드 컴포트(Grand cenfort) 의자, 바스큘런트(Basculent) 의자, 라운지(Lounge) 의자 등이 있음.

2-6. 현대(Contemporary)

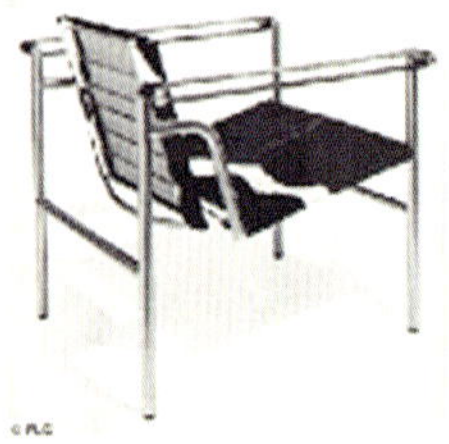

르 꼬르뷔제 'Basculent Chair'

산업혁명과 과학의 발전은 새로운 형태, 새로운 양식, 새로운 재료에 대한 연구가 활발히 진행되었으며, 공장 생산으로 인한 대량 생산은 가구 발전에 큰 몫을 한 것은 사실이나 무분별한 모방과 저질 가구의 대량 생산이란 부작용도 함께 가져왔다. 이러한 저질 가구의 생산은 기계에 의한 가구 제작을 배격하고 수공업적인 생산을 하게 한 원인이 되기도 하였다.

1) 모더니즘

1 미국

- 조지 넬슨(George Nelson)

목재 외의 재료를 주로 사용하고, 생산이 용이한 디자인이 효율성이 있다고 주장.

- 찰스 이임즈(Chales Eames)

인체 유형에 맞고 앉는 동작에 따라 융통성이 있으며 적당한 가격과 강하고 안락한 가벼운 의자 제작에 목적을 둠.

- 에로 사리넨(Eero Saarinen)

복잡한 다리를 해결하기 위한 피데스탈 가구인 튤립 의자와 움브(Womb) 의자를 디자인. 플라스틱 제품이 20세기 가구에 가장 적절하다고 여김.

베르나 펜톤의 'Stacking Chair'

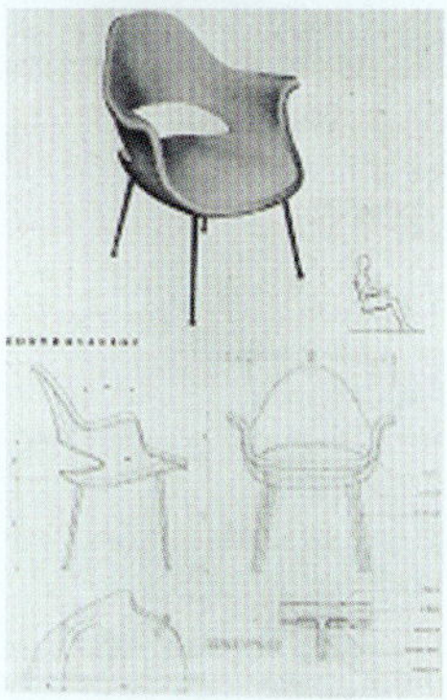

찰스 임스와 에로 사리넨, 설계 드로잉, 유기적 디자인에 대한 현대 미술관 설계 경기에서 입상한 디자인

2 스칸디나비아

- 얀 자콥슨(Arne Jacobsen)

코펜하겐 아카데미에서 공부한 건축가. 사용자 위주의 인체 측정에 따른 기능주의 인정. 대표적 작품으로는 앤트 의자(Ant chair, 1953), 에그 의자(Egg chair, 1958), 스완 의자(Swan chair, 1958) 등이 있음.

2) 포스트 모더니즘

'포스트 모던'이란 1972년 문학 분야에서 최초로 사용되었고, 시각 분야에 있어서는 찰스 쟁크스가 1970년대의 건축을 특징 짓는 말로 처음 사용하였다.

관점으로는 첫 번째, 모더니즘과 단절로 보고 후기 산업 사회의 문화적 징후로 보는 입장과 두 번째로는 모더니즘의 후기적 양상으로 보는 관점, 그리고 모더니즘의 지속으로 보지만 모더니즘의 역사를 새로운 비판적 관점에서 접근하는 것으로 보는 입장이다.

모더니즘을 극복하는 방법들은 매우 다양성을 지녔는데, 이러한 접근 방법의 다원주의는 1970년대와 1980년대의 포스트 모더니즘의 특징이라고 할 수 있다.

에로 사리넨 'Womb Chair'

에로 사리넨 'Tulip Chair'

마이클 그레이스가 디자인한 오레곤주의 포틀랜드에 있는 시청사

(1) 역사주의

역사적인 모티브를 디자인에 적용시키는 것으로, 모더니즘에서 무시되었던 역사적 형태와 그 의미를 상황에 맞게 적용시켜 그 중요성을 강조하였다.

(2) 은유와 상징

사람이 건물의 형태나 색을 접했을 때 자신의 경험이나 이미지 등을 통해 그 형태나 색에 의미를 부여하게 되고, 결과적으로 건축물은 어떤 상징적 효과를 가지게 된다고 보았다. 디자인에서의 은유와 상징은 포스트 모던 디자이너들이 사용자와의 커뮤니케이션을 풍부하게 하기 위한 수단으로 사용하였다.

(3) 장식성

인간의 감정에 호소력을 지닌다. 인간은 적정 수준의 자극을 받고자 하는 본능이 있으며, 기능과 직접적인 관련이 없는 장식적 특성을 강조하였다.

한스 홀레인, 오스트리아 여행사 사무실

(4) 이중 코드화

디자인이 갖는 의미의 다양성에 기초를 둔 것으로 작품의 형태가 이중적으로 자각되는 것을 말한다. 이는 디자인의 어휘를 확장시켜 대중적 취향과 하부 문화의 다양성에 대응하고자 하는 의도를 가진 것이다.

(5) 복합성과 대립성

형태를 더욱 생기 있게 지각하여 그 의미의 풍부성을 체험하도록 해주는 방법으로 디자인에 역동성을 부여하는 방법이다.

(6) 맥락주의

개개의 건물을 큰 전체의 부분으로 계획함으로써 문화적, 역사적 연속성과 주변 환경과의 조화를 시도하는 것이다. 즉, 건물이 위치한 도시와 조화되는 건물 내외의 디자인, 건물의 환경이나 역사적 전통을 고려하여 주변 환경과 조화를 이루는 디자인을 말한다.

마이클 그레이브스 가구 회사 전시장

(7) 절충주의

시간적인 것뿐 아니라 서로 다른 지역의 문화를 결부시켜 하나의 디자인을 구성하는 공간적인 것까지를 포함한 절충적 양식을 말한다.

(8) 해체주의

기존의 모더니즘 디자인이 지닌 통합성의 개념이나 규범을 이탈하는 파괴 지향적 성향을 말한다. 완벽성, 일관성, 획일성에 새로운 긴장감을 주는 형태로 파괴적, 미완성적 성향으로 나타난다.

결국 포스트 모더니즘은 의미의 다양성, 상징성, 장식성, 회화성, 암시, 역사주의, 이미지 등의 개념을 적극적으로 도입하여 모더니즘의 배타적인 디자인에 반대하고, 더욱 포용력 있는 디자인을 강조하며 디자인의 언어를 풍부하게 하고자 하는 움직임으로, 어떤 한 이념을 지칭하는 것이 아니라 모더니즘의 한계를 극복하려는 일련의 시도들을 일컫는 것이다.

- 마이클 그레이브스(Maichael Graves)

미국의 대표적 포스트 모더니즘 디자이너. 포트랜드 빌딩이 대표작. 고전적 모티브가 대규모 건물에 사용된 대표적인 예. 다양성과 절충주의적 특성.

- 멤피스(Memphis)

1981년 9월 밀라노에서 작품 전시. 에토르 소트사스(Ettore Sottsass)를 중심으로 한 모임. 특징은 첫째 플라스틱을 통한 재료의 사용, 둘째 밝고 강렬한 색상, 셋째 창조적 아이디어.

- 찰스 잭슨(Chales Jacksen)

콜로세움스툴과 의자는 대표적 포스트 모던 양식.

3) 후기 모더니즘

최근의 디자인에서 포스트 모더니즘의 특성들을 배제하고 초기 모더니즘의 컨셉들은 계속해서 충실히 따른다. 후기 모더니즘은 근대 선구자의 작품을 모방하는 것이 아니라 그 것들이 계속 활발히 이어져 기대될 수 있는 방향으로 나아가는 작품을 말한다.

필립 스탁, 마운트호텔

1 개성 스타일

비평가들이 쓰기 좋아하는 어떠한 스타일의 정의에도 들어맞지 않는, 예기치 못한 조합과 형태들이 나타난다.

- 필립 스탁(Pillippe Stark)

입체파적인 곡선과 흐르는 듯한 곡선의 형태들을 예기치 못한 방법으로 혼합. 기묘한 특성은 공업 디자이너로 많은 제품 디자인에서도 나타남.

- 카림 라시드(Karim Rasiid)

그는 프랑스 특유의 세련미를 기본으로 유머러스한 작품을 선보이는 필립 스탁과는 달리, 사이버 오가닉풍의 미래 지향적 디자인의 선두 주자로 알려져 있다. 뉴욕을 배경으로 전 세계를 향해 플라스틱과 디지털이 혼합된 그만의 조형 언어를 선보이며, 자타가 공인하는 디지털 노마드(Digital-Nomad) 선두주자임.

이집트와 알제리, 영국과 아일랜드인이 뒤섞인 혼혈로 태생 자체도 코스모폴리탄으로 특정 국가의 색채나 과거로부터 자유로우며 유기체적 형태, 화이트, 라임, 오렌지, 핫핑크 등의 미래적인 컬러와 하이테크 디지털 형상의 웨이브 패턴 등 경계를 허무는 21세기 트랜드를 온몸으로 표현하고 있음.

카림 라시드의 실내 공간과 가구

2 해체주의

1980년대와 1990년대의 작품들에서 나타나 디자인 경향을 정의하기 위하여 사용된 용어로 필립 존슨과 마크 위글 리가 기획한 1988년의 Museum of Modern Art New York 전시회와 함께 정통성을 부여 받았다. 일반적으로 해체되어 있거나 그 일부분이 느슨하게 조립되어 있고, 각 요소들은 혼돈스러운 모습으로 분해되어 있거나 조립되어 있다.

- 피터 아이젠만(Peter Eisenman)

뉴욕 파이브의 일원. 복잡한 해체주의 기하학에 의한 작품을 발전시킴.

- 프랭트 게리(Frank O. Gehry)

외부적으로 충돌한 것처럼 보이며 독특한 다양성을 가진 실내 공간을 만들어내는 복잡한 곡선의 형태들은 이루어진 표현 기법 적용. 대표작으로 독일의 Vitra Musium(1990), 파리의 American Center(1991~1994), 미네소타 주 미네아폴리스의 The Frederick R. Weisman Art Museum(1994), Spain 빌바오의 구겐하임 박물관(1998) 등이 있음. 가구에도 많은 관심을 두어 Wiggle chair, Knoll 사를 위한 다양한 가구(1990~1992년)를 디자인.

프랭크 게리의 구겐하임 박물관

3 동서양의 교차

세계화의 경향 속에 서양의 영향들이 일본의 디자인 세계로 옮겨 갔던 것처럼, 일본의 디자인이 유럽과 미국으로 역류해 가는 것은 일상적이 되었다. 전통적인 일본 건축의 단순성과 일본의 전통들과 서양 모더니즘 사이의 공감대를 형성하였다.

- 안도 다다오(Ando Tadao)

일본 오사카의 치가쯔 아스카 역사 박물관과 산토리 박물관(1994)에서 시간을 초월한 공간에 태양의 움직임에 따라 변화하는 빛과 그림자의 유희를 가능케 하고, 기하학적 형태들의 공간의 기능에 기여함.

안도 다다오 키도사키 주택

• 후미히코 마키(Fumihiko Maki)

일본 아이우라의 키리시마 국제 콘서트 홀(1994)에서 입구 부분과 로비에서 자연을 감상할 수 있으며, 메인 홀의 평면을 잎 모양으로 하고, 자연목의 사용과 시각적으로 음향적으로 흥미롭고 효율적인 불규칙한 삼각형의 흰 패널 사용.

시로 구라마타 'Miss'

• 시로 구라마타(Shiro Kuramata)

일본의 디자인 문화상 수상. 밀라노의 멤피스 그룹을 위해 디자인하였고 국제적으로 이세이 미야케(Issey Miyake) 부티크 실내를 디자인.

비드라사의 철망으로 된 'How High the Moon' 암 체어가 대표작.

• 우치다 시게루(Uchida Sigeru)

일본이 자랑하는 디자이너로 '프리폼 체어(Free Form Chair), 록폰기 힐 거리의 'I can't give you anything but love' 이 대표적 작품. 일본 다실의 전통적 정신을 반영하고자 하여 디자인은 아무것도 없는 공간에 무언가를 넣어 시간과 공간을 창조하는 것이라 주장.

우치다 시게루
'I can't give you anything but love'

	시기	주요 작가	내용	주요 작품
가구 디자인사	현대 가구의 태동 (산업혁명)	Thonet	Bentwood chair	
		The Shakers	기능적 사용성 강조	
	Art & Craft Movement	Wiliam Morris Pugin Ruskin	공예 부활 운동	
	Art Nouveau	Victor Horta Henry Van de Veide Antonio Gaudi	New Art 선의 장식적 가치 존중	
		Charles Rennie Mackintosh		
	초기 Modernism	Frank Lloyd Wright		
		Josef Hofmann, Otto Wagner, Adolf Loss		
	Conservative Modernism	Elieen Grey Kaare Klint, Alvar Aalto, Bruno Mathsson	Scandinavian Modernism	
	Progressive Modernism	Walter Groplus, Miea Vander Rohe, Marcel Breuer, Le Corbusier	Bauhaus	
		Gerrit Rietveld	De Still	
	New Modernism	Gio Ponti, Carlo Mollino, Achile Castilglioni, joe Colombo, Memphis Group	Italian Modernism	
		Arne Jacobsen, Hans Weagner, Verner Panton	Scandiavian Modernism	
		Eero Saarinen, Cherels & Ray Eames, George Neison	American Modernism	
	Post Modernism	Michael Graves Shiro Kuramata Antonio Cittero Ron Arard Charles Jeckson		
	Contemporary	Phiplipe Strack Karlim Rashid	Digital Nomad	

시대별 주요 작가 및 작품

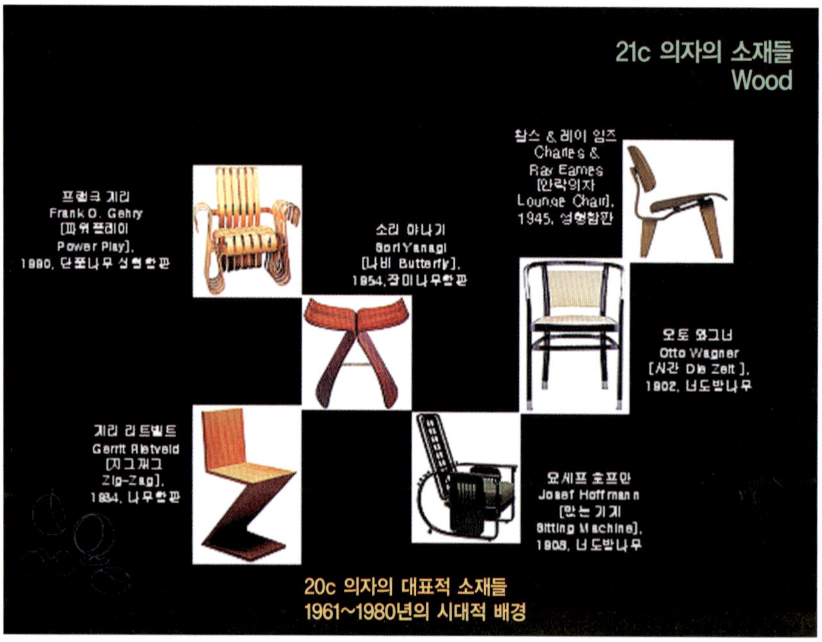
21c 의자의 소재들
Wood
프랭크 게리
Frank O. Gehry
[파워플레이
Power Play],
1990, 단풍나무 성형합판
소리 야나기
Sori Yanagi
[나비 Butterfly],
1954, 장미나무합판
찰스 & 레이 임즈
Charles &
Ray Eames
[안락의자
Lounge Chair],
1945, 성형합판
오토 와그너
Otto Wagner
[시간 Die Zeit],
1902, 너도밤나무
게리 리트벨트
Gerrit Rietveld
[지그재그
Zig-Zag],
1934, 나무합판
요세프 호프만
Josef Hoffmann
[앉는 기계
Sitting Machine],
1908, 너도밤나무
20c 의자의 대표적 소재들
1961~1980년의 시대적 배경

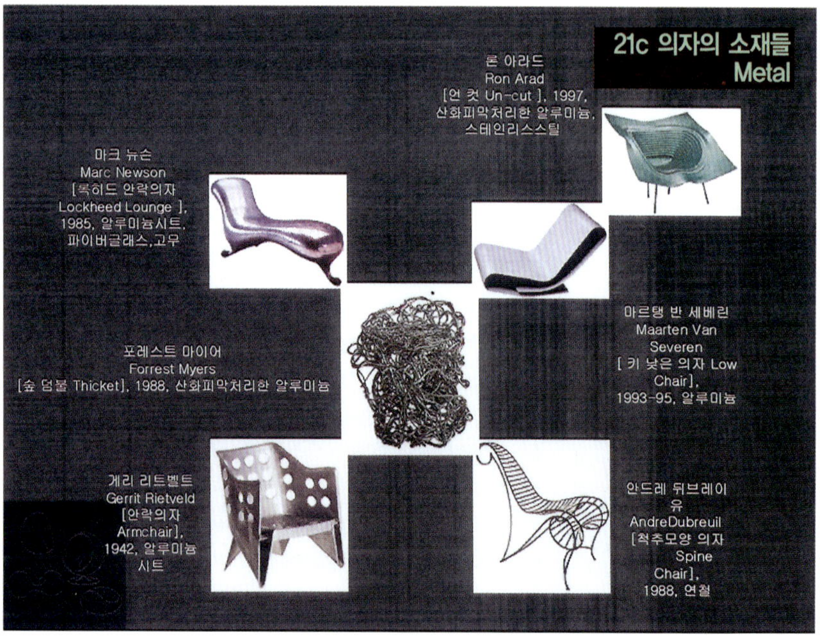
21c 의자의 소재들
Metal
론 아라드
Ron Arad
[언 컷 Un-cut], 1997,
산화피막처리한 알루미늄,
스테인리스스틸
마크 뉴슨
Marc Newson
[록히드 안락의자
Lockheed Lounge],
1985, 알루미늄시트,
파이버글래스, 고무
포레스트 마이어
Forrest Myers
[숲 덤불 Thicket], 1988, 산화피막처리한 알루미늄
마르탱 반 세베린
Maarten Van
Severen
[키 낮은 의자 Low
Chair],
1993-95, 알루미늄
게리 리트벨트
Gerrit Rietveld
[안락의자
Armchair],
1942, 알루미늄
시트
안드레 뒤브레이
유
AndreDubreuil
[척추모양 의자
Spine
Chair],
1988, 연철

21c 의자의 소재들
Plastics
비코 마지스트레티
Vico Magistretti
[비카리오(고구马사)
Vicario],
1970, 파이버글라스,
폴리에스테르
Ball Chair,
에로 아르니오,
1963,
강화유리섬유 폴리에스테르.
세자르 레오나르디와
프랑카 스태지
Cesare Leonardi
& Franca Stagi
[CL9 리본 Ribbon],
1961, 크롬강,
유리강화폴리에스테르
에로 아르니오
Eero Aarnio
[파스틸레 혹은 지로
Pastille or Gyro],
1968, 파이버글라스,
폴리에스테르
페르난도 캄파나와 움베르토 캄파나
Fernando & Humberto Campana,
[버블 랩 Bobble Wrap],
1995, 크롬강, 발포비닐
피에르 자코모와 아킬레 카스틸리오니
Pier Giacomo & Achille Castiglioni,
[메짜드로(소작인) Mezzadro],
1957, 플라스틱 외
베르너 팬톤
Verner Panton
[모델넘버 Model no.PA100],
1959 - 67, 열가소성 플라스틱

21c 의자의 소재들
textilies
해리 세쯔
Harry Segil
[구름마차
Cloud Chaise],
1992, 합성섬유
올리비에 모르규
Olivier Mourgue
[보몰로몰 Boulbum],
1968, 강철, 파이어글라스,
폴리우레탄폼 강철,
나일론 저지
파시 콜호넨
Pasi Kolhonen
[에어백 Air-bag]
1997, 나일론,
폴리에스테르
가에타노 페세
Gaetano Pesce
[펠트 Felt],
1986, 울 펠트,
폴리에스테르, 삼,
면, 스테인리스스틸
조지 넬슨
George Nelson
[마시멜로 소파
Marshmallow Sofa],
1956, 비닐, 라텍스폼,
강철파이프
로베르토 마타
Robert Matta
[말리티 Malitte],
1966, 폴리우레탄폼,
스트레치울

2-7. 한국 가구

한국의 미는 기교에 넘치며 화려하고 복잡한 서구적인 것과는 달리 자연을 추구하며 깊은 내면의 세계를 나타내고 있다. 그중에서도 특히 한국의 목가구는 자연의 나뭇결을 그대로 이용하여 화려한 조각이나 장식을 대신함으로써 다른 어느 분야보다도 자연에 가깝고, 또 그 아름다움을 잘 표현하고 있다.

이는 한민족이 갖고 있는 자연을 사랑하고 소박하면서도 깊이 있는 성격이 잘 반영되어진 것이라 볼 수 있다. 더구나 가구는 일상 생활에 있어 늘 가까이 대하는 것이므로 그러한 특성이 두드러지게 나타났다고 할 수 있다. 그러나 한국의 목가구가 이러한 특성을 갖게 된 것은 자연을 사랑하는 민족성 때문만은 아니라, 그에 못지않게 자연 환경과 주택 구조의 영향을 받은 바 크다 하겠다.

생활 공간에 따른 특성, 오랫동안 한민족의 의식을 지배해 온 유교 사상, 특히 남녀 유별의 관념에 의하여 남성과 여성의 생활 공간이 각각 나뉘어져 있었고, 남성들은 주로 사랑에서, 여성들은 안방에서 생활의 대부분을 영위하였으므로 사랑방과 안방의 가구들이 그 용도와 취향에 따라 뚜렷한 개성을 갖게 되었다. 한국 주택의 기본 구성 요소는 온돌과 마루인데, 안방과 건넌방 사이의 마루는 대가족 제도하에서 가족이 자주 모이는 공간이 된다. 대청은 보통 3칸 정도이나 집이 큰 경우에 6간~8칸까지로 커진다. 이 대청의 세간은 찬장과 쌀뒤주 외에는 별다른 가구가 없다. 따라서 조선 시대 가구를 주택 공간에 따라 안방, 사랑방, 부엌 가구 등으로 대별해 볼 수 있다.

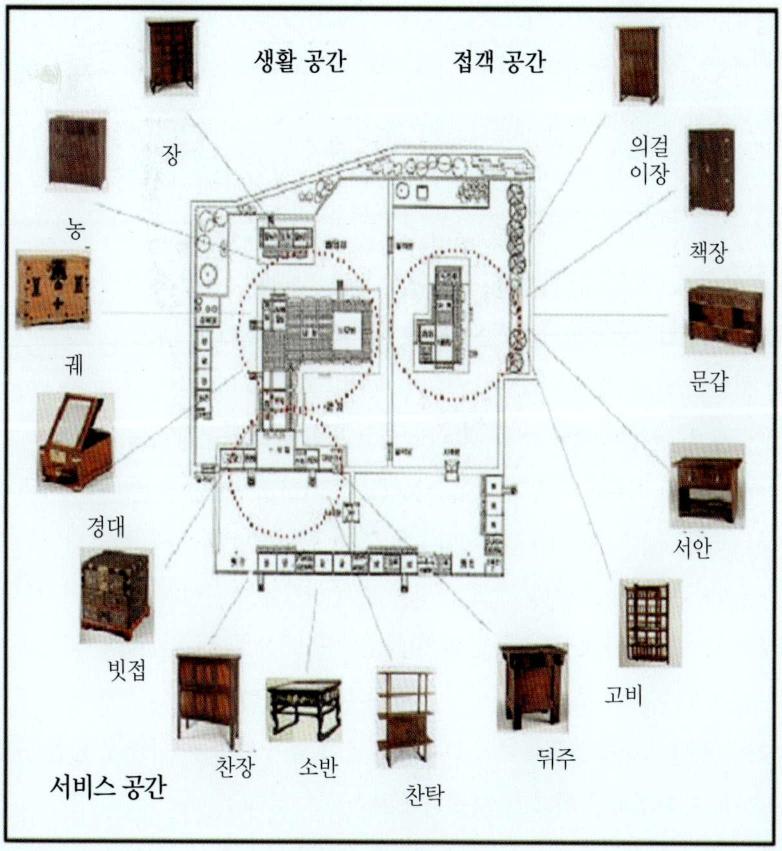

한국 전통 주택 공간별 가구 구성

공간 분류	구성 주거 공간	구성 가구
접객 공간	사랑방	책장, 사방탁자, 문갑, 서안, 경상, 연상, 의걸이장, 팔걸이, 고비 등
생활 공간	안방	장, 농, 궤, 버선장, 좌경, 빗접, 경대 등
서비스 공간	부엌 등	찬장, 찬탁, 뒤주, 소반 등

한국 전통 주거 공간별 구성 가구

1) 사랑방 가구

사랑방은 남성의 생활 공간으로, 깊은 사색에 잠기거나 글을 읽고 그림과 시를 즐기며 후학을 기르는 학문의 온상인 동시에 손님을 맞아 인생과 정치를 논하는 사교의 장소였다. 이러한 사랑방의 내부 공간은 화려하고 복잡한 것보다 소박하고 안정된 분위기가 필연적이어서 이에 적합하도록 크지 않은 공간에 단순한 구조, 쾌적한 선을 지닌 목가구가 제작되었다.

더구나 조선 시대에는 유교로 말미암아 명나라로부터 문방 생활에 대한 영향을 크게 받아 문갑, 향꽂이 등 문방 용기가 급격히 발전하였다. 이러한 것들은 중국의 것이 입식 생활로 인하여 높고 크며 또 권위와 기교로 이루어진데 반해, 조선 시대에는 평좌 생활에 따라 행동 반경이 좁고 낮으므로 자연히 단순하고 소박한 소품들이 주류를 이루게 되었다. 이러한 사랑방 가구들을 살펴보면, 아랫목의 다락문 이나 병풍에는 자연 경관이나 남성의 기백 또는 인생의 좌우명을 나타낸 산수화, 사군자, 시 등을 그려 넣어 그 방의 주된 분위기를 나타내었다.

실내의 중심인 아랫목에는 글을 읽거나 쓰는 용도 외에 내객과 마주 앉은 주인의 위치를 지켜 주는 그 측면에 문방사우인 벼루, 먹, 종이, 붓을 넣는 것이 놓여졌다. 또 그의 옆에는 낮고 넓은 4각의 목판형 재판이 있어 재떨이, 담뱃대 등을 한데 모아 정리하여 편리하게 하고 또 단정하게 보이도록 했다.

벽면에 붙여 배치하는 가구는 넓은 면적을 차지하지 않도록 세로 폭을 얕게 설계,

제작하였다. 그중 책을 얹어 놓는 것은 가느다란 골재와 층널로 구성되어 실내 공간에 부담을 주지 않을 뿐 아니라 그 쾌적한 면 분활과 비례는 한국 목가구의 미를 대표하고 있다.

대표적인 사랑방 가구로는 책을 넣어 두는 책장이 있다. 원래 대가에서는 서고가 따로 있어 책을 보관하고 있으나 가까이 두고 항상 읽혀지는 책들을 위해 실내에 자그마한 반상을 두고 있었다. 이러한 책장은 책의 무게를 충분히 감당할 수 있도록 굵은 골재와 견고한 짜임이 중요시되었다.

문갑은 중요 기물이나 문방 용품을 보관하는 가구로 뒷마당으로 통하는 문의 아래 공간이나 측면 벽에 놓여졌다. 이는 낮게 제작되어 벽면에 시원한 여백을 주므로 생활 공간을 넓게 보이도록 하여 효과적이었다. 더구나 사랑방 문갑 중에는 많은 공간으로 구성된 공간 문갑이 있어 생활 공간과의 조화에 세심한 배려를 보이고 있다.

고비는 벽에 걸어 놓고 방 세간의 하나로 벽을 장식하는 기능이 매우 강했다. 특히 낮은 가구의 배치로 생기는 벽면의 활용에 유용했으며, 문갑 등과 잘 조화되고 방 주인의 취향이나 안목에 맞게 마련되었다.

이 밖의 사랑방 가구로는 향, 좌경, 등가 등과 여가를 즐기는 바둑판, 거문고 등이다. 가구의 재료로는 광택이 없고 시각적으로 부담을 주지 않는 부드럽고 소박한 질감의 오동나무와 소나무가 주로 사용되었다. 그러나 느티나무와 먹감나무 등 목리가 좋은 나무를 이용하여 자연미를 살렸거나, 은행나무에 십장생, 용문, 시, 아자 등을 정교하게 조각하여 장식성이 강조되고 귀족적인 품위를 나타낸 것도 있다.

책장 [19세기, 가로 69.6cm, 세로 28.8cm, 높이 127.5cm]

대가에서는 서재를 따로 두어 많은 책을 보관하고 있으나 항상 가까이 두고 읽혀지는 책들을 넣어 둘 수 있는 책장이 필요하다. 책장은 일반적으로 장이나 농과는 달리 호화롭지 않으며 안정된 것이 대부분이다. 구조는 머름칸이 없어 책을 찾거나 꺼내기 쉽게 되어 있는데, 이러한 책장은 각 층마다 문을 따로 달은 것과 하나의 긴 문 속에 여러 개의 층을 설치한 것 등 두 종류가 있다. 이 장은 후자에 속하는 것으로, 오동나무 판을 인두로 지진 후 볏짚으로 문질러 아름다운 나뭇결을 나타내는 낙동법으로 자연미를 살리는 한국 목공예의 특성을 잘 나타내고 있다. 긴 문판을 지탱하기 위해 중간대를 설치하고 참죽나무의 천판과 옆널은 사개물림하여 견고히 짜 맞추었다.

이단책장 [18세기, 후기 가로 122cm, 세로 49.5cm, 높이 99.3cm]

일반적인 책장에 비해 폭이 넓고 세로 폭이 길어 많은 양의 책을 보관할 수 있는 대형 책장이다. 튼튼한 기둥과 쇠목들로 견고히 짜여 있고 여닫이문 양옆의 쥐벽간과 측면, 뒷면을 골재로 면 분할하여 넓은 판재가 받는 힘을 분산시키고 있다.
또한 이 골재들은 세로 방향으로 일관성 있게 처리되어 외형을 단정히 해주고 있다. 각 이음새는 무쇠거멀잡이 장식으로 단단히 잡았으며, 낮고 넓은 천판에는 책이나 필통, 상자 소품을 올려 놓고 사용할 수 있다.

삼단탁자 [19세기, 가로 40cm, 세로 40cm, 높이 157.3cm]

탁자의 대부분이 하단에 칸을 막고 문을 달아 안정감이 있도록 설계되는데, 이 탁자는 전체를 삼등분한 중간층에 문이 달린 독특한 형태로 짜여 있다. 이러한 탁자는 기물을 구부리고 꺼내야 하는 불편이 덜어지고 일층의 뚫린 공간에 책을 많이 쌓게 되면 이단과의 시각적인 안정을 가져오게 된다. 오동나무 문판의 상하에는 문변자를 짜넣어 복판이 휘는 것을 막고 벽선을 없애 판재가 너르게 보이도록 했다. 또 각 이음새는 보통의 연귀짜임이 아니라 맞짜임으로 매우 단순하다.
골재는 단단한 배나무에 주석 장식으로 되어 있다.

죽장이층탁자 [19세기, 가로 63.8cm, 세로 37cm, 높이 100.2cm]

죽장 가구는 나무로 된 백골 위에 얇고 편편한 대나무를 씌운 가구이다. 이 탁자는 오동나무 백골 위에 문판은 얇고 편편한 대나무를, 그 밖에는 가느다란 통대를 붙였다. 또한 쇠목이나 기둥 등 힘을 많이 받는 부분에는 나무기둥 대신 굵은 통대를 사용한 것이 특징이며, 쇠목과의 연결은 거멀잡이로 견고하게 처리했다. 죽피(竹皮)에 약품을 바르고 불에 쪼여 갈색으로 변하게 하는 점 반죽법(点 斑竹法)을 사용하여 낙죽(烙竹)의 효과를 내었는데 매죽문(梅竹紋)을 일정한 간격으로 죽의 마디에 굵은 띠를 둘러 강한 인상을 준다. 책을 쌓아 놓기도 하는 상층의 불에 그 을린 검은 오동 판재는 전체가 죽장되었을 때보다 부드럽게 느끼기 위함이다.

머릿장 [19세기, 가로 137.3cm, 세로 33.3cm, 높이 67cm]

장, 농의 기본적인 면 분할 형식을 갖고 있으며 머리맡에 두고 용도별로 사용에 편리하도록 많은 서랍을 갖고 있다. 길게 뻗은 소나무의 천판이 소품들을 올려놓기에 유용하고 또 매우 시원해 보인다. 이 천판과 기둥 사이에는 시각적인 안정을 주기 위해 비교적 커다란 풍혈을 달았다. 높고 경쾌한 다리가 무겁게 느끼는 상체를 거뜬히 받쳐 주고, 많은 장식과 전체의 흐름으로 보아 화려하기는 하나 오동나무와 무쇠 장식으로 인해 묵직하면서도 귀족적인 품위를 풍기고 있다.

문갑 [19세기, 가로 144cm, 세로 22.5cm, 높이 36.8cm]

매우 좁고 긴 장방형 문갑이다. 실용보다는 실내 공간 구성의 장식의 멋으로 꾸며졌으며, 문방 상품을 가설하는 가구로서도 매우 성공된 작품이다.

서안 [19세기, 가로 60cm, 세로 25cm, 높이 26cm]

비교적 큼직한 서랍을 갖고 있는 단순한 형태로 근래에 이르기까지 널리 이용되는 서안의 기본형이다. 서랍은 하나의 긴 널판을 동자로 삼등분하여 힘과 시각적인 균형을 꾀하고 동자와 판재의 울거미에는 쌍뭐를 둘러 전체에 부드러움을 주고 있다. 서랍의 복판은 오동나무이며 그 외는 소나무이다.

경상 [19세기, 가로 60cm, 세로27cm, 높이 25.7cm]

반닫이 형식의 하단에 경상에서 보이는 두루마리 천판을 합한 독특한 구조의 서안이다. ㄷ자형 들쇠가 달린 서랍을 빼내면 내부에 깊숙한 공간이 있어 중요 서류나 기물을 넣을 수 있게 된 반면에 일반적인 경상의 느낌과는 달리 하단이 매우 둔중하게 보인다. 서랍과 하단이 하나의 판재처럼 보이게 하고 서랍의 양 모서리나 바닥이 닿는 곳도 골재를 따로 대지 않고 숨은 형식으로 처리하여 단정히 했다. 다리는 전형적인 반닫이 형식으로 상체를 안정되게 받쳐 주고 있다. 오동나무에 무쇠 장식이다.

연상 [19세기 후기~20세기 초, 가로 35.8cm, 세로 24.5cm, 높이 26.7cm]

죽장 연상은 나무로 된 백골 위에 대나무를 씌워 붙인 것으로 대나무의 단단하고 매끄러운 표면과 윤기, 또 둥근 곡면으로 인한 빛의 반사 효과에 의하여 항상 새것처럼 느껴지며 또 매우 견고하다. 더우기 대나무는 곧은 기풍의 상징으로 선비들이 애용하는 연상에는 적격이다. 각 판재와 그 둘레는 대나무의 자연색으로 하고 나머지 부분은 검은색으로 둘러 단일색보다 문양이 강조되고 단조로움을 없애 준다. 바닥의 아랫널은 대부분이 목판재로 되어 있으나 이것은 개판과 같은 양식으로 통일미를 이루고 있다.

의걸이장 [19세기 후기~20세기 초, 가로 85cm, 세로 45cm, 높이 174.5cm]

규격이나 형식이 의걸이 장의 표준형으로 배나무 기둥에 오동나무 판재로 짜여 있다. 일반적인 의걸이장의 문판(복판)은 매난국죽 등을 음각하고 채색하여 넓은 판재를 마치 한 폭의 그림처럼 느끼도록 하였으나, 이 장은 오행고시를 음각하고 그 위에 황색료를 접착제와 개어 칠을 하여 글씨가 돋보이도록 하였는데, 이를 통해 인생의 좌우명을 삼으려는 사랑방 주인의 취향과 바른 인생관을 짐작할 수 있다.

팔걸이 [19세기 후기 ~ 20세기 초, 가로 42.7cm, 높이 26.7cm]

2) 안방 가구

여성들이 거처하는 안방은 사회적 규율에 얽매이고 또 외부와 단절된 속에서도 자신의 생활을 찾고 자연을 느낄 수 있도록 꾸며졌으며, 자녀를 기르고 가정생활의 중심을 이루는 곳이므로 항상 화목한 분위기를 조성하도록 가구가 제작되어 졌다. 따라서 안방의 가구는 사랑방 가구의 정선된 선과 검소한 분위기와는 달리 색이 곱고 밝고 따뜻하며 화사한 것이 특징이다.

안방에 사용되는 가구로는 몸단장을 위한 좌경, 빗접, 주연경과 의복을 관리하는 반짇고리, 화로 등이 있었으며, 특히 사계절이 뚜렷한 한국은 계절에 따른 많은 의복과 솜, 천, 버선 등을 보관하기 위하여 이층장 · 삼층장과 농이 큰 비중을 차지했으며 그 외에 솜장, 버선장, 의걸이장, 머릿장 등 다양한 종류가 있었다.

장과 농은 안방의 주된 가구로, 장은 각 층이 분리되지는 않으나 앞면이 1, 2, 3층으로 구획된 것이며, 많은 힘을 유지하기 위해 굵은 기둥과 두꺼운 판재로 양측 널을 구성하고 있다. 반면에 농은 각 층이 분리되므로 기둥보다는 얇은 판재로 짜여져 있다. 원래 농은 뚜껑이 있는 고리짝을 쌓아 놓을 때 아래층의 것이 사용에 불편하므로 각 층의 앞쪽에 여닫이문을 달아 발전시킨 형태이다.

장을 용도에 따라 분류하면, 머리맡에 놓고 귀중품이나 일상 용품을 간편하게 보관, 사용하게 만든 자그마한 머릿장, 의복을 포개어 보관하는 일반 버선이나 간단한 의류를 넣는 버선장, 솜장, 이불장, 옷을 구기지 않도록 횃대에 걸쳐 보관하는 의걸이장, 2층과 3층은 일반 버선이나 간단한 의류, 같으나 1층이 둘로 나뉘고 이 나란한 두 개의 문이 원앙새 같다 하여 이름한 원앙 삼층장, 장의 상부에 설치한 것 등 다양한 종류가 있다. 장 중에는 특별히 화초장이라 하여 출가하는 딸을 위해 제작하여 집안의 가풍을 유지시키고 개인의 취향까지 고려한 것도 있다.

재질에 따라 분류하면 느티나무, 먹감나무, 물푸레나무, 단풍나무 등 아름다운 목리를 이용하여 자연적인 아름다움을 강조한 것, 은행나무, 가래나무, 피나무에 화조문, 십장생문을 조각한 것, 대나무를 삿자리 형식으로 엮거나 기하학적인 문양으로 모자이크한 죽, 비단헝겊을 바른 비단, 나무 표면에 종이를 바른 후 고운 색으로 산수, 화조, 문자문을 그리거나 헝겁에 수를 놓아 판재에 끼워 붙인 영롱하고 화사한 자개를 시문하고 옻칠을 한 자개장, 투명 유리판에 화조를 그려 넣은 화초장, 적 · 황 · 녹 · 백 · 흑 등의 짙은 석분으로 그림을 그린 화각장, 투명 유리판에 화조를 그려 넣은 화초장 등이 있다. 안방에는 이렇듯 이름다운 가구를 놓아 여성의 취향을 살리고 외부 세계를 느껴볼 수 있도록 노력하였다. 이들 가구에 주로 사용된 문은 자연 경관, 화조, 삼강오륜도, 십장생, 길문, 부귀다남, 자손번창, 다산, 장수를 기원하는 내용들이다.

안방의 가구를 살펴보면, 아랫목의 다락 미닫이문이나 병풍에는 색이 밝은 화조도를 그리거나 수놓아 화사하고 온화한 분위기를 조성하였다. 머리맡에는 낮고 자그마한 머릿장을 놓아 열쇠, 문서, 귀중품들을 안전하고 손쉽게 보관할 수 있도록 하였고, 그 옆의 마당으로 통하는 미닫이문 아래나 측 벽면에는 낮고 긴 문갑을 배치하여 벽면에 시원한 여백을 구성하고 있다. 아랫목을 중심으로 반짇고리, 몸단장을 위한 좌경, 빗접, 걸이경 등이 놓이거나 결렸다. 좌경과 빗접은 앉은 자세에 알맞도록 설계되었는데, 지나친 몸단장을 삼가며 또 외형적으로 나타남을 꺼려 사용치 않을 때는 접어 둘 수 있게 하였다. 걸이경은 기둥에 걸고 놓고 전신을 비추는 거울로서 조선조 후기부터 사용되었다.

그 밖의 안방 가구로는 불을 밝히는 등가, 촛대, 좌등 등이 있다.

이층롱 [19세기, 가로 75cm, 세로 37.2cm, 높이 111.5cm]

골재가 없이 판재로만 구성되는 이층롱은 가벼운 오동나무를 사용하거나 나뭇결은 없어도 넓은 판재를 구할 수 있는 피나무, 은행나무, 감나무 등을 사용하여 만들었다. 이 이층농은 느티나무의 나뭇결을 살려 더욱 넓고 시원한 느낌을 준다.

앞바탕, 경첩, 귀 장식은 강화도 지방의 반닫이처럼 투각된 무쇠장식으로 되어 있다. 내부에는 화판이 찍힌 한지가 발라져 있다

이층장 [18세기 후기, 가로 93.2cm, 세로 40cm, 높이 121.3cm]

소품이나 두루마리 등 사랑방 기물을 넣는 장이다. 대개 한국의 장들은 앞면에 집중적인 치장을 하고 양 측면은 소홀히 했는데 반해 이 장은 측널을 쇠목과 동자로 평면을 재구성하고 여의두문까지 조각하여 앞면과 같게 장식하였다. 이는 측면에 다른 가구들을 붙여 놓지 않고 독립하게 배치하려는 의도인 것 같다. 가래나무에 여의두문을 음각하였고 주석 장식이다.

삼층장 [19세기, 가로 107cm, 세로 52.5cm, 높이 161.5cm]

안방은 여성들의 생활 공간인 동시에 가정의 중심이 되는 곳이다. 따라서 안방에 놓이는 장은 의복을 보관하는 기능 외에 온화한 실내 분위기를 조성할 수 있는 색이 밝고 화사한 것이 널리 애용되었다. 목리가 좋은 느티나무 판재에 먹감나무의 검은 부분으로 안정된 짜임새를 보이며, 많은 주석 장식과 더불어 화사한 멋을 내고 있다. 골재는 가래나무이며 양측 널은 오동나무, 뒷널은 소나무로 구성되어 있다. 높고 성큼한 다리는 육중한 몸체를 가볍게 받쳐주는 시각적인 효과도 있으나 온돌의 열기를 통풍시키고 반짇고리나 기타 소품을 넣어 두는 역할도 한다.

화각사층장 [19세기, 가로 52.5cm, 세로 31cm, 높이 95.5cm]

사층장이란 드문 예이지만 높이 3척 미만으로 축소시켜 그 층수가 가능한 소형장이다. 화각(채화한 얇은 쇠뿔판을 오려 붙이는 것)에 주석 장식이 어색함이 없이 조화를 이루고 있으며, 면판의 구성 비례는 일반 장롱의 분할법에 따랐다. 즉, 각 층마다 복판에 쌍바라지로 된 여닫는 문을 두고 좌우로 쥐벽간, 상하로 머름칸을 이중으로 두었으며 울거미는 가래나무로, 머름칸, 쥐벽간 및 문짝 복판 부분에는 화각을 넣었다.

화각버선장 [19세기, 가로 38.7cm, 세로 21.5cm, 높이 26.5cm]

단층의 버선장이면서도 결구는 문갑의 양식을 따르고 있으며, 전면의 외양은 일

반 장롱의 분할법을 적용했다. 앞면 골재는 감나무로 하고, 그 밖의 천판, 옆널, 뒷판은 모두 오동판을 써서 연귀로 이어붙였으나 은촉을 끼워서 한층 견고하게 했다. 소형장이므로 문을 크게 하기 위해 쥐벽간을 줄여 머름칸보다도 도리어 좁은 공간을 만들었다. 다리 역시 짧지만 운각을 덧대어 더욱 낮은 느낌을 주었다.

화초오층탁자장 [20세기 초, 가로 63.4cm, 세로 36.8cm, 높이 186.2cm]

20세기 초 경기 지방에서 제작되고 소나무에 화류나무를 붙임한 화초장으로 반닫이, 문갑, 장, 탁자를 겸한 다목적 가구이다. 이러한 화류 붙임은 대체로 20세기 초에 성행하던 것으로 얇게 켠 화류나무를 표면에 붙여 전체가 마치 화류나무로 짜여진 것같이 보이게 만들었다. 이는 중국의 화류목이 희귀재인 이유도 있지만, 단단하고 윤이 잘 나는 재질의 특성을 살리고 내부의 감추어진 부분은 외형에 구애되지 않고 손쉬운 재료를 사용할 수 있는 장점을 갖고 있기 때문이다. 밝고 따뜻한 황색지 바탕의 유리판에 채색된 그림들과 전형적인 경기도 반닫이 형식의 화려한 백동 장식이 어울려 여성 가구의 성격을 잘 나타내고 있다.

좌경 [19세기 후기, 가로 12cm, 세로 15cm, 높이 16cm]

좌경은 한국의 평좌 생활에 알맞도록 높이와 크기를 적절히 하여 화장하기 좋고 밝고 편리한 장소로 옮겨 사용할 수 있으며, 또 사용치 않을 때는 접어두게 만든 여성의 일상용품이다.

자개빗접 [16세기 후기, 가로 26.5cm, 세로 26,5cm, 높이 26.5cm]

정방형 입체로 꾸민 흑자개이다. 면마다 거의 빈틈없이 자개를 놓았으며, 천판 안에는 한 쌍의 봉황을 위치시켰다. 앞면은 3등분하여 아래 2단에 서랍을 설치하였으나 한 그루 모란을 통판처럼 놓았고 천판에서 내린 주석 장식의 긴 뻗침쇠를 두 번째 서랍까지 걸치게 하여 서랍을 고정시키는 역할을 한다. 다른 측면에는 소나무에 새 한 쌍, 매죽에 새 한 쌍, 수초에 새 한 쌍을 각각 놓았는데 천판이나 앞면과는 달리 사실적이면서도 치기에 넘치는 민화풍이다. 서랍에는 소도구를 수장하며 좌석 측면에 들쇠가 있어서 들어 옮기는 데 편하게 했다.

3) 부엌 가구

한국의 부엌은 온돌 양식으로 인해 부엌 바닥이 지표보다 낮고, 식당이 부엌과 연결되지 않아 음식상을 마당과 대청을 거쳐 실내로 운반해야 했으므로 이에 따른 인간공학적인 설계와 적절한 재질이 요구되었다. 부엌 가구로는 소반, 찬장, 뒤주 등과 기타 소품이 있다. 소반은 남녀유별, 장유유서 등의 풍습에 따라 독상이 주로 사용되었고, 그릇들이 무거운 사기나 놋으로 되어 가벼운 재질이 필수적이었으며 들기에도 편하도록 작은 크기가 요구되었다. 이에 따라 넓은 판재를 구할 수 있고 얇아도 터지거나 휘지 않는 피나무, 호두나무, 가래나무, 은행나무 등이 이용되었다. 이중 은행나무는 음식 냄새에도 좀이나 벌레가 쏠지 않으며, 탄력이 있어 깊은 흠이 생기지 않아 좋은 재질로 취급되었다.

찬장은 식기류를 얹어 놓는 부엌 가구이다. 그릇의 대부분이 많은 양을 쌓아 두고 사용하므로 그 힘을 충분히 감당할 수 있는 굵은 기둥과 두꺼운 판재, 그리고 이 점을 고려한 짜임과 이음새가 필수적이었다. 이러한 굵고 투박한 재료가 반대로 시각적으로 시원함과 신뢰감을 주기도 한다. 그러나 골재로만 연결되는 것은 너무 단조로운 감을 줄 수 있어 다른 종류의 가구보다 신중한 설계화 제작이 요구되었는데, 그 쾌적한 공간의 비례는 한국 목공술의 으뜸이었다.

재질로는 두꺼운 소나무 통판을 사용하거나 얇은 판재의 경우 대청의 널처럼 판재를 끼워넣은 은촉짜임 형식을 하고 있다. 또한 다리 부분의 족대 역시 바닥의 습기를 고려하여 높고 굵게 설계되었다.

찬장은 그릇을 넣거나 음식을 담아 보관하는 주방 가구이다. 찬장 또한 찬탁과 같이 그릇의 무게를 고려하여 튼튼한 짜임새가 요구되므로 굵은 소나무 골재에 목리가 좋은 느티나무, 참죽나무를 이용하였고 견고한 무쇠 장식을 달았다. 찬장은

2 · 3층이 대부분으로 전면이 같이 판재로 구성된 것과 천이나 종이로 발려져 통풍을 고려한 것이 있으며, 크기 또한 7자가 넘는 것에서 3자가 되지 않는 소형에 이르기까지 다양하다. 대형 찬장은 부엌이나 대청에 놓여져 음식이나 곡물, 잡다한 그릇 등을 손쉽게 보관하는 역활을 했다. 반면 소형은 인간공학적인 면을 고려하여 부뚜막 위나 찬 마루에 놓여졌다.

이밖에 쌀이나 곡물을 보관하는 뒤주가 있다. 뒤주는 곡물이 습해지는 것을 막기 위해 통풍이 잘되고 쥐와 해충으로부터 보호되며 충분한 힘을 받을 수 있도록 굵은 소나무 골재에 두꺼운 느티나무나 소나무 판재로 높게 구성되어 있다.

뒤주에는 많은 양을 넣을 수 있는 대형에서 팥과 깨를 넣는 소형에 이르기까지 각종 형태가 있다. 또한 대형 뒤주 중에는 2층으로 분할하여 아래층은 그 여닫이문 안에 잡곡을 자루에 넣어 두거나 그릇이나 기타 소품들을 보관하는 동시에 위층의 곡물을 해충으로부터 더욱 안전하게 보관할 수 있도록 한 이층뒤주도 있다.

이층찬장 [19세기, 가로 103cm, 세로 47cm, 높이 113cm]

일반적인 이층장의 구조를 갖고 있는 찬장이다. 무거운 유기를 넣기 위해 굵은 골재를 사용하였다. 머름칸이 낮고 쥐벽간과 복판이 넓어 시원하며 견고한 무쇠 장식이 중후함을 더해 준다. 앞 판재는 느티나무이며 그 밖의 골재와 판재는 소나무이다.

삼층찬장 [19세기, 가로 69cm, 세로 43.5cm, 높이 136cm]

전형적인 삼층장의 구조를 갖고 있는 찬장으로 쥐벽간 부분을 생략한 대신 문판을 크게 하여 사용에 편리하게 하였다. 각 층의 복판은 느티나무 목리를 하였고 문변자 안쪽에 버선코형 실오리를 둘러 목리를 감싸주면서 전체의 인상을 부드럽게 하고 있다. 소나무의 굵은 골재와 무쇠 장식이 잘 어울리고 무거운 상체를 상쾌하게 느끼도록 한다.

삼층찬탁 [19세기 후기~20세기 초]

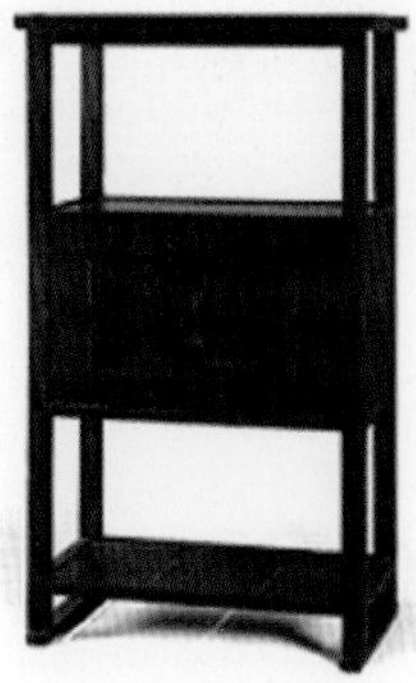

삼층의 중간층에 장을 시설해서 음식을 넣어두게 한 일종의 찬탁이다. 이 장은 일반적인 장롱의 면 분할의 격식을 따랐으며, 골재는 쓸수록 윤택을 더해 가는 소나무를 썼고, 면판은 결이 고운 귀목을 썼다. 모두 칠이 없이 길을 들였고 나뭇결을 좌우 대칭으로 배치해서 시각 효과를 노렸다. 간결한 용재 처리이므로 그에 따라 장식 역시 소박한 거멍쇠 장식으로 앞바탕과 경첩만을 붙였다. 전체의 면 분할과 비례가 쾌적하고 실용주의의 견고한 조선 시대 목공품의 간결한 특징을 잘 살리고 있다.

뒤주 [20세기 초, 가로 33.5cm, 세로 23.8cm, 높이 33.5cm]

뒤주는 본시 가정에서 곡물을 넣는 한국 고유의 양식이다. 매우 간소하면서 중후한 느낌을 주며 창의성이 있는 구조로 되었다. 두꺼운 판자를 써서 다리를 높직하게 한 것은 쥐의 피해를 막고 습기의 침해를 제거하는 데 필요한 조처이다. 큰 것은 높이 1.5m에 이르는 것이 있다. 골재는 양질의 소나무를 썼고 사방의 면판은 느티나무를 써서 기둥에 홈을 파 튼튼하게 끼워 물렸다.

소반 [19세기, 가로 42cm, 세로 33.6cm, 높이 30.4cm]

한국은 독특한 주택 구조로 인해 음식을 부엌에서 마당, 대청을 거쳐 실내로 옮겨야 했고 또 남녀유별, 상하 구분 등의 풍습에 따라 독상이 주로 사용되었다. 그리고 그릇들이 무거운 유기로 되어 소반의 재질이 가벼워야 했고, 인체 구조에 알맞는 들기 편리한 작은 크기가 요구되었다. 이에 따라 넓은 판재를 구할 수 있고 얇아도 터지거나 휘지 않는 피나무, 호두나무, 가래나무, 은행나무가 이용되었다. 특히 은행나무는 음식 냄새에도 좀이나 벌레가 먹지 않으며 탄력이 있어 홈이 생기지 않아 많이 애용되었다.

공고상 [19세기, 지름 50.3cm, 높이 134cm]

야외에서나 관청에서 식사할 때 머리에 이고 나르는 소반으로 번상 또는 공고상이라 부른다. 앞을 내다보기 위한 커다란 창이 두 개 있으며, 양 측면에는 손잡이 구멍이 뚫려 있다. 천판은 느티나무이고 12개의 소나무 판이 밖으로 외반되어 안정감을 주며 각 이음새를 고추잎형 거멀 장식이 견고하게 잇고 있다.

4)기타 가구

반닫이 [19세기, 가로 51.5cm, 세로 28.7cm, 높이 45cm]

강화반닫이 중에는 잣나무와 소나무 같은 결 고운 나뭇결을 살려서 칠하지 않은 채 그 소박한 맛을 낸 예가 많다. 이 잣나무 반닫이는 나뭇결과 짜임새, 이음새가 분명하게 드러나 구조상의 시각미가 아울러 마련되어 있다. 다만 일반적인 반닫이보다 소형화하여 부녀자의 안방이나 아담한 가구가 되도록 했는데, 그냥 축소한 것이 아니라 비례를 작은 물건에 맞추었으며 경첩은 실용적으로 견고하도록 약간 확대되어 있다. 용재의 소박함에 맞춰 거멀쇠 장식을 붙여 질박하면서 분명한 장식 효과를 꾀했으며, 자물쇠고리 바탕을 제비초리형으로 큼직하게 붙이고 그 옆에 박쥐 경첩을 곁들였다. 이 자물쇠 받침쇠는 자물쇠에 의한 목부 손상의 보강인데, 좌우 대칭의 통례를 벗어나 애교있는 부착물로서 한쪽에만 붙였다. 양쪽 제비초리 경첩의 중앙에는 소형의 옥형 경첩을 두어 변화를 주었고, 그 아래에 4엽좌 장식으로 배꼽장식을 넣어 아랫도리의 허전함을 면하게 했다.

반닫이장 [18세기, 가로 106cm, 세로 45cm, 높이 107.5cm]

천판 양 끝의 두루마리와 호족형 다리는 경상과 책장에 주로 사용되는 것으로 귀족적인 위엄을 갖게 한다. 상층의 여닫이문은 오동나무에 죽장을 하여 대나무의 곧고 단단한 재질과 빛의 편광 효과는 항상 새로운 감각을 갖게 한다. 두꺼운 은행나무에 무쇠 장식을 단 하층의 반닫이가 중후하면서도 상부와 잘 어울리고 있다.

천판은 소나무이다.

약장 [19세기, 가로 89.5cm, 세로 28.5cm, 높이 142.2cm]

상단에는 작은 서랍들을 일률적으로 배치하고 하단의 큰 서랍들은 장롱의 형식에 맞춘 면 분할로 쥐벽간과 머름칸 부분에 서랍을 설치하였다. 중앙의 여닫이문 안에는 다섯 개의 커다란 서랍이 있어 희귀 약재나 극약재를 안전하게 보관할 수 있게 했다. 하단에 큰 서랍이 놓여 안정되게 보이며 족통 또한 견고하고 높아 전체를 경쾌하게 해준다. 참죽나무 골재에 느티나무 판재이며 서랍의 내부는 소나무이다.

서류함 [19세기, 가로 26cm, 세로 11cm, 높이 6cm]

이 서류함은 납작하게 되어 보관에 좋을 뿐 아니라 말 안장의 커다란 주머니에도 쉽게 넣을 수 있어 운반에도 편리하다. 이 함은 튼튼한 넓은 약과 경첩에 굵은 거멀잡이가 위아래 널을 함께 잡아 더욱 큰 힘을 받을 수 있으며, 네 귀의 귀 장식 또한 간결하면서도 실용적인 구조이다. 붙박이 자물쇠는 아랫부분을 들어 열게 되어 있다. 목리가 좋은 물푸레나무로 인해 넓은 면이 단조로움 속에서도 자연적인 아름다움을 느끼게 한다.

화각함 [18세기, 가로 36.5cm, 세로 21.2cm, 높이 22.3cm]

소나무 백골 표면에 화각을 씌운 함으로 화각은 쇠뿔을 편 후 얇게 갈아서 투명하게 된 사각판에 여러 가지 그림을 그린 것이다.

투명한 쇠뿔판을 통해 따뜻하고 부드러운 색이 매우 순정적이고 친근감을 주어 여성들이 즐겨 사용하였다. 각 면에는 용, 호랑이, 거북, 사슴, 봉황 등이 붉은 바탕에 초록, 노랑, 검정, 흰색 등의 색채로 강렬하게 그려져 있다. 네 귀에는 화각판을 반으로 접어 붙여 모서리의 약함을 보완하였으며, 앞 바탕의 긴 뻗침대는 전체를 묵직하게 느끼게 하며 또 뚜껑을 열어젖힐 때 받침대의 역할도 한다.

3. 가구의 분류

인간의 행태가 이루어지는 공간 내의 구성 요소로서의 가구 분류는 다양한 측면에서 접근할 수 있는데, 이 책에서는 6가지의 접근 방법으로 분류하였다.

사용 공간을 중심으로 하는 공간별 분류 체계와 신체 사용 방식에 따른 사용 방식 분류 체계, 가구 구조에 따른 구조별 분류 체계, 가구 유형에 의한 유형별 분류 체계, 그리고 사용자 대상에 따른 특수 대상별 분류 체계와 사용 목적에 따라 목적별 분류 체계로 나누어 제시하고자 한다.

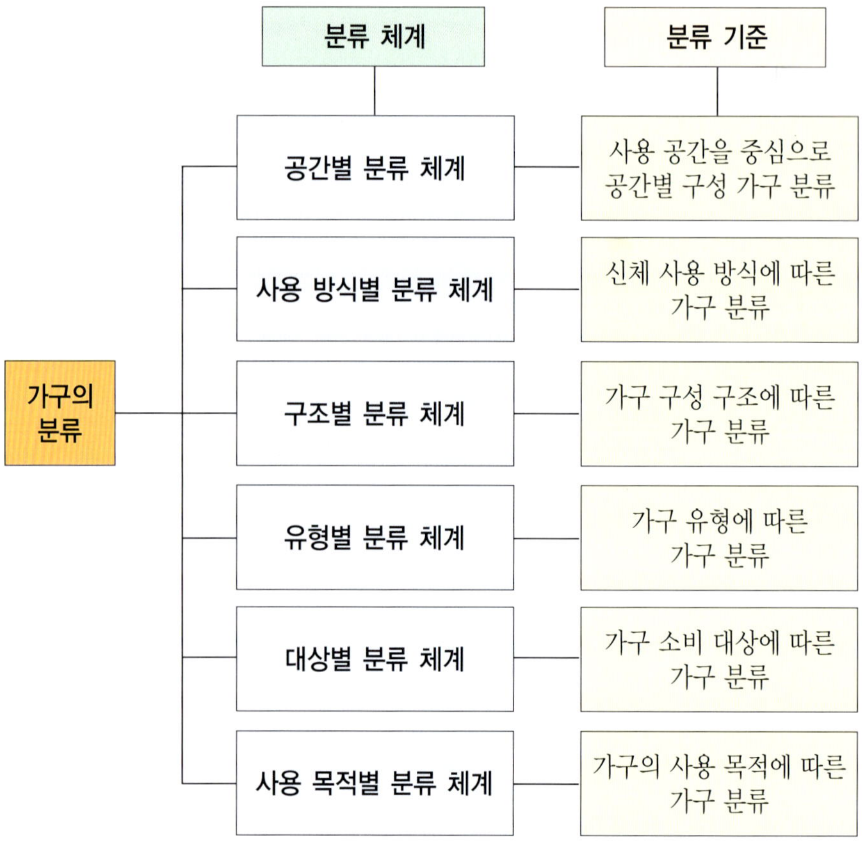

3-1. 공간별 가구 분류

생활하는 공간을 중심으로 하여 공간별 분류는 주거 공간 가구, 사무(업무) 공간 가구, 상업 공간 가구, 공공용 가구 등으로 분류할 수 있다.

주거 공간 가구에는 주거 환경 내에서 사용하는 가구로 침대, 장롱, 소파, 화장대, 문갑류, 장식장, 탁자류, 싱크대, 특정 기능의 장류, 붙박이 형식의 가구가 있고, 사무 공간 가구에는 크기 및 형태에 따라 차이는 있으나 책상류, 서랍장 테이블류, 옷장, 책장, 의자, 칸막이 등이 있으며, 상업 공간 가구에는 영업을 목적으로 하는 카운터, 테이블, 수납장, 사물함, 진열 관련 가구가 대표적이고, 이밖에 여러 사람이 공용 공간에서 사용하는 가구로는 'Street Furniture' 라 하는 공용 벤치, 공용 스툴, 버스 정류장, 소화전 등을 포함하며 가구의 범위를 한정할 수 없을 만큼 많다.

공간별 분류 체계	가구 품목
주거 공간	침대, 장롱, 소파, 화장대, 문갑류, 장식장, 탁자류, 싱크대, 특정 기능의 장류
사무 공간	책상류, 서랍장, 테이블류, 사이드테이블, 옷장, 책장, 의자, 칸막이 등
상업 공간	카운터, 테이블, 수납장, 사물함, 진열 관련가구
공공 가구	스트리트퍼니쳐, 공용 벤치, 공용 스툴, 버스 정류장, 소화전 등

3-2. 사용 방식별 가구 분류

인간의 가구에 대한 인체 사용 방식에 따라 가구를 분류할 수 있는데, 가구가 인체에 직접적으로 작용하여 사용되는 영역이 넓은 가구와 신체적 측면에서 반간접적으로 사용되는 가구, 그리고 다른 영역에 위치하여 가구의 기능을 하는 것으로 분류할 수 있다.

인체의 직접적인 접촉으로 사용이 이루어지는 가구로는 의자, 소파, 스툴, 좌식의자 등이 있고, 인체에 반간접적으로 작용되는 가구로는 책상, 테이블, 카운터, 좌식용 탁자, 작업대, 사이드 테이블 등이 있으며, 인체와 접촉이 거의 없고 다른 영역에서 가구의 기능을 하는 가구로는 주로 정리 수납용 가구가 있으며 수납의 크기, 수량, 중량 등과 관계되어 실내 기둥 간의 치수, 벽의 길이, 천장의 높이 등의 공간 조건에 지배되는 것으로 건축의 일부 성격을 지니는 선반, 붙박이 상자류, 파티션, 행거용 가구류가 여기에 해당된다

사용 방식 분류 체계	가구 품목
직접적 사용 방식	인체 지지용 가구로 인체와 밀접히 관계하여 직접 인체를 지지하는 의자, 쇼파, 침대, 스툴, 좌식의자 등.
반직접적 사용 방식	간접적으로 인간에 관계하고 인간 동작에 보조가 되는 가구로 책상, 테이블, 카운터, 좌식용 탁자, 작업대, 사이드 테이블 등.
다른 영역에 위치하여 사용되는 방식	정리 수납을 목적으로 하는 상자류, 진열을 목적으로 하는 선반류와 붙박이장류, 파티션, 행거용 가구류 등.

3-3. 구조별 가구 분류

가구 구조에 의하여 분류하면 가구는 이동 가능한 가구와 붙박이 형식 가구, 조립식 가구로 분류할 수 있다.

이동이 가능한 가구의 의미에는 현대 가구의 대부분인 일반적인 가구가 여기에 속하는데, 사용상에 있어서 이동시켜 공간을 구성하는 가구를 의미한다. 붙박이형 가구는 인테리어 시공 시에 같이 구성되며 공간 속에 고정되어 사용되는 가구를 의미하며, 조립식 가구는 일정한 유니트(Unit)의 모임으로 이동식이면서 시스템화된 모듈러 개념의 가구로, 크기를 자유로이 조절하며 부품을 서로 용이하게 교환

하여 사용할 수 있고 공간의 낭비 없이 조립되는 가동성, 적응성에 편리함을 제공한다.

구조별 분류 체계	가구 품목
이동 가능형 구조 가구	일반적인 대부분의 품목을 포함
붙박이형 가구	Fixed System의 옷장, 이불장 등을 포함
조립식 구조 가구	Unit System, Modular 가구 등으로 조합이 가능한 품목, 공간의 활용도와 가변성을 지니는 접이식 가구

3-4. 유형별 가구 분류

가구의 유형에 따라 크게 분류하면 의자류, 탁자류, 침상류, 장류, 그 외의 다양한 형태인 소품류로 분류할 수 있다.

이러한 분류는 가구를 제작할 때나 기획할 때 분류되어지는 유형으로, 인체공학적 고려가 깊이 있게 다루어져야 하는 의자류와 데스크 형태인 탁자류, 그리고 신체의 휴식과 재충전이 이루어지는 침상류, 수납과 저장 등이 이루어지는 형태인 장류, 그 외의 소품 형식의 유형으로 분류할 수가 있다.

유형별 분류 체계	가구 품목
의자류	소파, 스툴, 의자의 모든 품목
침상류	침대, 데이베드 등
탁자류	콘솔, 데스크, 식탁 등
장류	의류장, 이불장, 붙박이장, 장식장 등
소품류	장식적 소품

3-5. 대상별 가구 분류

1960년대 서구 문물의 유입과 경제적 발달로 인하여 실내 공간 환경이 빠르게 변화함으로써 가구를 사용하게 되는 소비자의 수요를 충족시키는 새로운 개념의 가구들이 분류되고 있다. 현재 업체에서는 가구를 사용하게 되는 구체적인 대상에 따라 가구를 분류하여 기획에서부터 제작에 이르는 프로세스를 체계적으로 진행하고 있다. 이러한 대상별 분류 체계를 이용하여 소비자의 요구와 트랜드를 분석하여 제품 개발을 이루고 있는 것이다.

가구를 사용하는 일반적 대상 외에 특별히 분류되는 대상별 가구를 보면, 신혼 부부를 위한 혼례용 가구, 학생들을 위한 아동용 가구, 기업의 효율적 업무화를 지원하는 경영자용 가구 등으로 분류할 수 있고, 미래의 노령화 사회에서는 실버 가구 등도 대상별 분류가 이루어지는 가구가 될 것이다.

특수 대상별 분류 체계	가구 품목
혼례용 가구	신혼을 위한 주거 공간 전반에 걸친 품목 침실용 가구, 식당용 가구, 거실용 가구 등
아동용 가구	아동실 구성 가구 책상, 책장, 옷장, 침대 의자 등
경영자용 가구 (중역 가구, CEO 가구)	일반 업무용보다 고급 재질과 업무 성격에 따른 디자인 구성이 된 책상, 책장, 간이 옷장 등

3-6. 목적별 가구 분류

공간 내에서 가구가 사용되는 목적에 따라 사람의 몸을 편하게 받쳐주어 피로 회복을 위한 기능을 갖는 휴식용 가구, 물건을 정리하고 보존할 수 있는 수납용 가구, 인체 치수에 맞도록 계획되어 에너지 소모를 최소한으로 하여 작업의 능률을 올릴 수 있는 작업용 가구로 분류할 수 있다.

목적별 분류 체계	가구 품목
휴식용 가구	사용자의 휴식을 지원하는 구조로 인체공학적 요소를 잘 반영하여야 함
수납용 가구	용도별, 품목별, 공간별 효과적인 수납이 이루어지도록 계획되어야 함
작업용 가구	작업자의 효율적 업무를 위한 인체공학적 치수 체계를 잘 반영하여야 함

Chapter 2
가구와 인간공학

1. 의자와 인간공학

의자는 가구의 종류에서 가장 인체와 밀접한 가구이다.

의자의 연구는 유럽을 중심으로 개발되어 왔다. 처음에는 자연적 소재의 가정용 가구로 개발되었으나 산업혁명 이후 1, 2차 세계 대전을 계기로 국가 간의 무기의 대량 생산과 같이 효율적인 생산관리 시스템의 도입으로 목재를 주로 사용하던 가구의 재료를 스틸에 텍스타일 섬유를 씌워서 만든 의자로 발전하게 되었다. 의자는 미국이 제2차대전에 참여하던 1940년대에 많은 연구와 개발을 통하여 제작되다가 1970년대 이후 건축 소재의 철골 구조를 기초로 하는 미니멀 가구의 발달과 함께 Mesh chair가 스틸 구조로 변화하면서 스틸과 텍스타일의 최소화된 재료를 사용하게 되었으며, 1990년대에 이르러 자원의 재활용에 대한 인식이 고조되면서 본격적으로 사용되기 시작하였다.

우리나라의 경우 아직도 가정용 가구 목재 가공을 중심으로 건설된 대량 생산 시스템의 공장들이 대부분이어서 의자의 개발이 미국, 유럽이나 대만, 중국에 비하여 더딘 편이며, 유럽을 중심으로 친 환경적 가구의 개발이 왕성해 지면서 의자를 이용한 가구 시스템의 도입이 점차 가속화되고 있다. 그러나 국내 대기업들은 생산 라인이 대부분 목재 중심의 가공 라인이 대부분이어서 아직도 목재의 비율이 높은 편이고, 의자의 가공 공정이 다른 가구에 비하여 금형비의 투자가 많고 개발을 위한 초기 투자비 및 개발 기간이 긴 편이며 의자를 전문으로 하는 전문 생산업체와 디자이너의 인력이 부족하여 일본과 대만 등 아시아의 경쟁 국가에 개발이 점차 뒤지고 있다.

일본과 대만의 경우에는 경공업 중심의 스틸 가공이 가능한 전문 중소기업이 많고 국가에서도 금형비의 장기 융자 및 전문 디자이너, 엔지니어의 기술 지원으로 다양한 제품의 의자를 개발하고 있으나 국내의 상황은 정부의 지원 부족과 전문 인력의 부족으로 경쟁력 있는 개발을 못하고 있다.

인간공학의 종주국이라 인식되는 미국의 경우에는 가구업체에서 섬유를 전문적으로 개발, 연구하는 텍스타일 디자이너에 의해서 다양한 패턴의 섬유가 개발되고 있으며, 인간공학적 분석과 다양한 실험에 의해서 의자가 디자인되고 있으나 국내에 경우 가구업체에서 전문 텍스타일을 연구하는 인력이 매우 부족하며, 의자의 개발도 중국과 일본, 동남아 국가에 비하여 저조한 편이다.

1-1. 의자의 인간공학적 분석

작업자로 하여금 작업에 필요한 안정된 자세를 갖게 하고 작업에 직접 필요하지 않은 신체 부위를 휴식시키고자 하는 것이다.

똑같은 작업이라도 앉아서 수행하는 것과 서서 수행하는 것의 에너지 소비 차이는 하루에 약 300kcal (성인의 하루 평균 근로 대사량 2,500kcal) 정도된다.

E.Grandjean,1980
-인간은 직립 인간(Homo Sapiens)이 아닌 좌식 인간(Homo Sedens)이다.

A.C.Mandal, 1981

-작업 수행에 의자 사용이 가능하다면, 반드시 그 작업은 앉은 자세에서 수행되어야 한다.

US Law, 1961

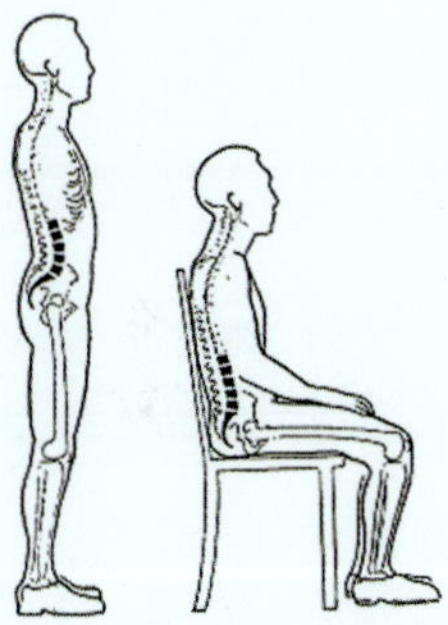

(1) kin

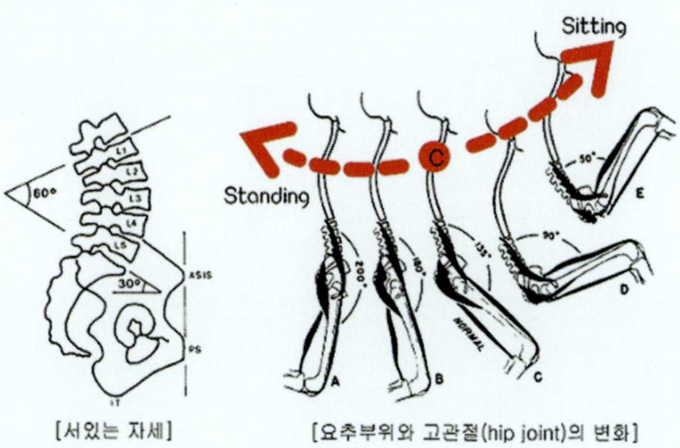

[서있는 자세]　　[요추부위와 고관절(hip joint)의 변화]

-서 있는 자세에서 골반은 대략 수직이며 첫 번째 요추와 천골은 수평에 대해서 약 30도, 앉은 자세에서 일어설 경우 관절의 움직임은 60도 정도이다.

-인간이 옆으로 누워서 가장 편한 자세를 취하면 허벅지의 앞뒤 어느 근육에도 하중이 걸리지 않는다 → 'C' (관절 각도 약 135도)

(2) 해부학적 원리

척추 만곡(Vertebral Curve)

앞뒤로 4곳이 굽어져 있는 것을 말한다.

① 1차 만곡 - 선천성 만곡으로 흉부 만곡과 천부 만곡이 있다

② 2차 만곡 - 대상성 만곡으로 생후 3개월경 목을 지탱하는 시기에 경부 만곡이 형성되고, 생후 1년경 걸음마를 하는 시기에 요부 만곡이 형성된다.

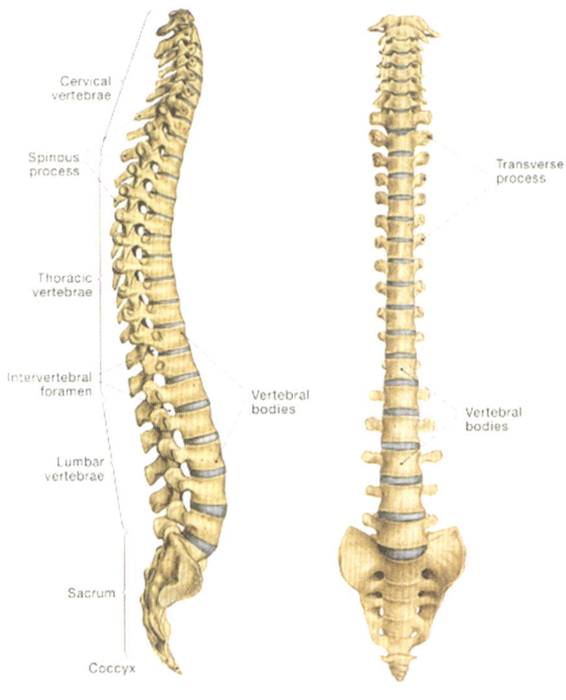

(3) Dynamic seated Posture

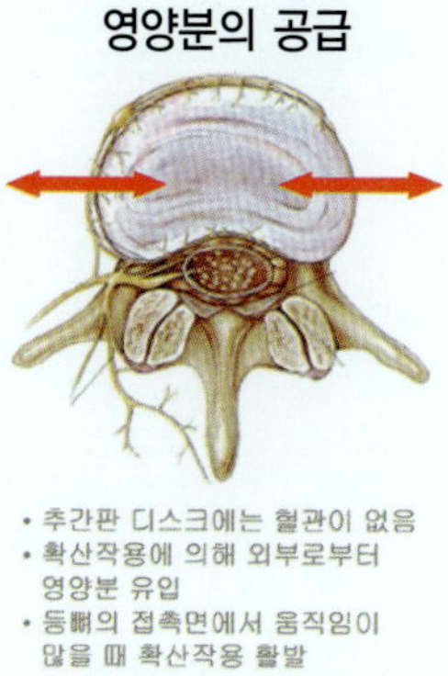

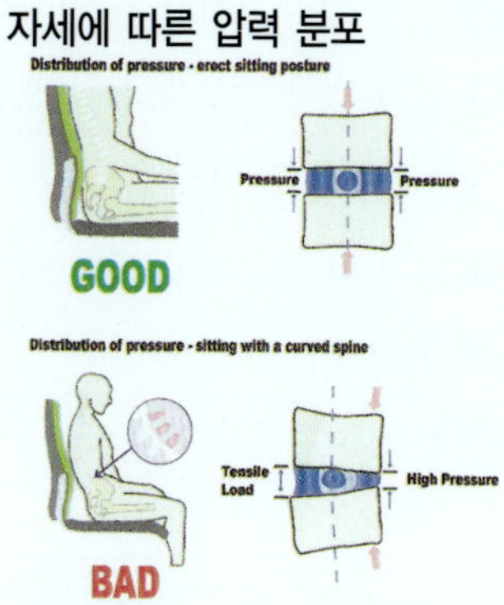

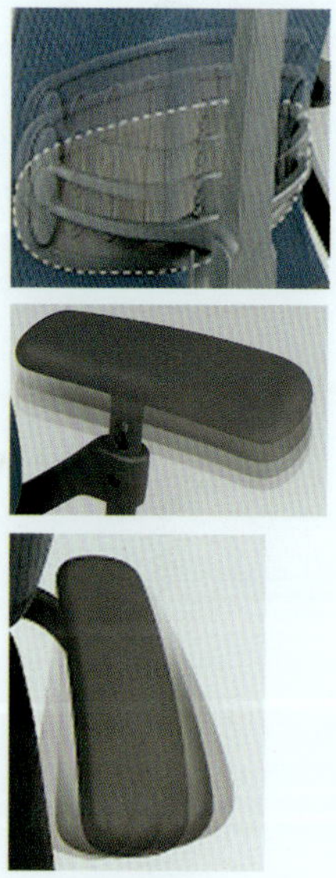

(4) 좋은 의자의 조건 (Conditions of Good Chair)

- Allow Posture Change

  자세의 변화를 가능하도록 하라.

- Reduce muscle activity required by sitting

  착석 시 가능한 한 근육의 움직임을 줄이도록 하라.

- Restore lordosis

  척추의 S커브를 유지하도록 하라.

- Reduce the weight carried by the spine

  척추에 가하여 지는 무게를 줄여라.

- Reduce pressure on the skin and other tissues

  피부에 가하여지는 압력을 줄여라.

- Adjust to fit

  조절 장치를 두어 가능한 한 많은 사람에게 맞도록 하라.

- Comfortable chair

  - 주목적에 맞는 편안함을 제공해야 한다.
  - 안락함을 느낄 수 있어야 한다.
  - 안락함 = 안정적 + 즐거움

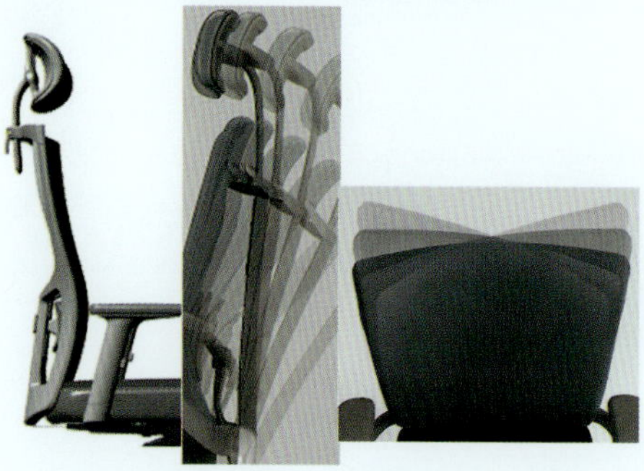

- Healthful chair

  - 요추가 전만 상태를 유지할 수 있어야 한다.
  - 몸의 하중을 고르게 분산시켜야 한다.
  - 동적인 움직임이 가능해야 한다.
  - 조절 장치가 있어 사용자의 체형에 맞아야 한다.

- Good design chair

  - 미적 아름다움을 충족시켜야 한다.

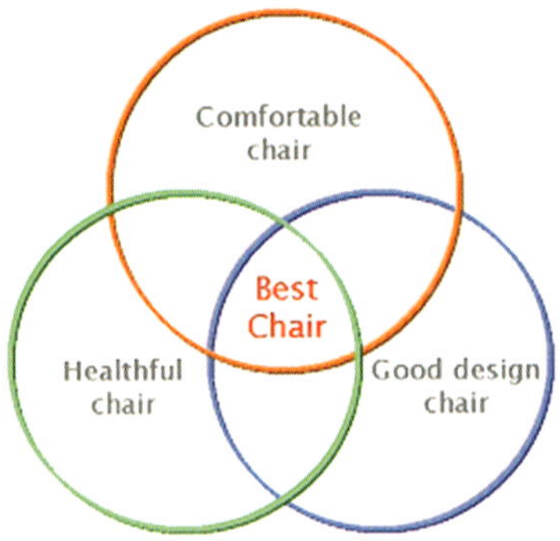

(5) 인간공학적 가구 설계 프로세스

의자의 인간공학적 설계 프로세스는 다음과 같다.

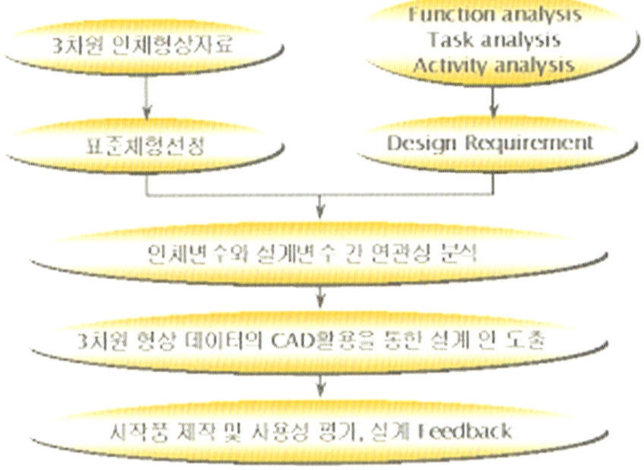

(6) 인체공학적 의자의 재료

의자를 제작할 때 인체공학적 재료를 고려해야 하는데 기존의 폴리우레탄과 같이 재활용이 어려운 소재보다는 천연 소재와 분쇄 후 재활용을 가능한 소재를 사용할 수 있다. 또한 무독성 플라스틱을 사용하여 인체가 직접 접촉되는 재료를 적용하여 인체에 화학적 독소 침투를 예방하는 소재도 인간공학적으로 고려되어야 한다.

- **Palm 소재 Seat**
  - 100% 천연 소재인 야자수 껍질을 이용한 환경 친화적 소재
- **TPU(Thermo Plastic Urethane)**
  - 무독성(무첨가제) 친환경 소재 / 유연성 플라스틱 소재
  - 감성공학, 인간공학 측면 우수 소재
- **PE 재활용**

  환경 친화적 제품 / 원가 절감 / 100% 재활용 가능

  기존 성형 합판 대비 품질 향상

2. 교구와 인간공학

교구의 인간 공학적 측면은 학생들의 인체 발달이 변화 및 체형의 특징을 알아보기 위해 진행한 학생들의 국민 표준체위 조사를 기준에 따라 정의해 볼 수 있다.

국민 표준체위 조사는 의류, 신발, 가구, 자동차 등 전 국민이 사용하고 있는 각종 산업 제품을 한국인의 신체 치수에 맞도록 편리하고 기능적으로 생산을 유도하기 위하여 한국인의 인체 지수, 즉 신체 각 부위의 높이, 둘레, 너비, 두께, 무게 등을 정밀하게 표본 조사한 것이다.

이 조사는 1997년 4월에서 10월까지 실시되었고, 표본 수는 0세부터 70세까지의 전 국민을 모집단으로 하여 통계적인 방법에 의해 표본을 선정하여 남자 6,578명, 여자 6,484명, 합계 13,062명을 측정하였으며, 조사 지역은 전국을 수도권(서울 · 경인 · 강원), 충청 전라권, 경상 제주권 등 3개 권역으로 나누어 대도시, 중소도시, 읍, 면 단위로 세분하는 2단계 층화 추출 방법을 이용하여 표본 대상자를 선정 · 측정한 결과이다.

인체 측정 항목은 모두 120개 항목으로 KS A7003(인체 측정 용어 정의)에 따른 항목을 선정하였고, 인체 측정은 마틴(Martin)자를 이용하여 직접 측정하였으며, 측정 방법은 KS A7004(인체 측정 방법)에 따른 결과이다.

그 내용과 결과를 보면 다음과 같다.

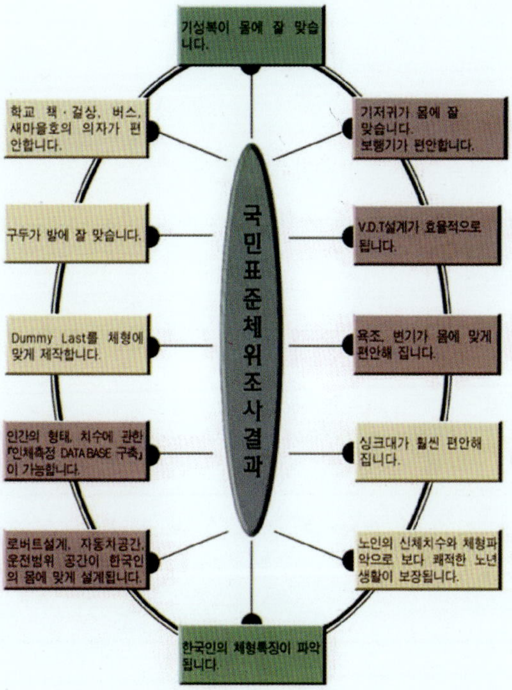

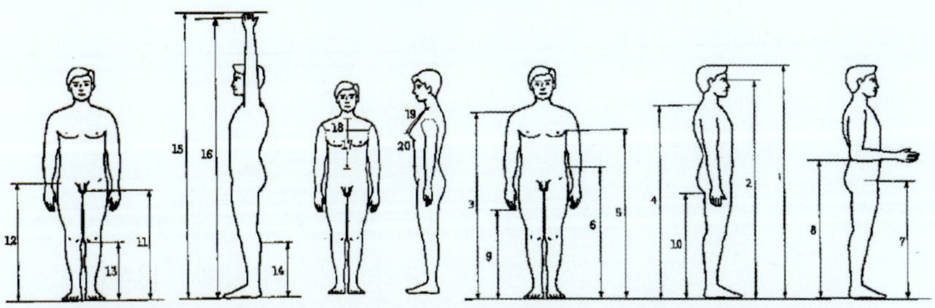

측정 항목	구분	6세	7세	8세	9세	10세	11세
몸통 넓이	남	29.3	30.3	31	33.1	34.5	35.9
	여	29.3	30.3	30.8	32.4	34.1	35.6
앉은 키	남	67.2	68.6	70	72.8	74.5	77.1
	여	65.8	67.3	69.3	72.2	75	78
앉은 목 뒷높이	남	45.5	46.9	48	50.4	52.1	54.3
	여	44.9	46.3	48	50.3	53	55.4
앉은 어깨 높이	남	41.1	42.1	43.2	45.2	46.6	48.7
	여	40.2	41.3	42.8	45	47.4	49.6
앉은 팔꿈치 높이	남	17.6	18.2	18.4	19.2	19.5	20.4

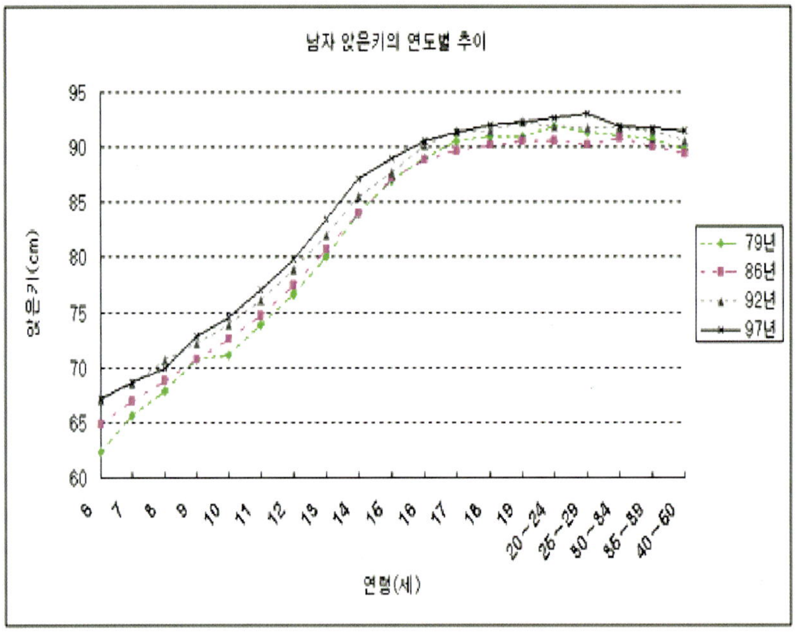

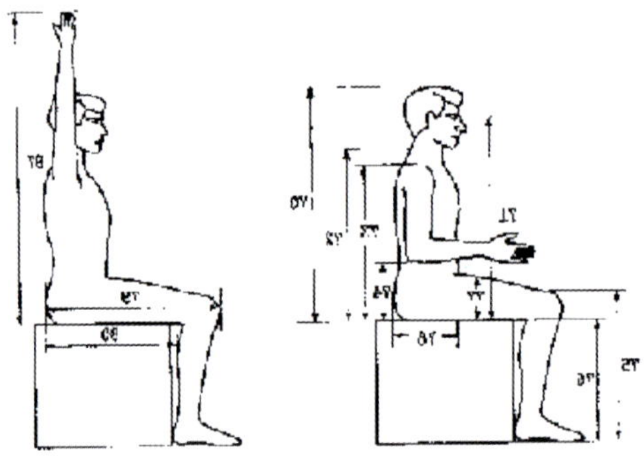

한 해가 다르게 신체 치수의 평균값이 차이가 있었으며, 초등학교 1학년과 6학년의 앉은키 평균 값은 무려 30cm나 차이가 났다.

또한, 급속한 신체 변화를 일으키는 학생시절, 매번 걸상과 책상을 교환할 수도 없는 것이기 때문에 높이 조절 기능은 절대적으로 필요하다.

앉는 자세에 있어서는 척추의 곡선, 즉 등받이를 통해 요추(허리 부근 척추)를 보

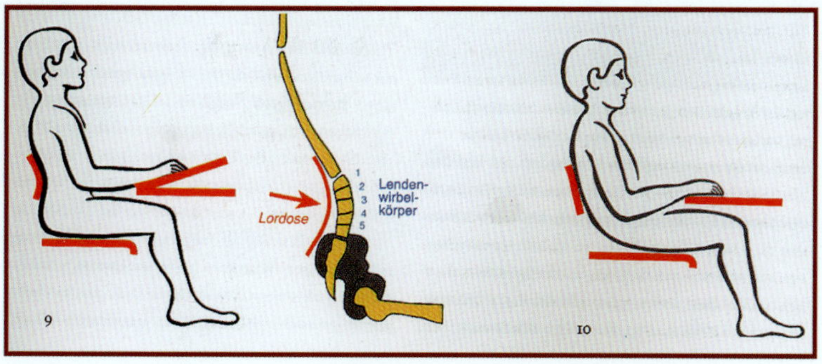

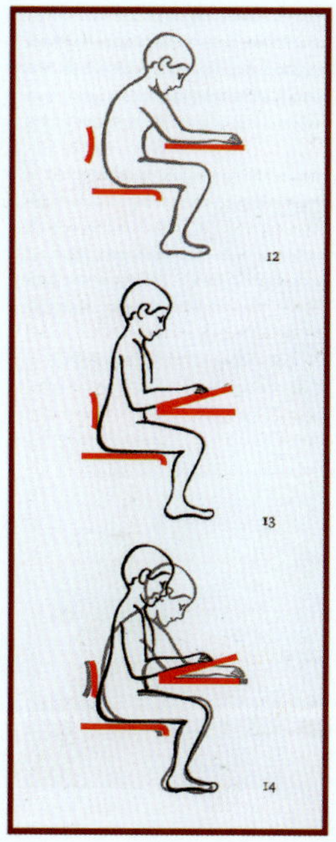

조해 주는 것이 중요한데, 이 곡선은 관절 간판에 대한 압축 하중이 작용하여 뒤쪽으로 척추가 휘는 비생리학적 굴곡을 방지해 준다. 한편 기대어 앉는 자세에서 가장 바람직한 자세는 요추를 곡선으로 만드는 것인데, 이렇게 하면 필기 자세에서보다 확실하게 척추에 부담을 주지 않을 수 있다. 뒤로 기대어 앉는 자세는 등 근육이 과도하게 늘어나는 것을 방지해 준다. 이러한 식으로 척추는 (굴곡과 곧음 사이의 균형을 유지하여) S자를 유지하게 된다. 사람은 인간공학적인 등받이를 만들어 골반의 가장자리를 확실하게 받쳐주고 요추 부근에 쿠션을 부가적으로 제공함으로써 좋은 자세를 유지하도록 할 수 있다.

등을 굽혀서 앞으로 숙이는 자세는 관절 간판에 과도한 부담을 주고, 등 근육을 심하게 늘리게 한다. 앞으로 곧게 기울어져 앉아 있는 자세는 생리학적 균형에 좋다. 등받이의 밑부분으로는 골반 가장자리를 받칠 수 있는데다가, 동시에 요추가 뒤로 휘어지기 때문에 골반이 뒤로 돌아가는 것을 방지해 준다.

앞으로 곧게 기울어져 앉아 있는 자세를 결정적으로 받쳐주는 것은 비스듬한 책상 판이다. 즉, 책상 판이 비스듬하면 보는 책과의 거리가 줄어들어 앞으로 목뼈가 기울어지는 각도를 줄일 수 있다.

아래에 나와 있는 그림은 정형 외과상으로 관절 간판을 위해 최적의 자세라고 하는 가벼운 S자 척추 자세를 볼 수 있다.

그러나 이러한 자세를 취한다고 해도 근육이 경직되는 것을 방지하기 위하여 간단한 운동을 혼합하는 취지에서 자주 자세를 바꾸어주어야 한다. 정형 외과적 처방이나 운동 요법은 모두, 어떠한 경우라도 한 자세로 오래 앉아 있는 것은 바람직하지 못하며, 가능한 한 자주 자세를 바꾸어주어야 한다는 점을 강조한다

Walter Benjamin은, 의자는 신체 비율에 맞추어 조정되어야 하고 책상 판은 기울어져야 하며, 요추 곡선에 맞는 등받이를 가지고 있어야 한다고 하였다.

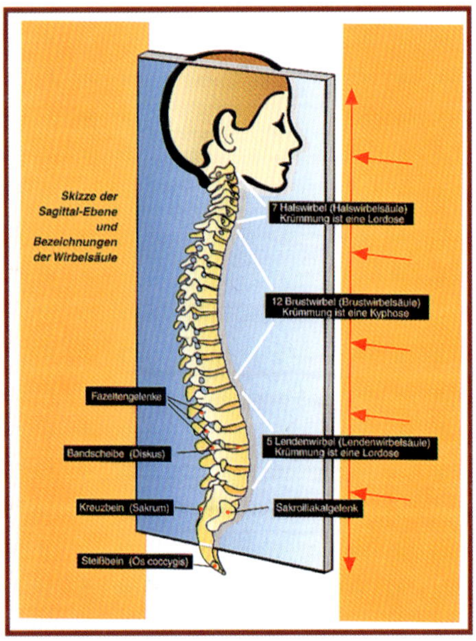

Chapter 3
가구와 공간

1. 주거 공간과 가구

1-1. 주거 공간의 가구

주거 공간에 사용되는 가구는 생활 환경에 따른 의식주를 제공하는 공간을 말하며 식사, 조리, 휴식, 수면 등이 매일 반복되고 있는 일상생활의 필요한 공간을 뜻한다. 주거 공간은 크게 거실(living room), 침실(bed room), 주방(kitchen), 욕실(bath room) 등으로 구분한다.

주거 공간의 투시도

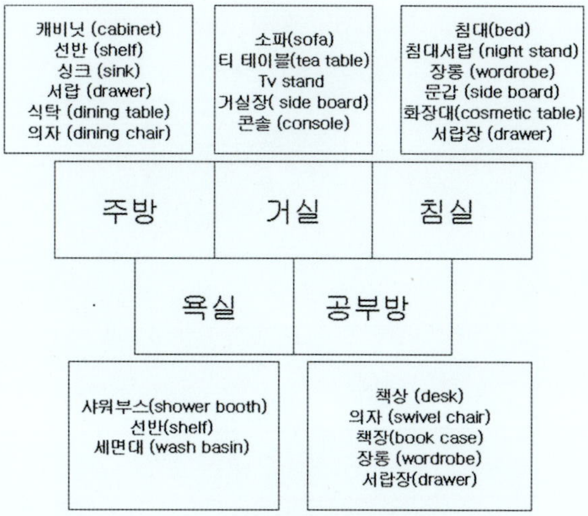

주거 공간의 분류

1) 주방 공간과 가구

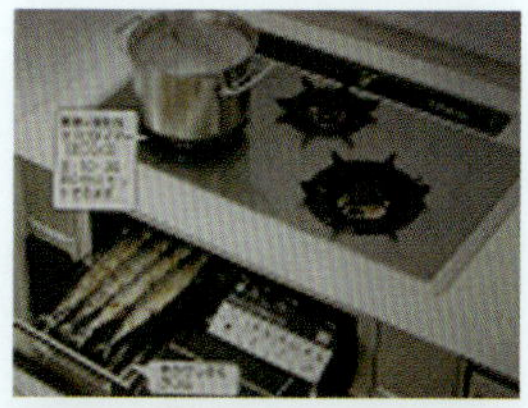

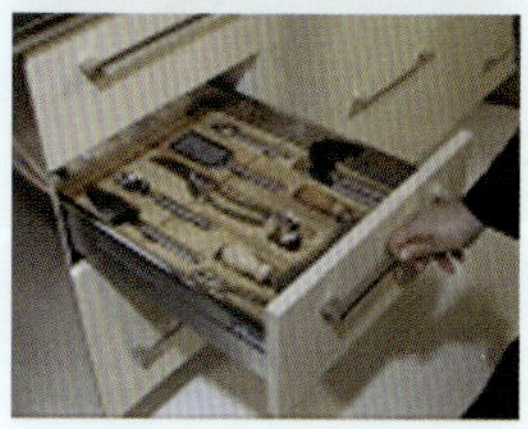

주방 가구는 요리와 식사를 주로 하는 공간으로 캐비닛(cabinet), 선반(shelf), 싱크(sink), 서랍(drawer), 수전(water tap), 식탁(dining table), 의자(dining chair)가 사용된다. 인체공학적 동선 계획을 잘 세우면 다양한 조리를 할 때 피로도가 줄어들고 요리의 시간 단축 등 효과적인 주방 업무를 할 수 있다. 또한 식기, 조리 기구, 각종 다양한 요리가 가능한 수납 공간(built in space)을 연구하여 높은 효율을 지원할 수 있다. 냉장고, 레인지, 세척기, 오븐 등 다양한 전자제품 및 조리 기구를 가구에 수납하고 외부로 노출되지는 않지만, 다양한 기능을 지원할 수 있는 많은 연구가 필요한 공간이다.

2) 주방 공간의 상세

시스템 키친(System kitchen)은 주방 공간에 있어서 사용자의 효율적인 작업을 위하여 각종 조리 기구, 도구 및 저장 기구들을 효과적으로 수납, 보관, 사용이 가

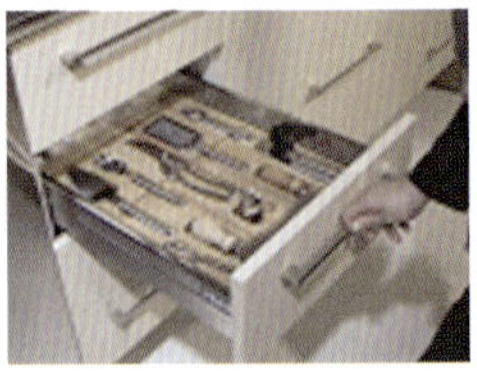

주방용품을 효과적으로 수납한 공간

능하도록 인위적으로 설치하는 시스템화된 공간이다. 즉, 주방에서 일어나는 작업들(요리, 세척, 보관 등)을 효과적으로 수행하기 위하여 가구와 가전제품, 조리 기구들을 효율적으로 배치, 나열함으로써 주방 작업의 능률을 높이고 각종 기구들을 효과적으로 사용할 수 있도록 연구 개발함으로써 빈 공간(dead space)를 줄이는 동시에 가열, 환기, 냉장, 세척, 수납을 효율적으로 수행하도록 가구에 적용하여 설치한 제품을 지원한다.

시스템 키친(System kitchen)은 서랍이나 책장과 같이 단순한 사물을 수납하는 기능 이외에 조리, 세척, 저장, 폐기 등 다양한 형태의 작업이 복잡하게 얽혀 있어서 사용자의 작업의 효율을 위하여 높낮이, 공간적 치수뿐 아니라 각종 도구들의 효과적인 사용을 위하여 작업의 공간적 분석, 도구들의 효과적 수납, 동선과 치수의 확보를 고려하여 설계해야 한다. 우리나라의 경우 건설업체에서 콘크리트 벽을 세워 적당한 공간을 제공하면 주어진 공간 속에 부엌 가구를 끼워 맞추는 식의 작업을 실행하게 되기 때문에 건축 공간, 가구, 가전제품들이 독립적으로 제조되고 서로 조화를 맞추지 못한 채 사용자들에게 쓸모없는 공간(dead space)과 비용을 부담하게 되며 복잡한 기구들이 외부로 노출되어 작업의 능률을 방해한다.

인테리어의 유형이 생활 환경의 개선과 주거 문화의 과학화에 대한 연구가 진행되면서 주택 공간의 계획에 있어서 기존의 단순한 수납 기능의 공간에서 벗어나 사용자들의 인체공학적 접근에 의한 규격 및 치수, 재질, 심리적 만족도를 높일 수 있는 제품들이 꾸준히 개발되고 있다. 특히 주방 공간의 경우 단순한 조리를 위한 공간이기 보다 주부 이외에 남녀노소할 것 없이 다양한 대상들이 사용을 하고 있어 신체의 치수 관리와 각종 식기류 및 음식물, 조리 기구, 폐기물, 다양한 조리용 tool을 효율적으로 수납, 사용할 수 있는 공간으로서의 연구가 절실히 요구되고 있다. 특히 주방 공간은 건축 재료 및 규격, 가구, 가전제품, 실내용 마감재 등이 다양하게 만나는 공간이어서 선진국의 경우 하나의 주방 시스템을 설계할 경우 가전, 건축, 실내 디자이너들의 협의에 의해서 설계되므로 모든 규격이 통일되며 각종 기구들의 수납과 배열이 매우 질서 있고 조화롭게 설치되며 조리 기구 및 가전제품, 조리 용품 저장 용기 및 다양한 공구들이 주방 시스템의 설계부터 연구 계획되어 사용자는 별도의 가전제품, 기구들을 구매하지 않아도 되도록 설계되고 있다. 반면 우리나라의 경우 건축 설계, 실내 마감재, 가전제품 회사들의 적절한 의사가 통합되지 않아 시공 당시 쓸모 없는 공간(dead space)의 발생, 주방 기구의 별도 구매 및 재시공, 수납 공간의 부재 등 많은 불편함을 초래하고 있다.

과거에 단순한 식기를 캐비닛(Cabinet)과 서랍에 수납하던 기능에서 점차 주방의 오토메이션화에 따라 식기 위주의 수납 기능에서 소독, 냉장, 세탁, 세척, 건조 등 전기를 이용한 제품들과의 built in system이 많이 도입되고 있다. 국내에서도 최근 사이버 아파트의 등장으로 인하여 가전제품의 자동화로 인하여 유럽의 냉장고, 세탁기, 가스레인지 등 고전적인 가전제품과의 built in system에 추가하여 반찬 냉장고, 식기 건조기, 살균기, 라디오 겸용 전화기 등 비교적 소형 가전제품들이 일본의 영향을 받아 built in화가 활발히 전개되고 있다.

3) 거실 공간과 가구

거실 가구는 소파(sofa), 티 테이블(tea table), Tv stand, 거실장(side board), 콘솔(console) 등이 사용된다. 거실 가구는 가족 및 손님들과의 대화를 할 수 있는 비교적 장시간 사용이 가능한 공간이고 휴식과 접대가 이루어지는 공간이다. 그래서 디자인과 주거 공간의 이미지를 대표할 수 있는 중요한 공간으로 인식되며 디자인과 색상, 장식적 요소가 고려되어야 한다.

2006 두리테크

2006 한샘

4) 침실 가구(Bed room)

침실 가구는 휴식과 수면을 취하고 옷을 갈아 입거나 이부자리를 수납하는 공간으로 침대(bed), 침대 서랍(night stand), 장롱(wordrobe), 문갑(side board), 화장대(make up desk), 서랍장(drawer)이 사용된다. 최근에는 아파트 공간에 드레스 룸(dress room)을 적용하여 장롱없이 시스템 가구를 설치하여 효과적인 의류 수납을 할 수 있는 제품들도 출시되고 있다.

침실 가구는 매트리스의 강도와 규격에 따라 수면에 상당한 영향을 끼치기 때문에 체격 조건에 알맞은 가구를 선택해야 한다.

침실 가구는 과거의 온돌에 의한 좌식 주거 문화에서 침대가 보급되면서 입실 문화로 변화되었으며 수면 이외에도 이부자리, 의류 등을 효율적으로 수납할 수 있도록 설계되어야 한다. 과거에는 수납용 장롱을 사용하였으나 2000년대 이후에는 드레스 룸(Dress room)이 등장하여 별도의 의류를 수납하고 계절에 따른 효율적인 공간을 연구하려는 움직임을 많이 볼 수 있다.

드레스 룸을 이용하여 수납의 기능을 최적화하고 있다.

베드룸 세트, bed , night stand, drawer가 구비되어 있다.

2006 리바트

5) 욕실 가구

욕실 가구는 2000년도 이후에 공간의 다양한 디자인이 시도되고 있는 공간으로 세면, 면도, 샤워, 건조 등 작은 공간에서 여러 가지 세제 용기들과 가전제품을 효과적으로 수납이 가능하도록 디자인되어야 한다.

캐비닛(cabinet), 세면대(wash basin), 수납용 선반(shelf), 서랍(drawer), 욕조(bath tub), 샤워 부스(shower booth) 등이 있다. 샴푸와 비누, 샤워 젤, 바디로션 등의 세제 용기들이 다양하게 사용되고 있어 효과적인 수납이 이루어지도록 연구되어야 한다. 또한 헤어드라이어, 면도기와 같은 전자제품들도 사용되고 있어 공간을 디자인할 때 누전과 감전에 대한 주의를 요해야 하며, 수증기와 수분에 노출되고 있어 되도록이면 목재의 사용은 금하는 것이 좋고 알루미늄, 스테인리스 스틸, 플라스틱, 유리 등과 같이 수분에 강한 소재를 사용하는 것이 좋다.

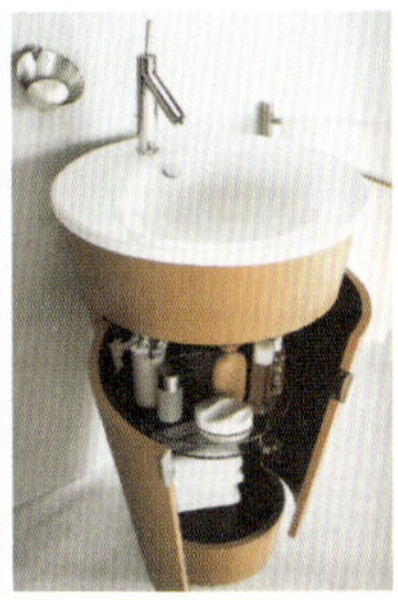

6) 학생용 가구

학생용 가구는 공부와 휴식, 수면, 놀이 등 하나의 공간에서 다양한 기능을 수행하는 가구가 필요한 공간이다. 책상(desk), 의자(swivel chair), 장롱(wordrobe), 침대(bed), 서랍(drawer), 책장(bookcase), 화장대(make up desk)를 사용한다.

취학 전 어린이용 가구는 유아용 가구라고 일컬어지며 초, 중, 고등학생을 위하여 제작된 가구를 주니어(Junior) 가구라고 부른다.

한정된 공간에서 학습, 휴식, 컴퓨터, 취침 등 다양한 기능이 복합적으로 연결된 가구가 필요하며, 학생들의 민감한 정서에 잘 대응해야 하고 면역력이 약하므로 화학 재료에 의한 독성에 노출되지 않도록 제작되어야 한다.

청소년들을 위한 주니어 가구

클래식한 분위기의 어린이용 가구

유아용 가구

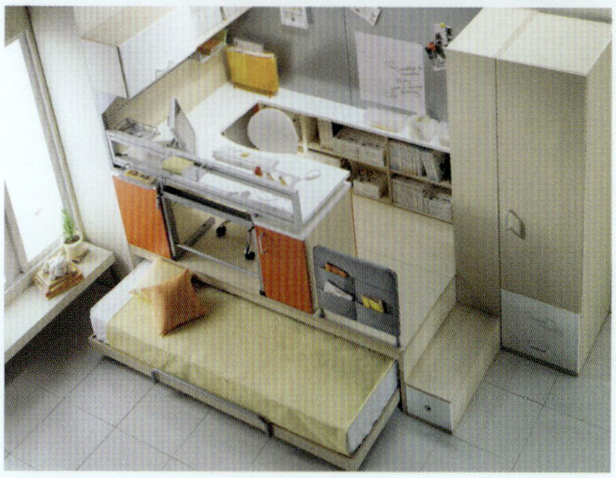

수직 동선을 고려한
어린이용 가구 시스템

2. 사무 환경과 가구

2-1. 사무 공간의 분류와 기능

사무 공간은 말 그대로 업무하는 공간이다. 업무의 종류에 따라 개인 업무 공간, 접객/휴게 공간, 회의 및 교육 공간 등으로 구분한다.

사무실 내에 하루 일과를 보면 안내 카운터에 놓인 신문을 들고 휴게실 자판기에서 커피를 뽑아 자리에 앉아 신문을 보고, 컴퓨터를 통하여 메일을 체크하고 그날의 보고할 내용, 점검해야 할 내용을 체크한다. 문서를 검토하고, 회의를 하고, 전화를 하고, 업체와 상담을 하고, 많은 부서와 유기적으로 일하다가 퇴근한다.

이렇게 사무 공간의 주 기능은 관리 행위를 수행하는 것이고 또한 의사를 전달하게 하는 것이다. 따라서 좋은 사무 공간이란 일하기 좋은, 살아 있는 사무실이며 인간을 위한 공간이어야 한다. 특히 생활 수준이 높아지고 웰빙, 친환경, 핵심 인재 확보가 기업의 성패를 좌우하기 때문에 저마다 사무 공간의 중요성을 인식하여 쾌적하고 생동감이 넘치도록 공간을 계획하고 있다. 창의적 업무를 위하여 간단한 음료를 마시면서 동료와 대화를 하는 휴게 공간이 중요한 사무 공간 요소로 등장했다.

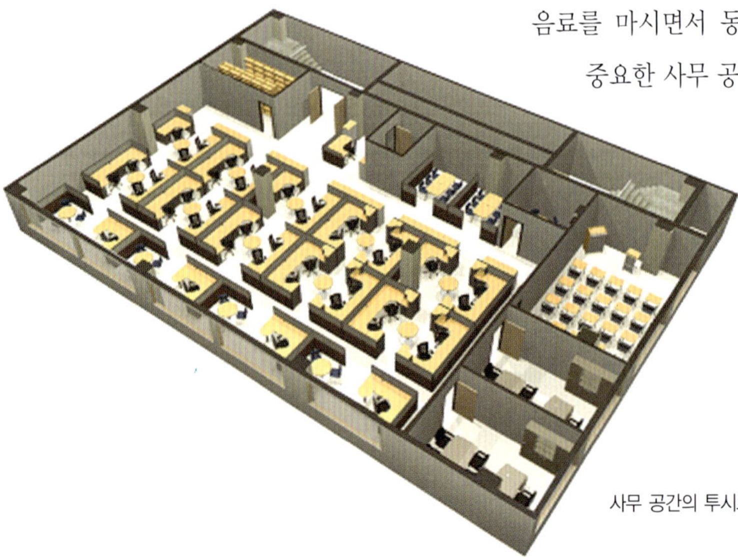

사무 공간의 투시도

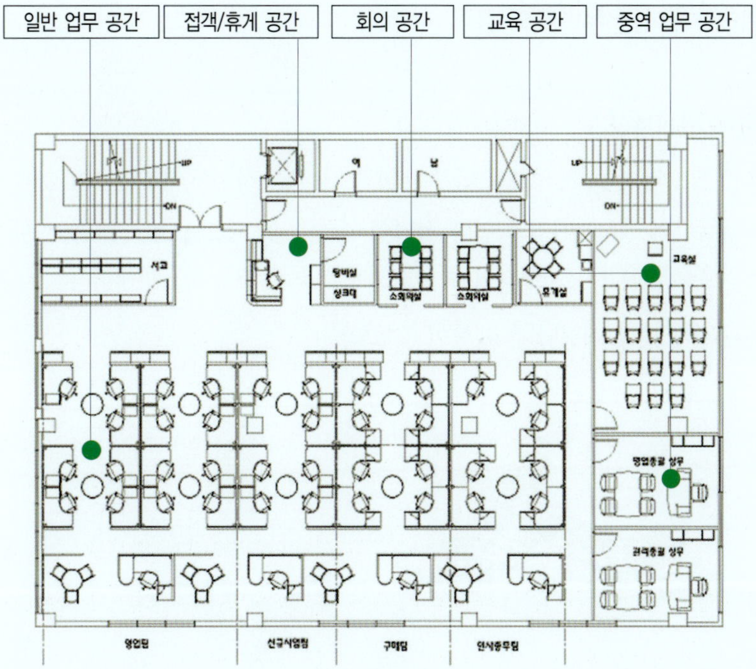

사무 공간의 분류

양적인 성장을 중시하던 시대, 개인의 삶에 대해 소외되던 시대는 지나고 오늘날에는 질적인 성장을 중시하고 핵심 인재를 중시하는 시대이다. 따라서 활기차고 쾌적한 사무 환경을 지원할 수 있는 연구가 필요하다.

2-2. 개인 업무 공간과 가구

개인 업무 공간의 가구는 직급별로 구분하면 대체적으로 팀원용, 팀장용, 중역용으로 나눌 수 있다. 각 기업마다 문화와 이념이 다르고, 경영 방침이 있으며, 팀별 개인별 담당하는 일이 다르므로 그에 맞는 개인별 워크스테이션 유니트 결정이 무엇보다 중요한 일이다.

1) 워크스테이션 유니트의 종류

(1) 중역 관리자급

대부분 별도의 실로 계획하고 집무 책상과 캐비닛, 사이드 테이블, 회의 테이블이 기준 품목이며, 실의 면적과 업무 성격에 따라 소파 세트를 배치할 수 있다. 최근 실무 중심형 중역은 개실형보다는 오픈형 칸막이(대략 높이 1800mm)를 사용하여 팀간 커뮤니케이션에 관심을 기울이고 있다.

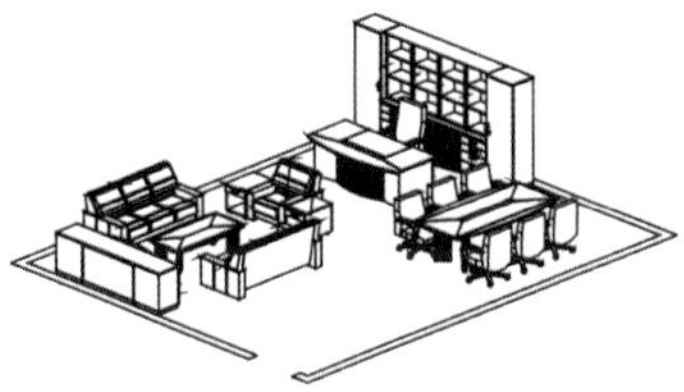

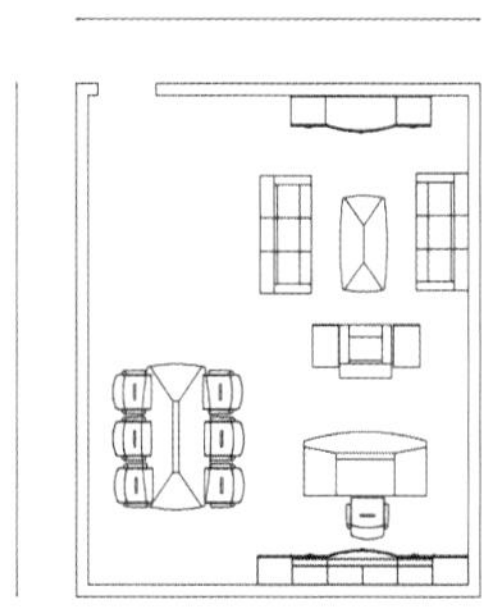

중역 관리자급 유니트

(2) 팀장급

팀원들과 함께 하는 레이아웃으로 팀원의 중심에 위치하여 팀 관리에 유리하도록 하며, 기본 사양은 팀원과 동일하며 추가로 익스텐션이나 원형 테이블을 추가로 두어 결재, 상담 공간으로 사용한다

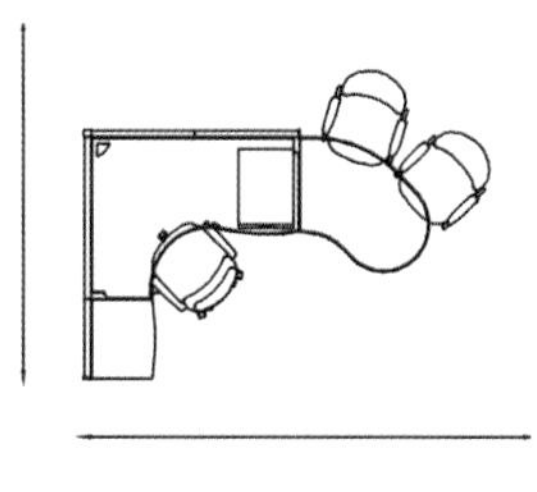

팀장급 워크스테이션

(3) 팀원급

팀장 이하의 직급에서는 사양에 차별을 두지 않는 것이 추세이며, 서류 및 컴퓨터 업무에 편의를 위한 L형 책상과 서랍, 사이드장으로 구성한다.

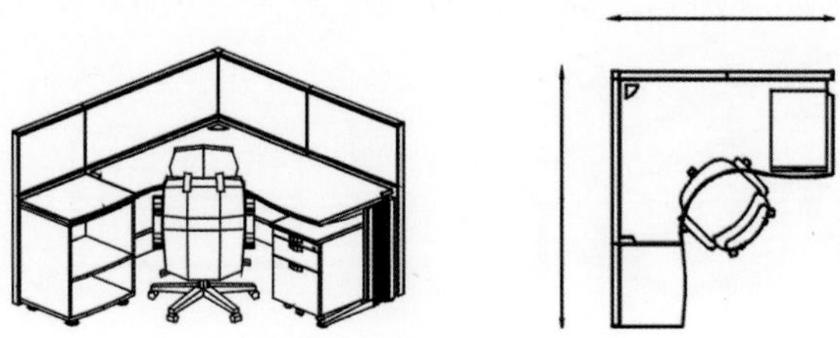

사원급 - 일반 사무직 워크스테이션

특히 연구 개발팀의 경우는 창조적 사고 활동 및 프라이버시를 보장할 수 있어야 하므로 높은 칸막이를 사용하는 경우가 많다.

팀간 프로젝트식 업무 및 디자인 발표 업무가 많으므로 충분한 회의 공간과 커뮤니케이션을 고려한 배치가 필요하다.

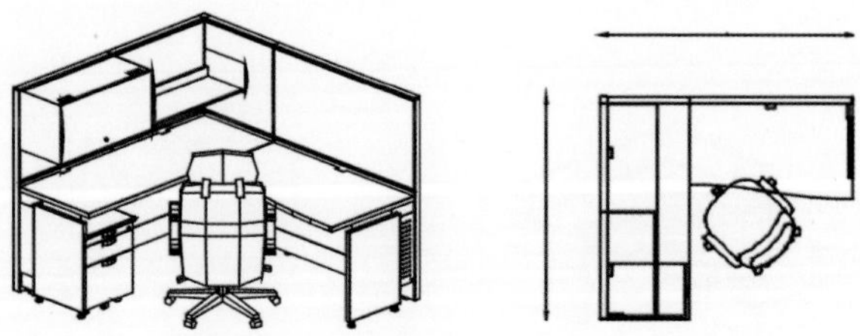

사원급 - 연구직 워크스테이션

2) 레이아웃 유니트

개인 워크스테이션이 모여 파트(part)가 되고, 파트가 모여 팀이 구성되고, 팀이 모여 부문이 된다. 팀의 역할 및 팀 운영에 따라 적절한 레이아웃이 필요하다.

레이아웃 유니트는 대향식, 배향식, 지그재그식, 한 방향식, 120 연결식 등이 있다.

(1) 대향식

외근이 잦은 영업부서와 팀 업무 성향이 강한 관리부서에 적합하며 앉은 자리에서 회의가 가능하고 통제가 쉽다.

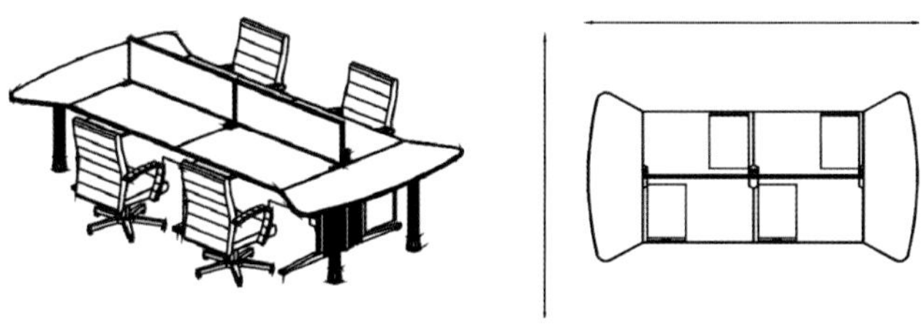

대향식

(2) 배향식

가장 많이 사용된 레이아웃 유형으로서 일반 사무직은 물론 팀 업무 성향이 강한 연구직, 기획팀에도 적합하다.

공간이 여유로울 경우 원형 테이블을 배치하여 간이 회의 공간으로 이용할 수 있다. 팀간 협업 업무 및 조직 소속감이 강한 레이아웃이다.

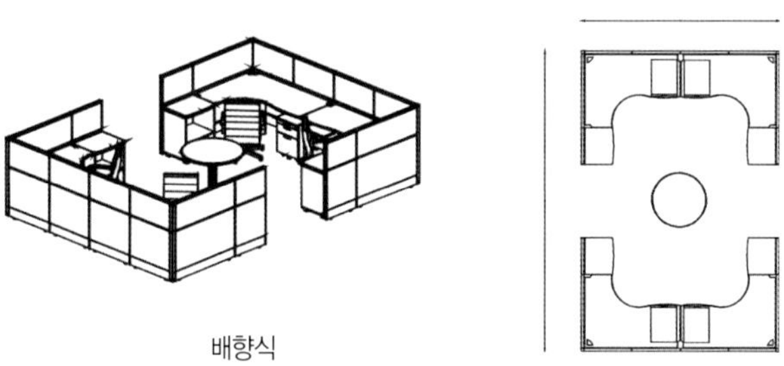

배향식

(3) 지그재그식

좁고 긴 사무실 혹은 대형 사무실에 적합하고 비정형적이고 개인적인 업무 성격이 강한 연구, 기획 부서에 적합하다.

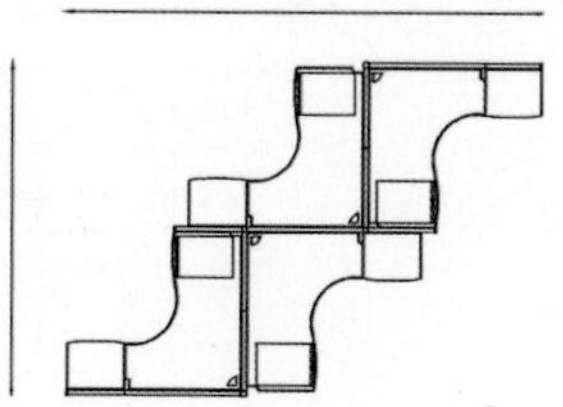

지그재그식

(4) 한 방향식

관리 감독이 수월해야 하고 좁은 면적에 많은 인원을 수용할 수 있는 레이아웃에 적합하다.

동일 업무를 여러 명이 개별적으로 수행하는 콜센터에 유리하다.

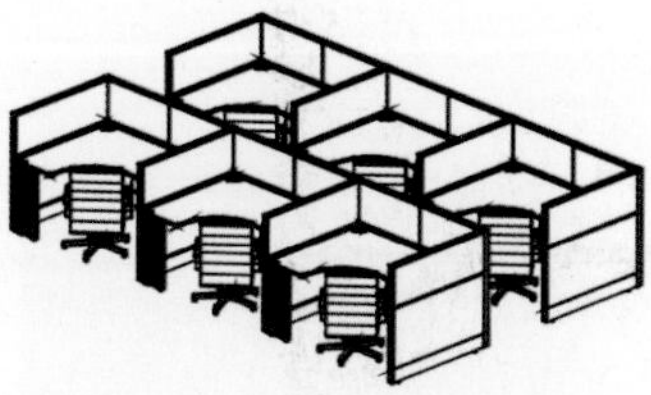
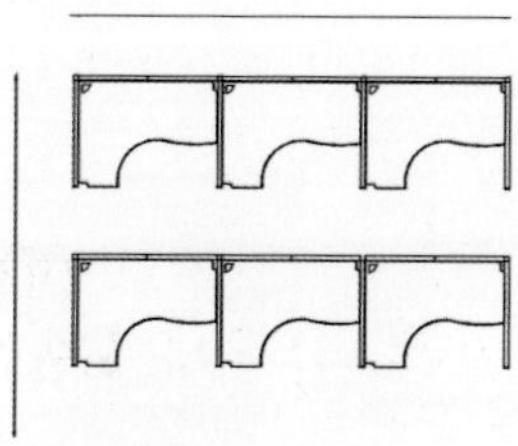

한 방향식

(5) 120 연결식

공간이 여유롭고 창의적인 분위기의 새로운 형태의 레이아웃이며 영업, 컨설팅, 연구직에 두루 적용된다. 공간 효율성은 다소 떨어지나 팀웍에 유리하다.

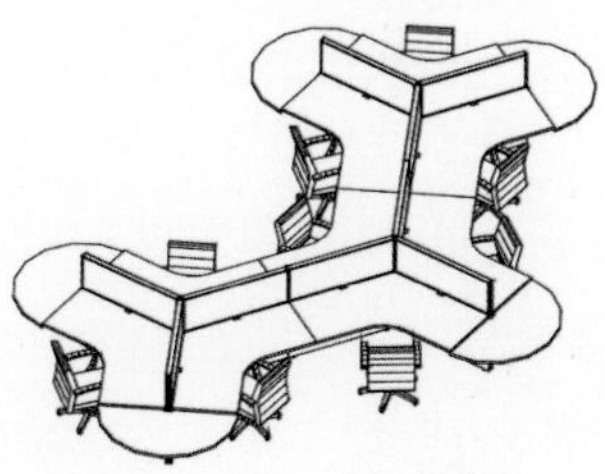
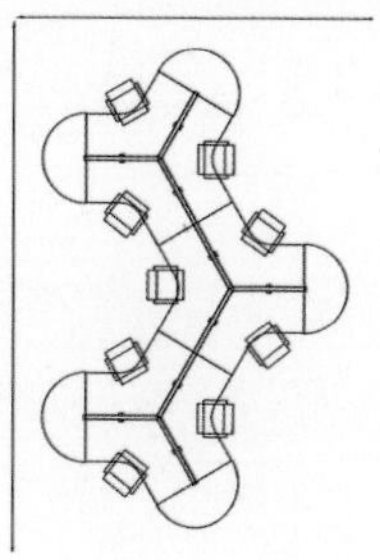

120 연결식

3) 워크스테이션 구성 품목

(1) 데스크 (Desk)

데스크 시리즈는 데스크, 서랍, 커넥트, 익스텐션 유니트, 스크린, 기타 수납장으로 구성된다.

데스크는 워크스테이션의 주 품목으로써 상판, 측판, 가림판으로 구성되며 1980년대의 형태를 보면 상판은 직선적이고 측판, 가람판이 막힌 형태에서 1990년초 컴퓨터 보급이 확대됨에 따라 배선 수납이 중요시되었다. 따라서 가구의 형태도 수직배선, 수평 배선을 수용할 수 있는 형태로 변화하였다. 1990년대 후반부터 인간에 대한 효율성 및 편의성이 강조되고 생활 수준의 향상 및 소재, 가공 공법의 발전으로 우레탄 엣지 라운드 상판이 생기고 철재의 ㄷ자 측판 다리가 개발되기 시작했다.

Top line.fursys.1992

Puzzle.fursys.1997

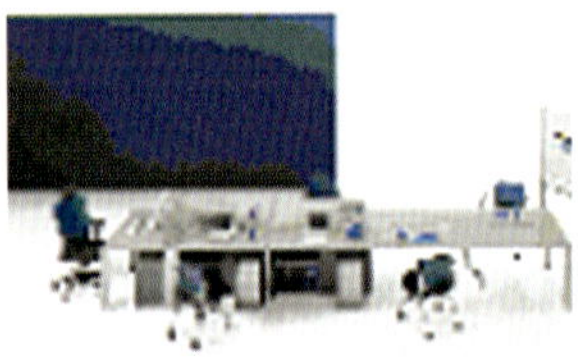

Chance fursys. 2006

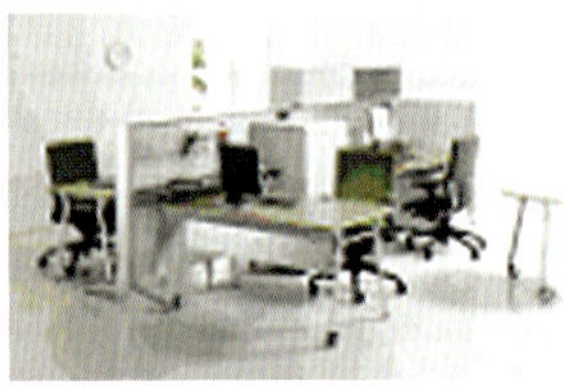

Expace.fursys. 2007

최근의 측판 형태는 4 Leg가 세계적 트랜드로 자리매김하면서 알루미늄 소재에 아노다이징 표면 처리한 고급 측판이 많이 출시되고 있고, 캐스터를 부착하여 이동성을 높였다.

데스크는 형태에 따라 직선 상판형, 곡면 상판형, L형, 120도 데스크로 나눌 수 있다.

서랍은 철재, 목재 서랍으로 나누고 최근에는 다양한 소재로 만들어지고 있다. 예를 들면 몸통은 목재, 속서랍은 플라스틱, 서랍 앞판, 위판은 철재 또는 플라스틱 등 다양한 소재로 만들어 진다. 대부분의 사무용 서랍은 파일을 수납할 수 있는 형태를 요구한다.

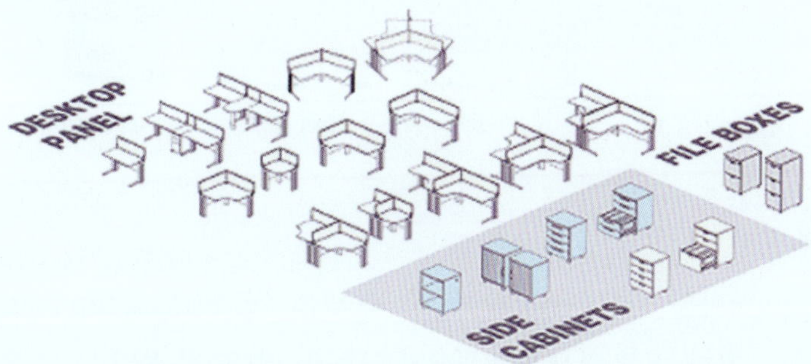

(2) **커넥트, 익스텐션**(Connect extension)

고객의 다양한 요구를 수용하기 위해 메인 데스크에 각 회사에 맞게 커넥트, 익스텐션 유니트를 연결하여 공간을 계획하고 있다.

커넥트 유니트는 연결형 직각 커넥트, 자립형 직각 커넥트, 라운드 커넥트, 1/4원형 커넥트가 있으며, 익스텐션 유니트는 사이드, U형, 앤드형, 피너츠형, 3/4원형 익스텐션이 있다.

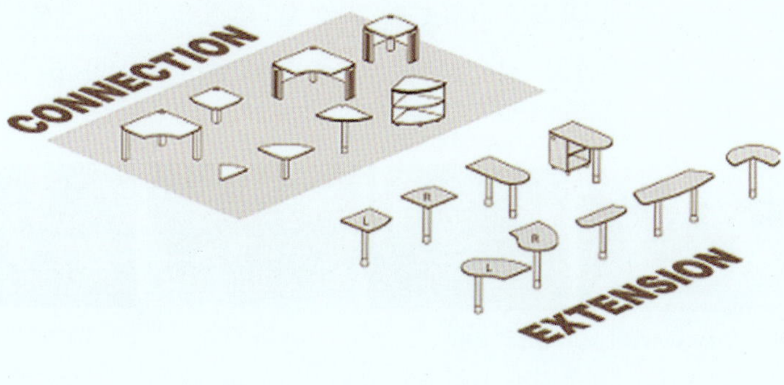

(3) 캐비닛 (Cabinet)

캐비닛은 오픈 캐비닛과 콤비 캐비닛, 파일 캐비닛, 앤드리스 캐비닛으로 나눌 수 있으며 오픈 캐비닛은 2, 3, 4, 5, 6단 등 다양하다.

오픈 캐비닛 3단 화일 캐비닛 콤비 캐비닛 엔드리스 캐비닛

(4) 액세서리

다양한 액세서리 fursys

cpu 받침대. fursys

개인 프라이버시를 위하여 시선을 차단할 수 있는 스크린(Desk top panel)이 있으며, 소재는 철재, 목재 등으로 이루어져 있는데, 메모지를 붙일 수 있는 기능과 다양한 액세서리를 부착할 수 있게 하였다.

액세서리는 연필꽂이, 기구꽂이, 행잉 선반, CPU홀더, 키보드트레이, 조명등, 발 받침대 등으로 구성되어 있다.

중역 가구는 직급별로 뚜렷하게 구분되어 있으며, 최근 들어 최고 경영자의 고급화 추세가 두드러지고 있다.

형태적으로는 유리, 금속 소재를 사용한 모던한 스타일과 무늬목을 이용한 클래식 스타일로 나누어지고 있다.

중역 가구의 구성 품목은 데스크, 사이드 데스크, 익스텐션, 크레덴쟈(Credenza), 캐비닛, 옷장, 회의 테이블, 소파, 소파 테이블, 서랍 등이다.

dynexe2001, vitris 2005.fursys monile. ORA CEOS.fursy

(5) 패널 (Pannel)

건축 기술의 발전으로 개실형 사무실 구조에서 오픈 플랜 구조로 변화하면서 패널 시스템이 개발되었고, 컴퓨터 등 사무기기의 확대로 배선 시스템의 요구가 증대되었다.

초기에는 단순한 공간 구획, 시선 차단, 프라이버시 보호에서 흡음 기능, 배선 기능까지 확대되었다.

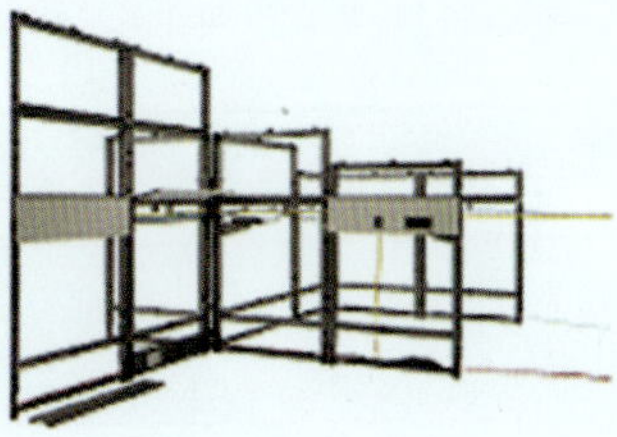

1 구성

패널 시스템은 프레임, 타일, 커넥트, 마감류, 보조 스크린, 행잉(Hanging) 상판, 행잉(Hanging) 선반 등으로 구성된다.

프레임은 보통 철재, 알루미늄 소재로 패널의 메인 구조 역할을 하며 수직으로 일정한 타공이 있어 브라켓(Braket)을 걸어 행잉 상판이나 행잉 선반을 부착할 수 있다.

2 프레임 (Frame)

프레임의 기본 모듈은 인체공학 및 사무 환경을 고려하여 대부분 5가지의 높이

(970, 1170, 1370, 1570, 1770mm)와 5가지 폭으로(600, 700, 800, 900, 1000, 1200mm) 총 25개의 모듈로 다양한 레이아웃을 연출할 수 있다.

프레임 두께도 다양하다. 최근 무선, 악세스 플로워 등으로 배선이 축소되거나 건축적으로 배선 시스템을 처리함으로써 두께가 슬림한(Thin) 패널이 새로운 트랜드로 등장하고 있으나 구조적으로 취약하여 표준형과 혼합하여 구성된다.

3 타일 (Tile)

패널 시스템의 디자인 요소는 프레임 외부에 부착된 타일이다. 타일은 프레임과 고정된 사양과 탈부착 가능한 사양으로 나누며, 최근에는 자석으로 손쉽게 탈부착이 가능해졌다.

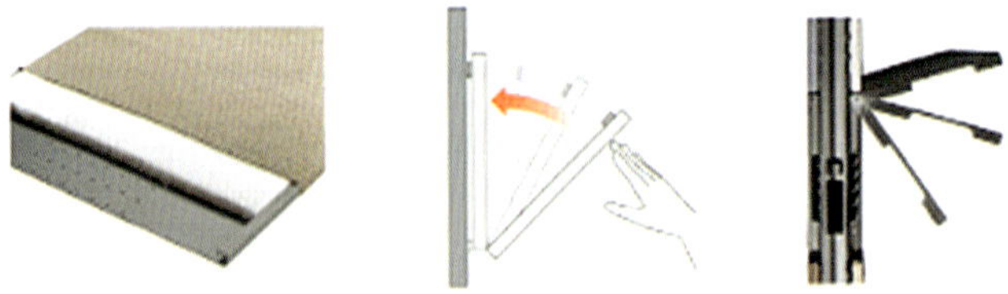

타일의 재질은 다양하다. 대부분 철판에 페인팅, PVC 시트, 천, 도장, 도금 처리를 하여 사용하는데 PVC 시트는 환경 문제로 사용이 줄고 있으며, 대부분 천이나 페인팅 기법이 많이 사용된다. 고급 타일은 목재에 무늬목을 접착하거나 전사 도장 기법을 사용하고 있다.

타일의 용도에 따라 일반 타일, 흡음 타일, 마커보드 타일, 유리 타일 ,액세서리 타일, 배선 타일, 블라인드 타일로 나눌 수 있다.

④ 커넥트 (Connect)

커넥트는 패널과 패널을 연결하기 위한 철물류이다. 연결하는 형태에 따라 L, T, Y, X형으로 구분된다.

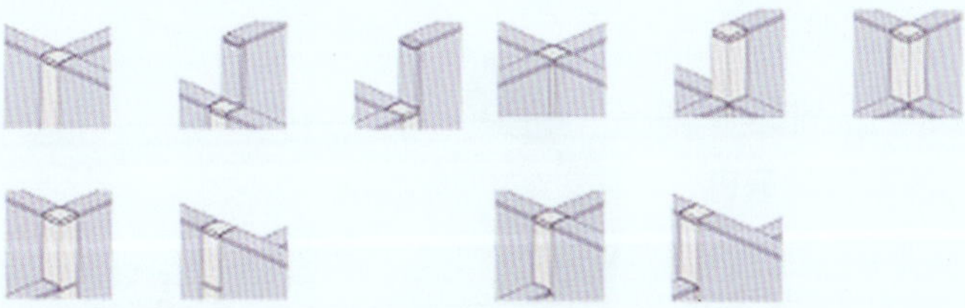

⑤ 행잉 시스템 (Hanging)

행잉 데스크 상판은 패널 프레임 타공을 이용하여 브라켓으로 고정하여 사용되며, 형태는 일반 데스크 상판과 유사하고 다양하게 구성되어 있다.

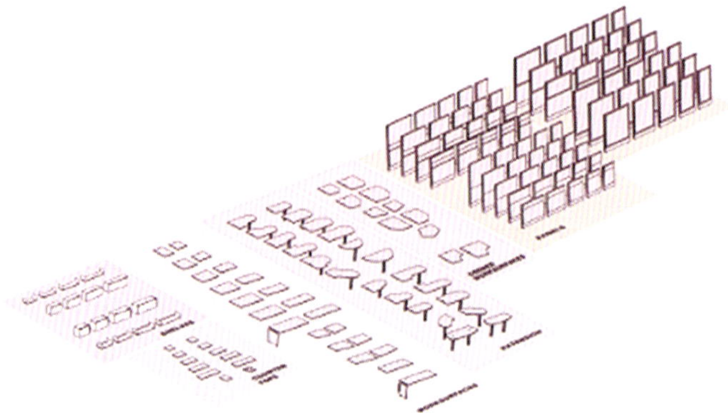

(6) 의자 및 특징

의자는 일반적으로 등판, 좌판, 팔걸이, 틸트, 중심봉, 베이스의 6개 부분으로 구성되며, 머리 부분을 받칠 수 있도록 등판에 추가적으로 부착된 헤드레스트(Headrest, 머리받이)가 포함될 수 있다.

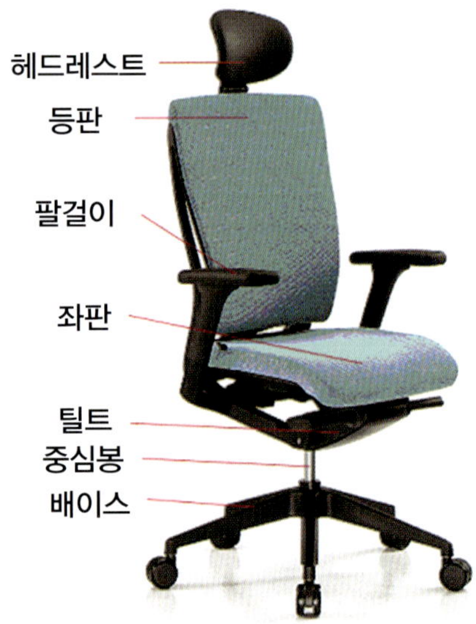

1 틸트 (Tilt)

착석자가 몸을 뒤로 젖힐 때 의자의 등 좌판이 기울어지도록 함으로써 편안함을 제공하는 틸트는 의자에 있어서 가장 핵심이 되는 기능을 담당한다. 등판과 좌판의 움직임에 따라 General Tilt, Knee Tilt, Back Tilt, Synchronized Tilt 등으로 구분할 수 있다.

① 제네랄 틸트 (General Tilt)

General Tilt는 가장 기본적인 틸트로 그림과 같이 그 회전 중심(Pivot Point)이 좌판의 가운데에 위치하며, 등판과 좌판이 일체화되어 같은 각도로 기울어지는 메커니즘이다.

② 니 틸트 (Knee Tilt)

Knee Tilt는 General Tilt의 메커니즘에서 그 회전 중심(Pivot Point)을 좌판의 앞쪽에 위치시킴으로써 등 좌판이 기울어질 때 착석자의 무릎이 들리지 않도록 하는 것이다.

③ 백 틸트 (Back Tilt)

Back Tilt는 등판과 좌판이 서로 분리된 상태에서 좌판은 고정된 채 등판만 기울어지도록 하는 메커니즘이다. 이 역시 등 좌판이 기울어질 때 착석자의 무릎이 들리지 않는다.

④싱크로나이지드 틸트 (Synchronized Tilt)

Synchronized Tilt는 등판과 좌판이 각각 독립적으로 동시에 움직이도록 하는 메커니즘이다. 이는 사람이 몸을 뒤로 젖힐 때 인체의 움직임에 가장 근접한 의자의 움직임으로 최대한의 편안함을 제공하는 가장 진보된 틸트라고 할 수 있다. Synchronized Tilt는 그 움직임의 형태에 따라 Forward Link Tilt, Down

Link Tilt, Upper Link Tilt, Forward Sliding Tilt, Down Sliding Tilt 등으로 구분할 수 있다.

- Forward Link Tilt
  : 등판이 기울어질 때 좌판이 앞쪽으로 밀려남

- Down Link Tilt
  : 등판이 기울어질 때 좌판의 뒷부분이 내려감

- Upper link tilt
  : 등판이 기울어질 때 좌판의 뒷부분이 올라감

- Forward Sliding Tilt
  : 등판이 기울어질 때 좌판의 앞부분이 올라가면서 전진함

- Down Sliding Tilt
  : 등판이 기울어질 때 좌판의 뒷부분이 내려가면서 후퇴함

2 중심봉 (Spindle)

중심봉은 틸트와 베이스 사이를 연결해 주는 부분으로 의자의 회전 기능을 담당한다. 이와 함께 가스 중심봉을 이용하여 의자의 높낮이 조절 기능까지 갖춘 것이 대부분이다. 한편 회의용으로 사용되는 회전의자에는 수평 정렬성을 위하여 회전 후 원위치로 자동 복원되는 반전 중심봉이 쓰이기도 하며, 이 경우 수직 정렬성까지 감안하여 높낮이 조절 기능은 없는 것이 일반적이다.

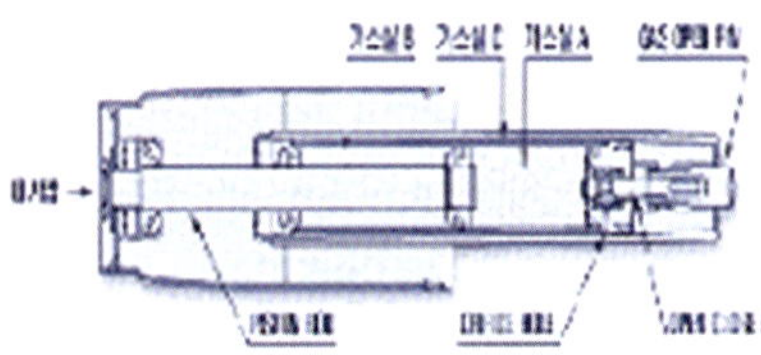

일반적인 가스 중심봉의 구조

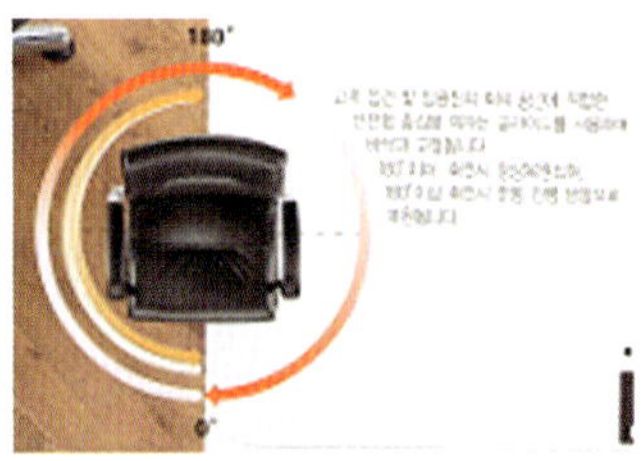

반전 중심봉 : 임원진 회의 공간에 적합

3 팔걸이 (Armrest)

팔걸이는 어깨와 상박(위팔)을 받쳐주어 피로를 감소시키는 역할을 하는 부분으로 착석자의 체형에 따라 높이, 폭, 각도 등을 조절할 수 있는 팔걸이가 있다.

① 높이 조절 기능

버튼을 이용한 조절, 당기고 미는 방식의 조절, 잡은 상태에서 올리고 내리는 방식의 조절 등 다양한 방식의 팔걸이 높이 조절 기능이 있으며, 특히 최근에는 좌우 팔걸이 높이가 동시에 조절되도록 하는 기능도 있다.

② 폭 조절 기능

팔걸이 전체가 좌우로 조절되는 기능과 팔걸이의 암패드 부분만 좌우로 조절되는 기능이 있다.

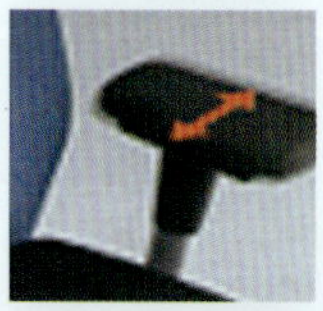

③ 각도 조절 기능

암패트가 회전됨으로써 그 각도가 조절되는 기능이 있다.

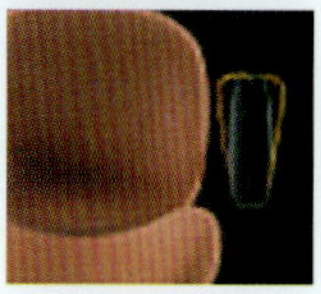

4 등판 (Backrest)

등판은 인체의 척추 부위를 받쳐주는 부분으로 착석자가 편안한 자세를 취할 수 있도록 척추를 적절히 받쳐주는 형상이 되어야 한다.

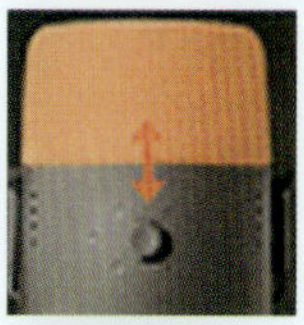

사람에 따라 요추의 위치가 다르다는 점을 감안하여 등판의 높이를 조절할 수 있는 기능을 부여하기도 하고, 요추 부위의 돌출 정도를 조절할 수 있는 기능을 부여하기도 한다.

특히 요추 부위를 보다 적극적으로 지지하기 위해 별도의 요추 지지대(Lumbar Support)가 부착되기도 하고, 이 경우 요추 지지대의 높이를 조절할 수도 있다.

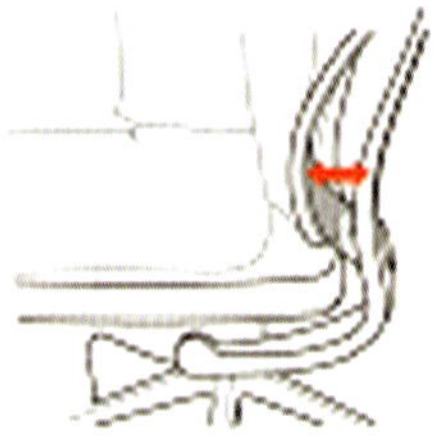 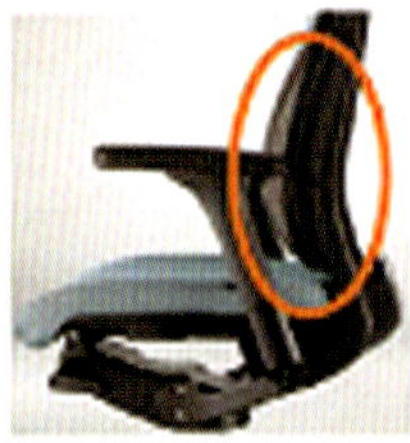 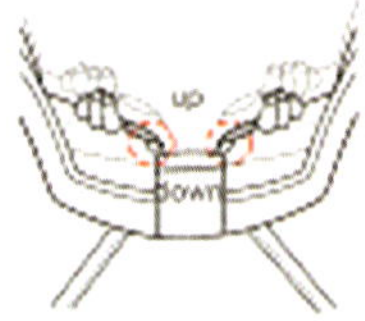

5 좌판 (Seat)

좌판은 인체의 허벅지 부위를 적절히 받쳐줄 수 있도록 충분히 넓은 것이 좋으며, 엉덩이를 압박하지 않고 하중이 최대한 균일하게 분포되어야 한다.

착석자에 따라 엉덩이부터 오금까지의 길이가 다른 점을 감안하여 좌판 깊이 조절 기능이 부가될 수 있다. 특히 여성은 남성에 비해 오금 길이가 짧기 때문에 의자에 착석 시 방석 등을 활용하는 경우가 많은데, 이러한 경우 좌판 깊이 조절 기능은 매우 유용하다.

또한 최근에는 하중을 최대한 균일하게 분포시켜 열이 골고루 분산되도록 하기 위해 좌판에 겔(Gel) 소재를 삽입하기도 하고, 통기성이 우수한 메시(Mesh) 소재를 적용하기도 한다.

6 베이스 (Base)

의자의 안정성을 담당하는 부분이 베이스이다. 따라서 하중을 충분히 지탱할 수 있는 강도를 유지해야 하며, 전복되지 않는 크기를 지녀야 한다. 베이스의 소재는 엔지니어링 플라스틱, 알루미늄, 우드 등 다양한 소재가 사용되고 있으며 형태는 4발, 5발, 6발 등의 형태가 있다.

4) 컨퍼런스(회의실) 공간과 가구

사무 근로자의 하루를 보면 많은 시간을 둘 이상 모여 대화하고 토의하며 보내는 시간이 많다. 잘되는 기업과 못 되는 기업은 활기차고 건강한 토의 문화의 차이로 인식하여 최근 기업들은 생산적이고 활기찬 토의 및 회의 문화를 정착하기 위한 많은 변화를 모색 중에 있다. 또한 21세기 들어 사무 가구도 이러한 커뮤니케이션을 위한 변화에 대응하는 컨퍼런스 가구가 많이 등장하게 되었다.

예전에 고정되고 권위적인 가구에서 편리하고, 쉽고 이동할 수 있고, 적층이 가능한 다기능의 회의 시스템이 필요하게 되었다.

(1) 다목적 회의 시스템

다목적 회의 시스템은 다양한 형태의 회의 환경에 능동적으로 대처하고 이동성에 의한 공간 재구성이 신속하게 가능하도록 설계된 가변 회의 시스템으로 공간 효율의 극대화를 꾀한 시스템이다.

다목적 회의 시스템의 가장 중요한 요소 중 하나인 공간 효율을 극대화하기 위해 적층 및 스태킹이 가능하여야 하고, 다양한 커뮤니케이션 활동을 위해 이동이 쉬워야 한다.

이 시스템은 프리젠테이션, 교육, 세미나, 토론, 팀 단위의 프로젝트 업무 수행, 격식을 구하지 않는 아이디어 교환과 공유 등 다양한 조건의 커뮤니케이션 활동들이 하나의 공간에서 신속하게 이루어 질 수 있어야 한다. 따라서 각각의 용도에 맞

는 공간을 따로 두기보다는 하나의 공간을 유연하게 활용하는 것이 건물의 공실률을 줄여 비용을 절감하는데 효과적일 수 있다.

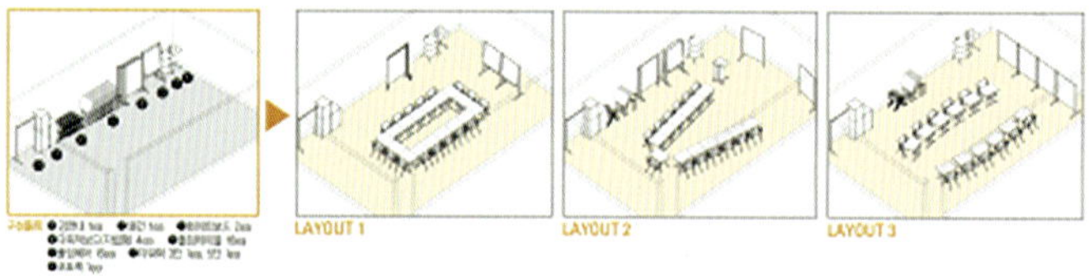

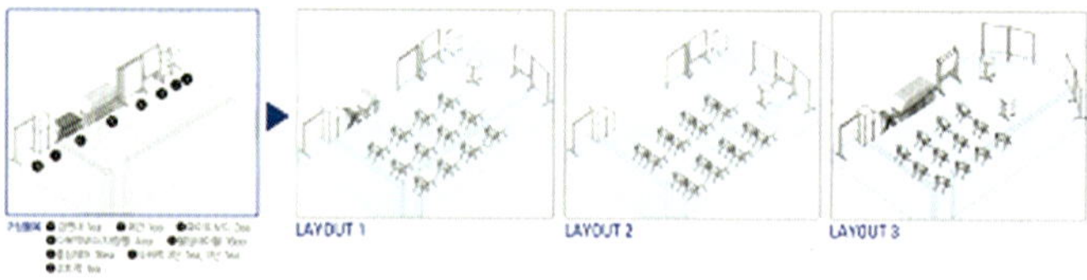

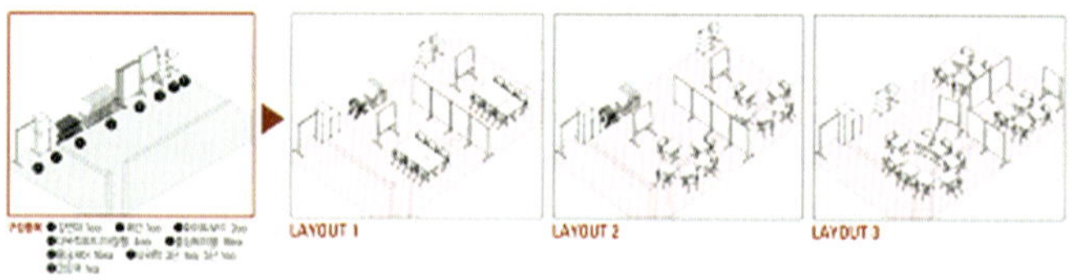

구성 품목은 폴딩 테이블, 폴딩 의자, 왜건, 타워랙, 코트랙, 각종 보드로 이루어져 있다.

(2) 강의 테이블 시스템

강의 테이블은 보통 2인용과 4인용이 있으며 고정식과 이동성이 있다. 최근의 제품은 실린더를 이용한 상판 폴딩 기능과 쉽게 배치를 변화할 수 있도록 케스타를 부착하여 공간 효율을 극대화할 수 있어야 한다.

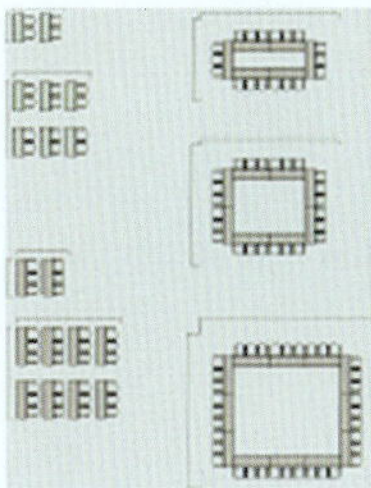

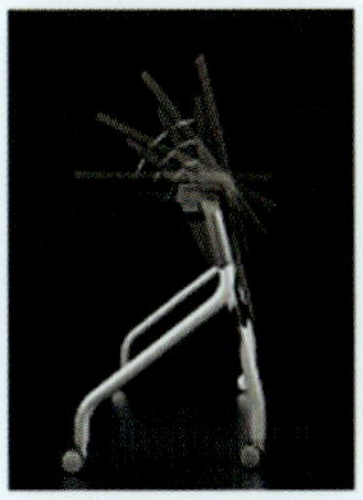

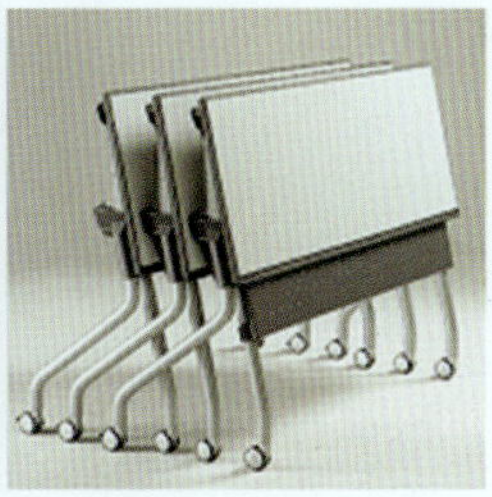

(3) 연결형 회의 시스템

모듈화된 테이블 유니트를 적절히 조합할 수 있는 시스템으로 2인 원형 테이블에서 대형 회의실까지 다양한 크기로 회의 공간을 꾸밀 수 있다.

최근 마이크, 전화, 컴퓨터 등 각종 기기의 설치를 필요로 하는 회의 시스템 요구가 늘고 있다.

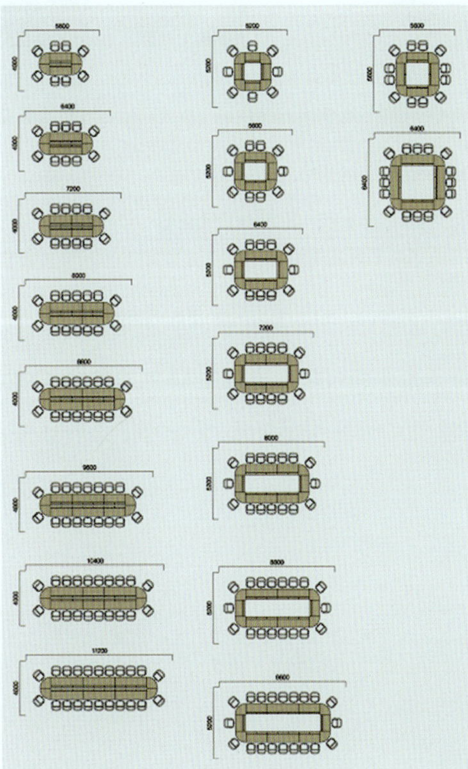

모듈(Module)을 이용한 컨퍼런스 테이블의 구성

5) 휴게 공간과 가구

이상으로 사무 공간을 크게 보면 개인 워크스테이션, 회의 및 교육 공간, 그리고 휴식 공간으로 나눌 수 있다.

예전에는 개인 워크스테이션이 가장 중요한 사무 환경 요소로 생각하고 공간 계획을 수립하였으나 점차 회의 및 교육 공간, 최근에는 환경과 건강에 대한 관심이 높아지고 업무에 대한 동기 부여를 위해 휴게 시설을 새로운 사무 공간을 등장하고 있다.

휴게 공간의 가구는 근로자의 심리적 안정감을 줄 수 있는 색채 계획과 친환경 소재를 사용한 제품 개발이 중요한 요소이다.

업무에서 쌓인 스트레스를 잠시 휴식을 통하여 해소할 수 있는 공간이야말로 사무 환경에 있어 대단히 중요하다.

일부 대기업의 경우를 보면, 부서와 부서 사이 공간을 카페테리아를 만들어 고객과 상담하거나 팀원끼리 자유롭게 아이디어 회의를 하는 장소로 활용하여 기업의 경쟁력뿐만 아니라 근무자의 만족도를 향상하고 더 나아가 소속에 대한 자긍심을 갖게 한다.

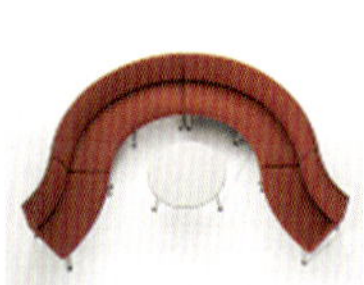

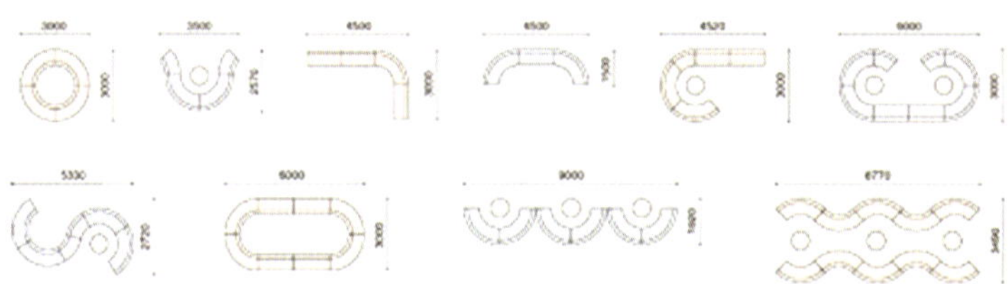

휴식 공간 가구는 편안하게 대화하거나 휴식할 수 있는 테이블, 의자, 소파에서, 최근에는 간이 부엌, 인터넷 카페, 자료실, 헬스장 등 점차 공간 확대에 따른 품목이 다양해지고 확대되고 있다.

'내 집 같은 일터' 사용자가 편안한 심리 상태에서 업무 효율을 극대화할 수 있는 휴게 공간 계획 및 가구 연구가 더욱 시급하고 중요시되고 있다.

3. 공공 환경과 가구

공공 가구는 특히 안전성과 견고성을 갖고 있어야 한다. 그리고 이용자에게 쾌적감, 편리함, 안락감을 주어야 하고 건물에 근무하는 직원에게는 일하는 즐거움을 주고 신뢰감을 주어야 한다. 공공 건축 계획 실시에 있어 대부분 건물에 많은 관심과 예산을 편중하고 정작 내부에서 많은 시간을 보내는 사람을 위한 가구에 등한시하는 경향이 있다. 외국의 경우를 볼 때 공공장소에 사용하는 가구는 일반 가구보다 견고하여 안전하고 내구성이 우수한 제품이 많다.

여기서 말하는 공공 가구는 정부 발주의 건축물에 들어가는 가구에 국한한 것이 아니라 여러 사람이 이용하는 건축물의 가구를 말한다. 예를 들어 학교, 도서관, 관공서, 연구소, 은행, 공항, 여객 터미널, 병원, 기숙/연수 시설 등의 가구 집기를 말한다.

공공 가구는 공공에 대한 고려가 밑바탕이 되어야 하고 사람들의 생기를 불어 넣어주어야 한다.

특히 장애인에 대한 배려, 자연 친화, 건강에 관한 사항 등 여러 사람들이 함께 살면서 일어나는 각종 사회, 문화적인 문제들을 고려하여 보다 쾌적한 생활 환경을 만들어야 한다.

가구 설계 시 가장 중요한 것이 건축물 안에 생활하는 사람들의 행동을 분석하고 요구 사항을 점검하여 고객 위주의 디자인이 무엇보다 중요하다.

3-1. 학교 공간과 가구

우리는 만 7세가 되면 학교에 들어가 많은 시간을 조그마한 책상과 걸상에 앉아 공부하고 학교 생활을 하고 있다.

누구나 한 번쯤 자신의 교실 환경 및 책상과 걸상에 대한 불만을 가져본 적이 있을 것이다.

자기의 몸에 적합하지 않는 책걸상의 사용은 발육이 왕성한 이 시기에 나쁜 영향을 미치고 있다.

2000년대를 들어서부터 정부, 그리고 교육 관련 연구원 및 일부 메이저급 가구 회사에서 학생을 위한 가구를 디자인하고 보급하기 시작하였다.

1) 국내외 교구 발전 과정

국내외의 교구의 발전 과정과 최근 교구의 동향을 보면, 1954년부터 1992년까지 약 40년 동안 교과 중심 학교 교육에서 1997년 제 7차 교육 과정 정책의 변화로 수업 방식 및 교수 방식이 많이 변화하였다.

학급 학생 수는 50~60명에서 30명 정도로 축소되면서 상황에 따라서 책상을 다르게 배치, 이동 등 활동 중심 교육으로 전환되었으며, 무엇보다 학생의 건강을 위한 가구의 변화가 심하였다.

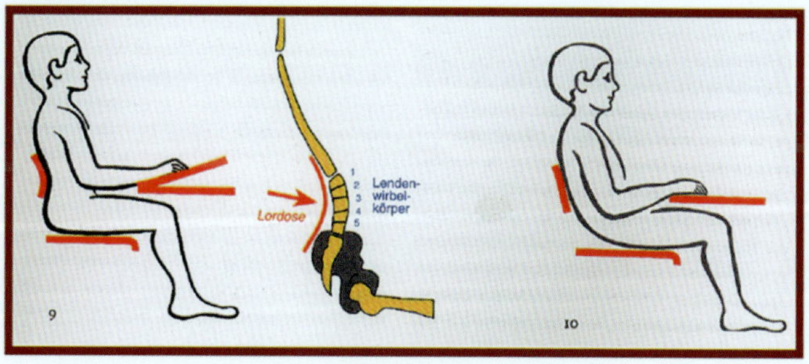

Thomas muller 학생의 건강을 위한 교구

외국의 교구 발전 과정을 보면, 1800~1900년대 초 책걸상은 장인의 손에 의한 수작업 제품으로 책상의 다리는 주물이라 형태가 화려할 뿐만 아니라 높이 조절의 기능도 가지고 있었다.

소재의 색상을 그대로 살려 무겁고 둔탁해 보이는 느낌은 있었으나 수작업 제품의 아름다움을 보여 주고 있다.

Columbus-Bank mit Pendelsitzen 1875 Germany

1920~1950년대는 1919년 독일의 건축, 미술학교인 '바우하우스'의 출현으로 수제품에서 새로운 소재와 공법을 이용한 '소비자 대중'을 위한 양산 개념의 현대 가구가 만들어졌다.

1920~1935년 바우하우스 출현 Germany

강철, 알루미늄, 유리, 플라스틱 등의 소재 혁명과 특징적으로 달라진 부분은 다리부로 굉장히 단순화되었으며, 오히려 높이 조절 같은 기능은 없어졌다.

1970년대에 들어와서는 거의 현재 사용되고 있는 교구의 형태를 갖추었다. 목재소재도 원목 그대로의 가공에서 벗어나 합성, 성형 기술에 의한 새로운 소재로 디자인의 범위가 넓어졌다. 다리의 높이 조절 같은 기능성도 살렸을 뿐 아니라 의자의 스태킹 시스템이 고려되었다. 또한 원색의 색상을 적용하여 기존의 무거운 느

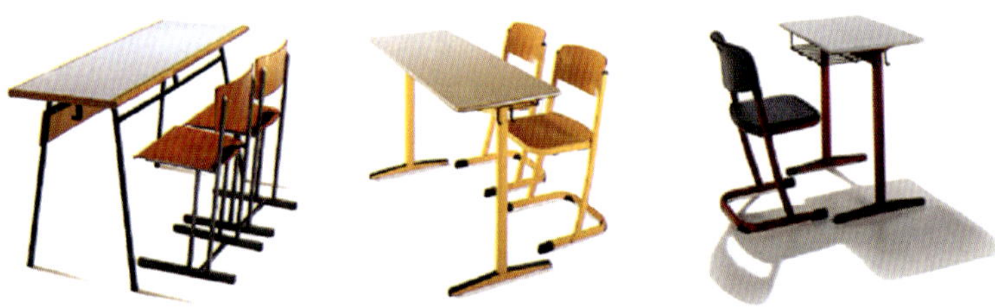

1970년 철재 프레임 등장 Germany

낌을 탈피하였다. 1990년대 이후부터 학생의 건강을 최대한 고려한 제품이 개발되기 시작했으며, 고정적이지 않고 상황에 따라 쉽게 변할 수 있는 가변성, 그를 위한 움직일 수 있는 이동성과 의자에 틸팅 기능의 제품이 나왔다.

1990년대 ~ 현재. 높이 조절, 틸팅 기능. Germany

국내 교구의 변화를 보면 최근까지 외국의 60~70년대 수준에 머물고 있다.

밴딩한 스틸파이프 프레임에 합판을 조립한 것이 많은 학교들이 사용하고 있는 일반적인 책걸상이다. 특히 우리나라의 교육열과 교육 개혁의 움직임에 비해 교구의 발전은 상대적으로 많이 미흡하다.

또한 IT기술의 발전과 유비쿼터스 시대로의 전환에 걸맞는 교육 환경 또한 고려할 부분이다.

2) 교실 가구

교실 가구의 주요 품목은 교사용 데스크, 교탁, TV보관함, 학생용 책걸상, 사물함, 칠판이 있으며, 이-러닝(가상 학습)과 관련하여 전자 칠판 및 전자 교탁으로 교체하는 학교가 늘고 있다.

제7차 교육 과정에 적합한 교실 가구. 2003. fursys

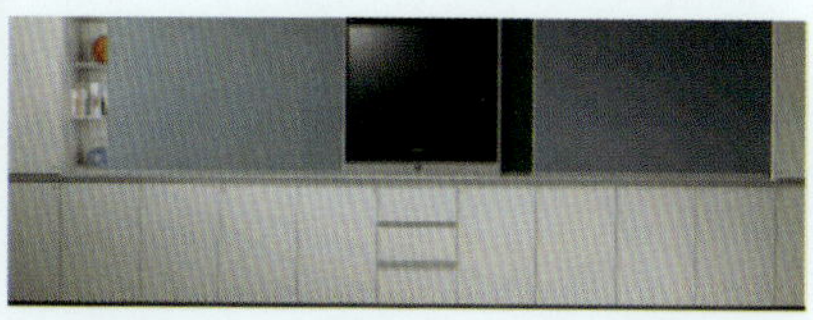

전자 칠판 GD 선정 2006. fursys

교사용 책상에는 컴퓨터 관련 기기 및 방송 장비를 수납할 수 있는 공간 마련 및 배선을 정리할 수 있는 시스템을 갖추고 있어야 한다. 특히 많은 양의 서적과 학습 비품을 보관할 수 있는 수납 공간에 대해 많은 배려가 있어야 한다.

배선, 수납을 위한 교사용 책상 2004 Teems

책걸상은 학생들의 건강을 위해 높낮이 조절 기능이 있어야 하며, 특히 필기 자세에서 척추에 부담을 줄이기 위해 상판에 경사가 가능해야 한다.

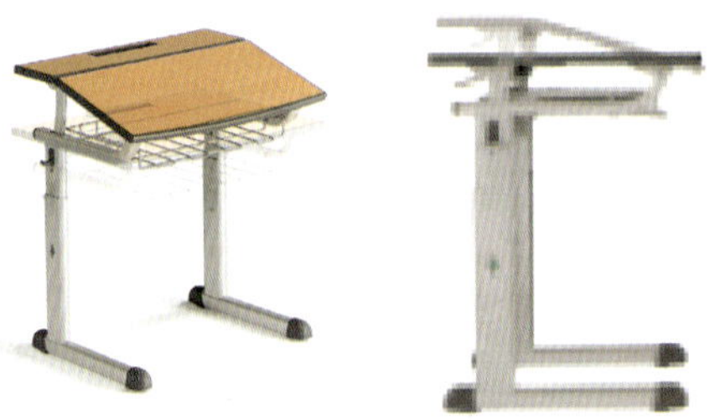

초중고 책상. GD 최우수상 수상 2004. fursys

제7차 교육 과정의 변화로 모둠 수업이 가능하도록 쉽게 책상을 이동할 수 있어야 한다.

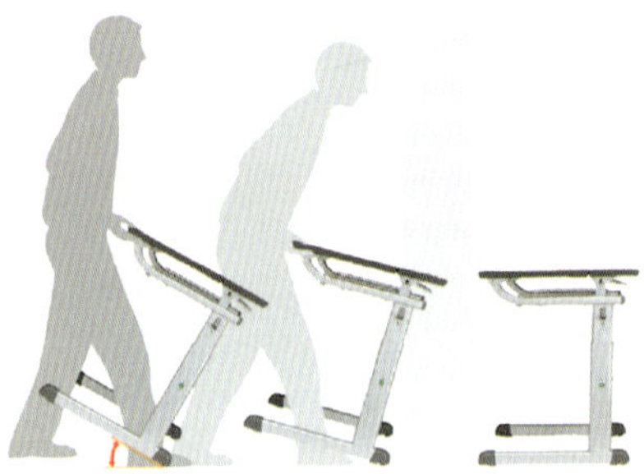

책상 하부에 바퀴 부착, 이동 용이 fursys

특히 교실 내 가구는 안전해야 하고 내구성이 뛰어나야 한다. 요즘 책상이나 사물함, 교사용 책상 등 모서리가 우레탄 성형이 이루어져 안전성을 확보하고 있다.

모둠 학습 전경

3) 실험실 가구 (Laboratory Furniture)

초·중·고 실험실 가구의 주요 품목은 교사용 실험대, 학생용 실험대, 이동식 실험대, 벽면 실험대, 싱크대, 기구장 등으로 이루어져 있다.

새로운 개념의 실험실 2004. Teems

교사용 실험실 가구 2004. Teems

실험대 상판 재질은 내화학성 소재를 사용하여야 하며, 물을 사용하는 싱크대 판재류는 내수성이 강한 PW 또는 방수 PB 등을 사용한다. 최근 현대식 초·중·고 실험실은 배관이 중앙에서 벽쪽으로 이동하였으며 고정식 실험대에서 이동이 가능한 2인용, 4인용 실험대로 변화하고 있다. 이동식 실험대는 실험 장비를 이동할 때 사용하거나 시범식 교육을 할 경우에 사용한다.

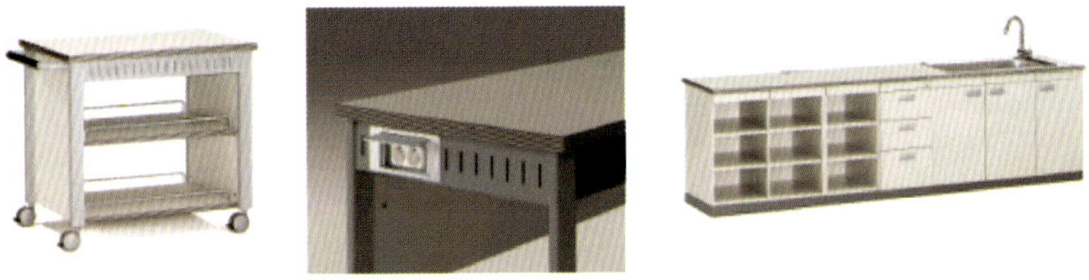

이동 실험대, 멀티탭이 부착된 2인용 실험대, 벽면 실험대 2004. Teems

4) 도서관 가구 (Library Furniture)

도서관 가구의 주요 품목은 일반 서가, 열람대, 검색대, 잡지 서가, 미디어 서가, 신문 보관대, 신문 열람대, 북트럭, 전시대, 테이블, 스툴형 소파 등으로 이루어져 진다. 도서관은 어린이 도서관과 일반 도서관으로 크게 구분한다. 어린이 도서관 가구의 색상은 원색으로 화려하게 하고 어린이 체형에 맞는 테이블, 의자, 소파가 필요하다. 그리고 특히 테이블 모서리가 날카롭지 않아야 한다.

어린이 도서관 2005. Teems

서가는 재질에 따라 목재, 철재 서가가 있으며 수납하는 면에 따라 단면, 양면 서가, 단수에 따라 3단, 4단, 5단, 6단으로 구분하며 수납되는 종류에 따라 일반, 미디어, 잡지 서가로 구분된다.

우레탄 가공 측판, 알루미늄 측판 서가, 잡지 서가 Teems

열람대는 오픈 열람대와 칸막이 열람대로 구분되며 단면과 양면이 있다. 컴퓨터 검색 및 미디어 장비를 이용할 수 있는 검색대가 있다. 특히 검색대는 배선을 잘 정리될 수 있게 하여야 한다.

북트럭은 무거운 책을 이동하기 위해서 용도에 맞는 케스터를 사용하여야 하고 내구성이 강하게 설계하여야 한다.

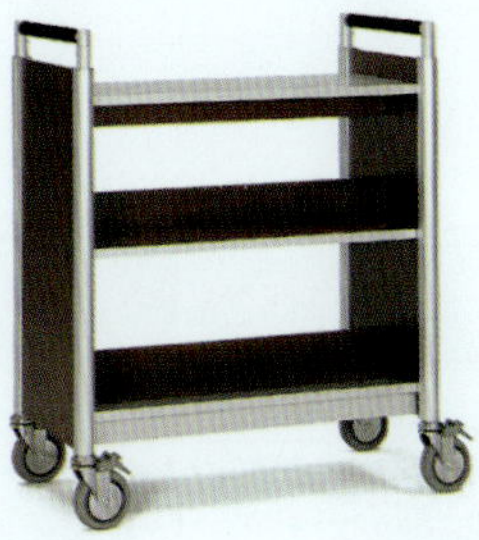

내구성 및 미관이 뛰어난
북트럭 2003 Teems

5) 기숙사 가구 (Hostel Furniture)

기숙사 가구는 여러 사람이 함께 이용하지만, 개인의 프라이버시를 확보하면서 편안한 주거 공간이 될 수 있도록 디자인 계획을 수립해야 한다. 제2의 자아 발전을 이루는 중요한 공간이기 때문이다.

기숙사의 공간 활용도를 극대화한 신개념 가구. 2003 Teems

요즘 대학교는 여러 면에서 어려움이 많다. 특히 모집 인원보다 입학하려는 학생이 적어지므로 해서 정원을 채우지 못하는 경우가 발생하고, 더 나아가 학교 운영의 존립마저 위태롭게 하고 있다. 따라서 많은 학교 관계자는 기숙사에 많은 예산과 관심이 높으며 학생을 위한 디자인을 요구하고 있다. 학습의 기능보다 편안하게 휴식할 수 있는 디자인, 수납 공간 등 정리 정돈에 용이한 가구, 컴퓨터 작업을 할 수 있는 배선 시스템, 그리고 친환경, 안전, 내구성 등이 강조되어야 한다.

기숙사 가구는 크게 리빙(Living) 영역과 리프레싱(Refreshing) 영역으로 나눌 수 있다. 리빙(Living) 가구는 침대, 책상/책장, 옷장, 신발장, 의자 등으로 구성하고 있으며, 침대는 1층 침대, 2층 침대로 나눈다. 그리고 형태에 따라 분리형 침대, 조합형 침대로 나눌 수 있다.

부드러운 분위기와 효율적인 기능 연출
2005fursys

조합형 침대는 침대와 책상/책장 등이 유니트화되어 있는 형태이다. 매우 컴팩트한 공간에 유리하다.

휴식, 학습, 수납 아이템의 컴팩트한 구성
조합형 침대 2005. fursys

리프레싱(Refreshing) 공간에는 소파와 소파 테이블, TV대, 로비 체어 등이 있으며 공간의 크기나 용도에 따라 다양한 레이아웃을 구성할 수 있는 시스템 가구가 요구된다. 이 공간은 지친 몸과 마음에 활력을 주고, 공동 생활에서 삭막함을 없애고 재미를 더하기 위해 즐겁고 편안한 휴식이 적극적으로 고려되어야 한다.

3-2. 병원 공간과 가구

오늘날 의료 시장은 경쟁과 개방화 시대를 맞아 병원 스스로 환경 변화에 대처하기 위한 끊임없는 변신을 추구하고 있다. 따라서 병원 직원이나 의사, 환자, 보호자 모두의 입장을 고려한 환경 조성이 우선적으로 이루어져야 한다.

병원 가구는 환자에게 심리적으로 안정을 제공하고, 환자가 사용하고 조작하기 쉽고 안전함을 주어야 한다.

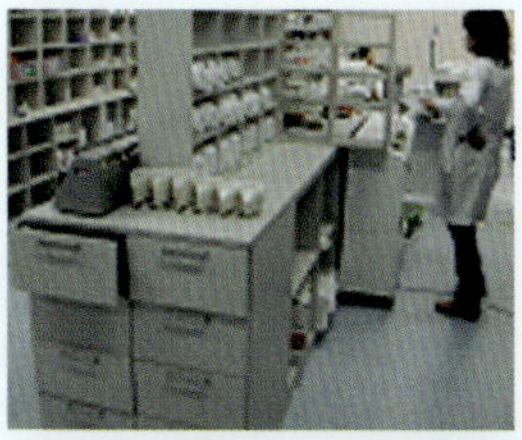

병원 관계자에게는 일하는 즐거움과 업무의 효율을 올릴 수 있어야 하고 신뢰감을 주어야 한다.

병원 건축은 다른 건축과 달리 매우 복잡하고 다양한 직종의 인력이 종사한다. 따라서 병원 가구에 있어서도 매우 복잡하고 표준화가 어려운 것이 사실이다. 병원은 크게 외래 진료부, 입원 진료부, 진료 지원부, 보조 부문으로 나눌 수 있으며, 진료와 진료 지원 기능을 담당하는 의사, 간호사, 약사, 의료 기사, 영양사, 기공사, 의무 기록사 등이 있고, 보조 부문에는 관리직, 사무 요원, 기술 요원, 기능 요원 등으로 구성되어 있다.

병원은 다른 건축물보다 심리적으로 훨씬 쾌적하고 위생적인 환경을 갖추어야 한다. 왜냐하면 대부분 환자는 병원균이나 화재나 기타 물리적 위험에 대피할 신체적 능력이 결여되어 있고 심리적으로 불안정한 상태이기 때문이다.

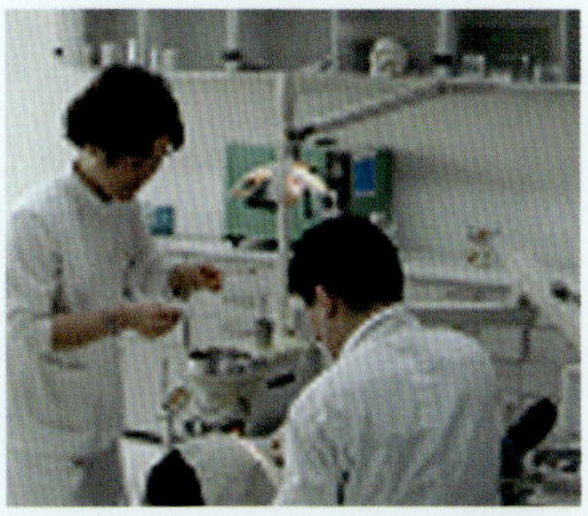

병원 가구는 크게 진료실 가구, 대기실 로비 체어, 병실 가구, 약재실 가구, 기타 강의실, 교육실, 식당에 필요한 가구로 나눌 수 있다.

진료실 가구는 의사용 책상, 진찰대, 스툴의자, 수납 책장 등으로 구성되며 의료 정보화로 인해 의사용 책상에 컴퓨터 관련 기기를 수용할 수 있는 배선 시스템이 갖추어야 하고 장비를 수용할 수 있는 공간을 확보해야 한다.

병원은 많은 기다림의 연속이다. 환자뿐만 아니라 환자 보호자, 병원 관계자 모두에게 가장 중요한 것이 로비 체어, 소파일 것이다. 편하게 기다릴 수 있고 위생적이고 내구성이 있어야 한다.

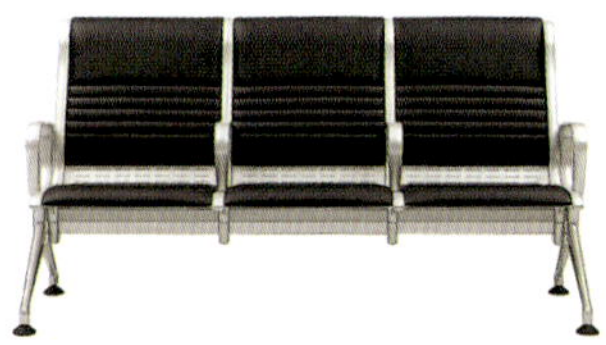

병실은 1인실, 2인실, 4인실, 6인용실로 나누지만 일반적인 기준은 없다. 구성 품목은 침대, 상두대, 옷장으로 구성되어 있다.

병원 가구를 디자인할 때 고려할 사항은 다른 가구와 마찬가지지만, 사용자의 행동 분석을 하여 사용자에게 맞아야 한다. 사용자에게 안락한지, 즉 휴식, 대기, 작업, 오락 등에 적합한지를 세심히 고려해 보아야 한다.

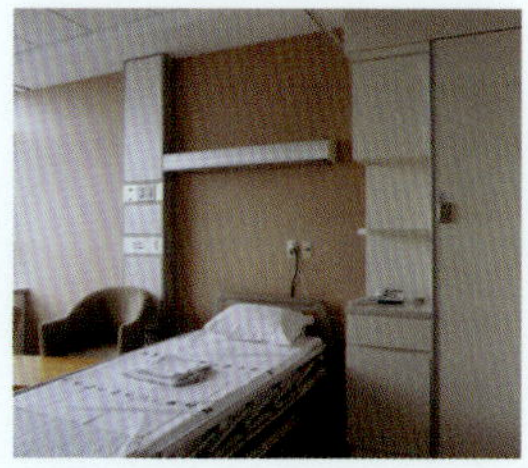

그리고 사용자에게 능률을 주어야 한다. 그 가구를 어떻게 배열하면 좋은지, 가구에 부착된 특별한 조정 장치는 어떻게 사용하는지 등에 관해 주의 깊게 고려해 보아야 한다.

마지막으로 안전성과 수납해야 할 장비, 물건에 대해 어떻게 상호 작용을 하는지 잘 알아야 한다.

3-3. 여객 터미널과 가구

여객 터미널은 항공, 선박, 철도, 버스로 구분할 수 있는데, 국제 공항 터미널이 타 수송 터미널에 비해 복잡하고 대규모 사업이다. 따라서 가구의 종류도 다양하고 매우 중요하다. 국제 공항은 그 나라의 관문으로서 그 나라의 이미지를 좌우하기 때문에 건축물이나 실내 디자인, 특히 가구 디자인 하나하나가 대단히 중요하다.

인천 국제 공항 2001년 개항

KTX 역사

여객 터미널은 첨단 장비와 충분한 편의 시설을 갖추고 공항 시설의 원활한 기능을 도모하는 한편, 길고 지루한 여행을 시작하거나 마치는 여행객에게 안락하고 편안한 느낌을 줄 수 있도록 설계되어야 한다.

따라서 여객 터미널 이용 고객 및 각 분야에 종사하는 종사자에 가장 밀접하게 접하는 것이 가구인 만큼 편리하고 안전하게 설계하여야 한다.

항공 여객 터미널 가구는 여행객의 출입국 절차와 관계있는데 먼저 체크인 카운터, 필경대, 세관 신고대, 보안 검색대, 여권 심사대, 탑승 카운터, 검역 카운터, 입국 심사대, 세관 검색대, 각종 안내 카운터 등으로 이루어져 있다.

그리고 출입국 대합실, 탑승 대기실에 벤치, 쓰레기통, 각종 사인물들이 있다.

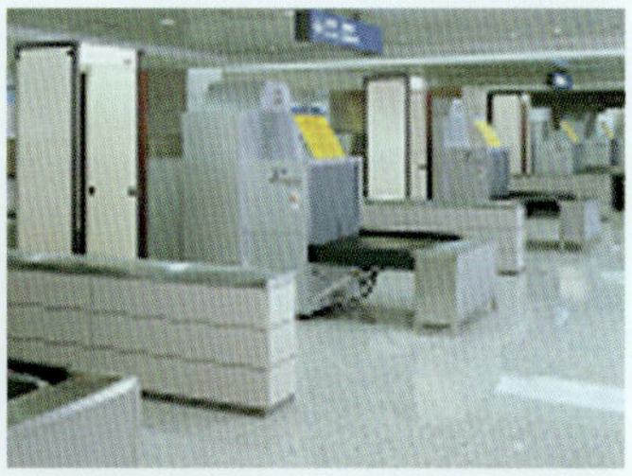

체크인 카운터는 항공권을 발권하기 위한 장비 및 여행객의 수화물을 처리하는 각종 장비를 수납해야 하므로 바닥 배선 공사와 긴밀한 공조가 필요하다. 특히 발권업무는 매우 반복적이고 힘든 일이므로 인체공학적 설계가 필요하다.

여객 터미널 가구는 많은 여행객이 오가는 곳이므로 특히 안전에 유의해야 하며, 무거운 가방을 지니고 다니므로 제품이 손상되지 않도록 설계하여야 한다.

또한 각 분야 종사자와 이용객의 눈높이 등을 감안하여 카운터의 높이를 설계하

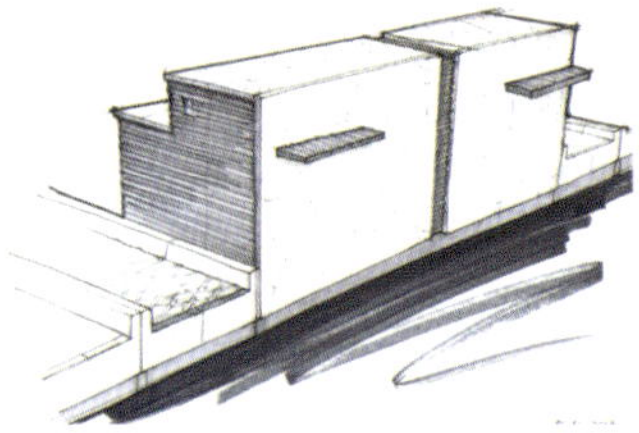

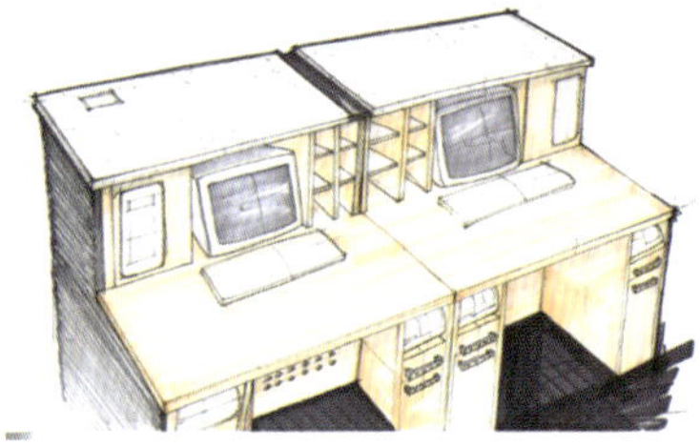

여야 하고, 여객 터미널 전체 인테리어 디자인에 맞는 색상, 소재 등 선택이 무엇보다 중요하다.

벤치는 유지 보수에 용이하도록 부품 교체가 쉬워야 한다. 그리고 오랜 대기 시간에 편하게 쉴 수 있는 인체공학적 설계가 필요하다.

Chapter 4
가구의 재료

Chapter 4 가구의 재료

가구의 재료는 크게 구분하여 원자재와 부자재로 구분할 수 있다. 원자재는 가구의 구조를 이루는 주재료로써 목재의 골재, 합판, 무늬목, 철판, 스폰지, 섬유 등이 있으며, 부자재는 가구의 부품을 통칭하며 경첩, 레일, 발톱, 손잡이 등을 말한다

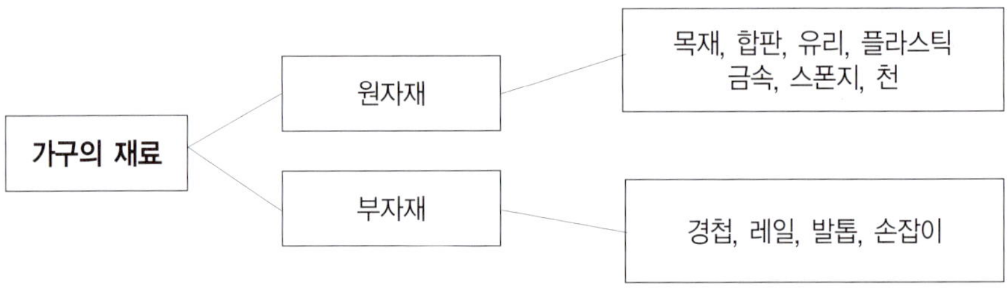

1. 원자재

1-1. 원목

가구에 사용되는 재료는 목재, 철재, 석재, 플라스틱, 섬유 등 매우 다양한 소재가 사용된다. 목재는 가구로 사용된 가장 오랜 재료인데, 가공성이 뛰어나고 색상이 부드러우며 인체의 온도를 흡수하는 성질이 있어 과거로부터 즐겨 사용되었다.

목재는 조물주가 만들어 인간에게 선물한 최고의 재료라 해도 과언이 아닐 만큼 우리 생활 속에서 없어서는 안 될 재료이다.

목재는 3차원적 천연고분자 복합 재료라 표현할 수 있다. 가구 제조에서 가장 중요한 목재의 성질은 비중, 함수율, 방향성, 아름다움이라 할 수 있다.

비중은 수종마다 다르며 같은 수종에서도 차이가 난다. 비중은 침엽수가 연재(softwood)에 해당하며 활엽수가 경재(hardwood)에 해당한다. 반드시 활엽수가 침엽수보다 무겁고 단단하다는 것은 아니며 예외는 많다.

그러나 기본적으로 활엽수는 침엽수보다 무겁고 단단하기 때문에 가구 재료로써 쓰임새가 달라진다. 비중의 차이는 기계 가공성, 수축 및 팽창, 뒤틀림에 영향을

미친다. 비중이 큰 수종일수록 기계 가공성이 떨어지며, 수축 및 팽윤이 커지고, 뒤틀림의 양도 많아진다.

그러나 강도적 성질은 향상된다. 책상이나 의자 다리와 같은 부위는 하중의 개념을 요하기 때문에 미적 요소와 함께 고려해야 하는 것이 비중이다. 따라서 이러한 부위에는 주로 활엽수 중에서도 비중이 높은 수종을 선택하는 것이 일반적이다.

함수율의 차이는 비중과 동일한 영향을 미치며, 목재는 수분을 흡습하거나 탈습할 수 있기 때문에 수축과 팽윤이 일어나며 과도한 경우에 할열이 일어나고 뒤틀림이 발생한다. 또한 최종 사이즈에 못 미치는 현상이 발생한다. 따라서 가구 제조에서 건조는 매우 중요하다.

아름다움은 수종마다 다르게 표출되며, 절삭하는 방향과 절삭하는 방법에 따라 문양이 다르게 나타나며, 소비자의 기호에 매우 민감하다. 또한 목재의 가격을 좌우하는 중요한 요소이다. 일반적으로 침엽수보다는 활엽수가 문양이 뛰어나다. 그 이유는 활엽수는 침엽수와는 달리 조직을 구성하고 있는 세포의 형태가 다양하고 구성 비율의 차이가 존재하기 때문에 다양한 문양을 갖기 때문이다. 방향성은 목재가 플라스틱이나 금속처럼 등방성 재료가 아닌 이방성 재료이기 때문에 방향에 따라서 물리적, 기계적 성질이 달라진다. 목재는 3방향을 갖는데 나무의 뿌리 쪽에서 수간 방향을 종 방향이라 하고, 중심에서 수피로의 방향을 방사 방향이라 하며, 방사 방향의 직각인 방향(목재의 외주부)을 접선 방향이라고 한다. 이 세 방향의 물리 기계적 성질은 다르다.

1) 목재의 구조와 조직

(1) 장점

- 가볍고, 가공이 쉬우며, 감촉이 좋다.
- 비중에 비하여 강도가 크다.
- 열전도율과 열팽창률이 작다.

- 종류가 많고, 각각 외관이 다르며 우아하다.
- 산성 약품 및 염분에 강하다.

(2) 단점

- 착화점이 낮아 내화성이 작다.
- 흡수성이 크며 변형하기가 쉽다.
- 습기가 많은 곳에서는 부식하기가 쉽다.
- 충해나 풍화에 의해 내구성이 떨어진다.

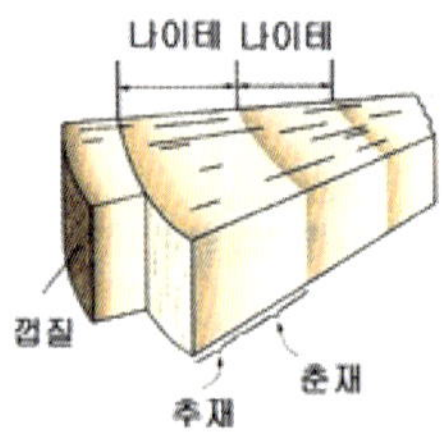

1 목재의 구성

껍질, 수심, 목질 부분으로 구성된다.

① 껍질 : 겉껍질과 속껍질로 구분되며 겉껍질은 짙은 갈색을 띤다. 나무는 주로 껍질 가까이에서 영향분을 섭취하여 자라게 된다. 오래되면 두꺼워진다.

② 수심 : 목재의 중심 부분으로 애목일 때는 무른 조직, 고목일 때는 비어 있다.

③ 목질부 : 껍질과 수심 사이 부분으로 나이테로 구성되어 있으며, 심재와 변재로 구분한다

2) 심재와 변재

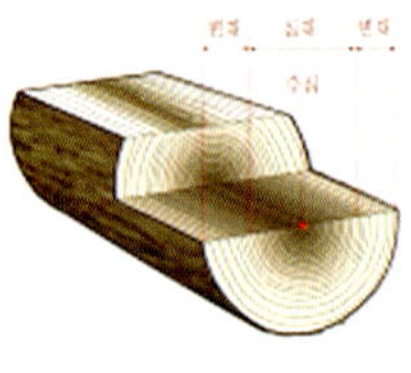

(1) 심재

수심에 가까운 색깔이 짙은 부분, 목질이 단단하고 광택이 나며 가장 단단한 부분으로 거의 성장이 멈춘 죽은 세포로 나무줄기를 지탱하여 준다. 기름기가 있으며 건조해도 변화가 적고 습기에 잘 견디고 목재 중 가장 좋은 부분이다.

(2) 변재

껍질 쪽에 가까운 색깔이 옅은 부분, 목질이 성기고 연하다. 성장을 계속하고 있

는 세포로 물과 양분을 이동시키고 저장하는 역할을 한다. 목질이 무르고 연하며, 건조하면 변형이 잘되고 습기에 약하다.

1-2. 합판(plywood)

합판은 3매 이상의 얇은 판을 1매마다 섬유 방향이 직교하도록 접착제로 겹쳐서 붙여 만든 것을 말하며, 이를 베니어판 또는 베니어합판이라고도 한다. 단판의 겹친 매수는 3, 5, 7, 9매 등의 홀수로 되고 두께도 각각 다르다. 보통 합판의 무늬목 두께는 2mm가 가장 많고 층수에 따라 ply로 부른다.

합판의 크기는 3자×6자 합판(910mm×1,820mm)과 4자×8자(1,220mm×2,440mm)을 제작하며 주로 4자×8자 크기를 사용한다.

1) 합판의 특성

① 판재에 비해 균질하며, 유리한 재료를 많이 얻을 수가 있다.
② 잘 갈라지지 않으며, 방향에 따른 강도의 차가 적다.
③ 단판은 얇아서 건조가 빠르고, 뒤틀림과 수축, 팽창을 방지할 수 있다.
④ 무늬가 좋은 판을 값싸게 얻을 수 있다.
⑤ 나비가 큰 판을 얻을 수 있고, 쉽게 곡면판으로 만들 수가 있다.
⑥ 습기가 있는 곳에서는 부착된 단판이 떨어지는 경우가 있다.

2) 합판의 종류

1 보통 합판

- 크기-3자×6자, 4자×8자
- 두께- 3mm, 4.5mm, 6mm, 9mm, 12mm

2 특수 합판

- 화장 합판, 프린트 합판, 도장 합판, 방화 합판, 방부 합판 등

1-3. 파티클 보드 (particle board)

파티클 보드란 목재 및 기타 식물 섬유질의 소편(Particle), 즉 절삭편 또는 파쇄편 등을 주재료로 하여 합성수지 접착제를 첨가하여 성형, 열압시킨 밀도 0.5g/㎤ 이상 0.9g/㎤ 이하의 판재상 제품을 말한다. 특히 파티클 보드는 접착제가 소편 상호간의 결합력을 이루도록 구성되어 있어 물성의 이방성이 없으며, 목재의 옹이, 썩음, 뒤틀림, 휨 등의 결점을 제거시킨 넓은 면적의 균질 제품을 만들 수 있다. 그 외에도 비중, 두께, 크기 등 광범위한 용도에 맞는 제품을 선택할 수 있으며 아울러 못질, 절단, 구멍 뚫기, 도장, 인쇄, 접착 등의 가공도 용이하게 할 수 있는 장점을 가진 제품이다

사무용 가구의 패널은 주로 파티클 보드를 사용한다.

1-4. MDF(Medium Density Fiberboard)

MDF는 목질 재료를 주원료로 하여 고온에서 해섬하여 얻은 목섬유(Wood

Fiber)를 합성수지 접착제로 결합시켜 성형, 열압하여 만든 밀도 0.4~0.8g/㎤의 목질판상 제품이며 3.0㎜에서 30㎜ 두께까지 생산이 가능하다. 전 두께에 걸쳐 섬유 분배가 균일하고 조직이 치밀하여 복잡한 기계 가공 작업을 면이나 측면의 파열 없이 수행할 수 있다. 따라서 MDF는 측면 몰딩이나 표면 가공을 하는 테이블 상판, 문짝, 서랍 전면 등에 사용된다. 또한 면이 견고하고 평활하여 장식용 필림이나 베니어 등을 오버레이하거나 페인팅하는 데에도 매우 적합하다. 뛰어난 안정성과 기계 가공성, 높은 강도 때문에 서랍 측면이나 캐비닛 레일, 거울 틀, 몰딩 등에 일반 목재 대신 사용할 수 있다.

중밀도 섬유판은 목재나 목편을 마쇄기로 마쇄하여 목재 섬유를 얻은 다음 이에 액상의 접착제를 분무하고 열과 압력을 주어 접착시킨 제품이다. 중밀도 섬유판은 비중이 0.4~0.8 정도이며, 치수 안정성이 낮으나 기계 가공성(제재, 구멍 뚫기, 루터 가공)과 접착성이 뛰어나 가구 제품에 사용이 급증하고 있다. PB와는 달리 루터로 가공하여 도장을 직접하거나 열전사 필름을 이용하여 오버레이하거나 LPM, HPM 등의 오버레이 가공을 통하여 표면 성질이나 수분에 대한 안정성을 높여 사용한다.

표면에 도장을 할 경우 도료의 흡수가 높아 도료의 손실이 크며 도막의 생성이 쉽지 않은 단점이 있다.

1) 제품의 특징

① 목재의 특성인 방향성이 없고 목재와 동일한 질의 판상 제품이다.
② 조직이 치밀하여 몰딩(Moulding), 측면 가공 등 조직 가공성이 우수하다.
③ 표면이 평활하며 도장성 및 접착성이 우수하다.
④ 재질이 가볍고 강하다.
⑤ 건조 공정없이 바로 사용할 수 있다.

1-5. 화장 패널(Overlay Panel)

(1) LPM 화장 패널

LPM(low pressure melamin)은 미경화, 저 분자량을 갖는 멜라민 수지액에 그라비어 인쇄가 된 모양지를 함침시켜 건조한 필름상의 재료를 말한다. 별도의 접착제 없이 PB나 MDF에 고온 열압하면 모양지에 함침된 수지가 용융 경화되면서 접착된다. 주로 사무용 가구의 책장이나 부엌 가구의 오버레이 재료로 쓰인다.

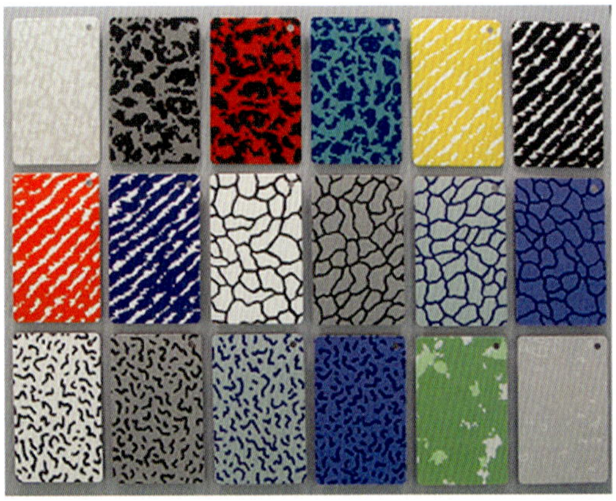

다양한 색상의 멜라민

(2) HPM 화장 패널

다양한 표면 구사가 가능한 hpm 멜라민

HPM(High pressure laminate or High pressure melamine)은 자연 및 인공 무늬가 인쇄된 종이에 멜라민 수지를 함침한 층과 크라프트 종이에 페놀수지를 함침한 층들로 구성된 표면지, 모양지, 심재지, 응력지 등을 적층한 시트상의 재료를 말한다. 이를 PB나 MDF에 오버레이하여 가구의 표면재로 사용한다. HPM은 5~8매의 함침지로된 적층 구조를 갖기 때문에 LPM에 비하여 두께가 두껍고 가격이 비싸며 내구성, 긁힘 저항성, 내열성, 내 화학 약품성 등이 뛰어나다.

사무용 가구에 사용되는 화장 패널

(3) 비닐 화장 패널

비닐 오버레이 재료는 PVC (polyvinyl chloride) 또는 이보다 고가이면서 내구성이 있는 acryl계 고분자로 구성되는데, 투명하거나 또는 안료의 첨가에 의해 다양한 색상의 제품으로 생산된다. 이런 종류의 필름은 액상의 마감 재료와 기본적으로 동일한 것으로 보여질 수가 있으나, 용제를 사용하지 않고 용융에 의해 피막이 형성되기 때문에 액상에 의한 것보다 공극성이 작고 더 단단하며 강하고 더 실용적인 편이다.

비닐 오버레이는 대개 천연 목재의 재색과 목리를 띠고 있는데 진짜 목재와 같은 재질감과 심미감을 표현하기 위해 관공에 의한 요철을 부여하여 제조하기도 한다. 이 비닐 오버레이는 저가의 가구나 TV 캐비닛 제조에 일반적으로 쓰인다. 비닐오버레이 제품은 LPM이나 HPL오버레이 제품보다 긁힘성이나 내열성이 떨어진다.

(4) 건식 전사 마감 패널

건식 전사 마감은 MDF나 PB의 양면 및 곡면 가공된 측면의 적층에 적합한 방법이며, 열과 압력을 가해 단번에 여러 층으로 구성된 모양지를 지니는 라미네이트(laminates)를 캐리어 포일(Carrier foil)로부터 기재의 표면에 전사하여 모양지의 층에 따라 목리 모양이나 단색의 페인트 형상을 지니는 외관을 부여할 수 있을 뿐만 아니라 타일, 대리석, 금속 등의 표면 효과를 얻을 수 있다. 모양지 층의 두께는 0.01mm이며 캐리어 포일(Carrier foil)의 두께는 0.015mm이다. 이 기술은 미국에서 라디오 캐비닛의 마감용으로 널리 쓰이고 있다. 건식 전사 표면의 안정성을 높이기 위해서 건식 전사 박(foil)의 표면을 투명 래커나 바니쉬로 1~2층 도장을 해주면 된다. 최근에는 중밀도 섬유판(MDF)의 측면을 가공하고 예비 연삭을 한 다음 바로 건식 전사 박(foil)을 곡면 가공된 측면에 적층할 수 있는 기계가 개발되어 있다.

● 피니싱 포일(finishing foil) :

피니싱 포일은 모양지에 열경화성 수지(멜라민, 요소, 아크릴, PVA 등)를 함침시킨 후 표면을 도장 처리한 제품을 말한다. 이 제품은 LPM의 단조로움을 극복하고 무늬목 제품의 도장 비용을 절감하기 위하여 개발되었다.

피니싱 포일의 접착은 LPM과 달리 부가적으로 접착제를 사용해야 하는데, 여기에는 아크릴 공중합형 PVAC나 요소수지가 적합하며, EVA계 접착제가 사용된다. 경우에 따라서 피니싱 포일의 배면에 핫멜트 접착제가 사전 도포된 경우가 있다.

피니싱 포일은 무늬목이나 다른 소재에 비하여 가격이 저렴하고 이용이 편리하다. 피니싱 포일의 접착은 다단 프레스나 핫 롤러프레스 또는 쇼트 사이클 프레스를 이용한다.

1-6. 무늬목

목재의 성질은 성장 지역의 지형에 따라 직접적인 관계가 있다. 특히 토양, 수분, 고도 등을 포함한 지역적 특성이 목재의 성장 조건이나 목재의 품질에 큰 영향을 끼친다. 목재는 다양한 색상과 무늬가 수종에 의해 분류된다. 남방 지역의 활엽수는 대부분 높은 함수율로 무겁고 단단하며 어둡거나 강한 색상을 띠고 있으며, 북방 지역의 침엽수는 색상이 밝고 재질이 무른 편이다. 무늬목은 건조시키지 않고 0.5mm에서 0.1mm까지 다양하게 제작하는데, 평판으로 제작하는 슬라이스(slice) 가공법과 목재를 회전시켜 제작하는 로터리(rotary) 방식을 사용한다.

슬라이스 방식은 직선형 무늬 결을 얻게 되고 로터리 방식은 곡선형 무늬 결을 얻게 된다.

1) 천연 무늬목

(1) 물푸레나무(Ash)

색상이 밝은 편이고 선명한 무늬 결을 얻을 수 있다. 나무의 성질은 강하고 단단하며 무늬가 선명하여 무늬 결을 살리는 오픈 포어(open pore) 기법에 사용된다.

가구용 널판, 마룻바닥, 실내 장식, 휨 가공품, 손잡이 및 운동용구 제재목 및 단판으로 생산한다.

ash 무늬목을 살린 책상

오픈 포어(open pore)방식으로 제작된 ash 무늬목의 결을 살린 책상

(2) 너도밤나무(Beech)

통직한 목리 형태를 갖고 흰색의 얇은 변재층과 적갈색의 심재로 구성되어 있다. 재질이 질기고 밴딩이 잘되어 곡목이나 성형 합판에 사용된다. 가구, 마룻바닥, 손잡이, 목재 용기, 휨 가공품 및 장난감 제재목과 단판으로 사용된다.

휨 성질을 이용한 의자

(3) 벚나무(CHERRY, Prunus serotina)

벚나무의 목리 특성은 다른 많은 수종들처럼 인상적이거나 독특하지는 않다. 그러나 마감 작업성이 탁월하고 균일한 나무갓으로 인하여 도장성이 매우 좋다. 도장 처리를 할 경우 붉고 강렬한 이미지를 연출한다. 가구, 고급 무늬판, 목공예품, 수납장, 목재 용기 및 장식품 제재목 및 단판으로 사용된다.

cherry의 붉은 색상을 표현한 책상

(4) 단풍나무(MAPLE)

모든 경단풍나무들의 목재는 서로 비슷하다. 약간 적갈색을 띤 희고 얇은 변재와 크림색에서 밝은 적갈색의 심재를 갖는다.

제재목, 벽 널판, 마룻바닥, 가구, 손잡이, 실내장식재, 수납장, 목재 용기, 장식품으로 사용된다.

(5) 참나무(OAK, RED)

적참나무는 미국의 동부 지역에서 풍부하게 자라고 있다. 이 나무의 재색은 토양과 기후 조건에 따라서 현저하게 달라질 수 있다.

건축 내장재로 사용되며 벽 널판, 가구, 마룻바닥, 건구류, 상자, 운반 용기, 관, 제재목, 손잡이, 팰릿, 농기구, 선박 및 목재 용기 제재목과 단판으로 사용된다. 북미 지역에서 많이 사용되어 콜로니얼 가구의 대표적 목재로 사용된다.

(6) 호두나무 (WALNUT)

호두나무는 중간 정도의 무게, 경도, 강도, 강성도 등을 가지며 좋은 충격 저항성을 보여준다. 목리의 형태는 매우 단순한 것에서부터 뚜렷한 문양상의 것까지의 변이를 나타낸다. 제재목, 널판, 문, 수납장, 실내장식재, 마룻바닥 제재목과 단판으로 사용된다.

(7) 티크(Teak)

인도, 미얀마, 타이, 라오스 등에 분포하며 흉고 직경(가슴 높이 지름) 60~80㎝인 대목(大木)이다. 나뭇결이 정교하고 조밀하며 직선 결을 갖고 있으며 실리카(silica)를 함유하고 있다. 내구력, 기계적 성질, 충해에도 강한 고급 나무이다.

고급 가구, 장식재, 내장재로 사용되며 약재로도 사용되는 나무이다.

(8) 부빙가(Bubinga)

카메룬에서 자이레까지 적도 아프리카에 분포하며 흉고 직경이 80~150㎝가 되는 나무이다. 나뭇결이 정교하고 압축 강도, 곡 강도가 크고 횡 인장 강도가 강해 잘 쪼개지지 않고 충해도 잘 받지 않는 무거운 나무이다.

국내에서는 1980년대 이후 고급 목재로 자리 잡은 나무로서 고급 가구, 장식재, 조각 용재, 건구재로 사용된다.

(9) 웬지(Wenge)

콩고, 자이레, 카메룬, 가봉이 주산지이며 흉고 직경이 1m에 달하는 나무이다.

건조에 시간이 많이 걸리며 나뭇결은 거친 편이다. 충해성, 탄성, 내구성이 좋으며 습한 조건에서도 부패하지 않는다. 가구, 선반, 액자 등에 사용된다.

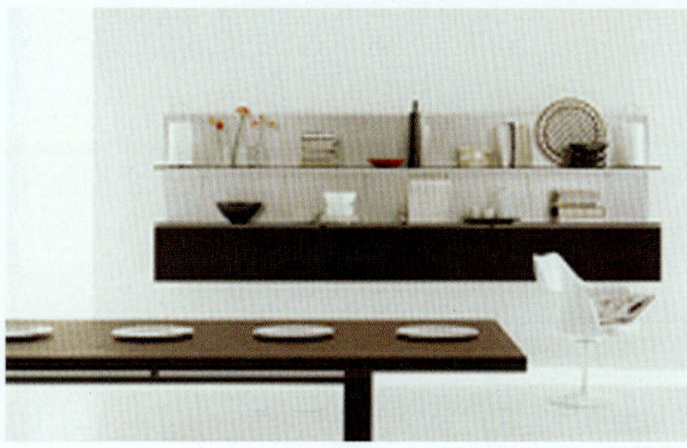

(10) 흑단(Ebony)

- 산지 : 인도, 스리랑카, 태국, 말레이지아, 필리핀
- 재색 : 심재는 흑색이나 변재는 회색인 것, 심재는 흑색을 띤 녹색이나 변재는 황백색인 것, 심재는 흑색을 띤 적색 또는 흑색을 띤 적갈색이나 변재는 회백색인 것 등이 있음
- 외관적 특징 : 목리는 통직하고 목 조직은 정교하고 광택이 있음
- 기건 비중 : 0.80~1.1
- 성질 : 가공은 곤란하나 표면 마무리는 양호하여 좋은 판면 얻음. 건조는 주의

를 요함. 변재는 내구성이 없고 충해를 받기 쉬우나 심재는 내구력이 강함

- 용도 : 최고의 명목. 고급 가구재, 조각재, 미술 장식재, 피아노 건반 등에 사용된다.

(11) Burl의 종류

Burl은 나무의 뿌리 부분에서 나타나는 대리석 무늬의 불규칙적인 물결 무늬를 말한다. Maple과 같이 비교적 큰 나무에서 많이 볼 수 있다. 목리가 아름답고 결 방향이 자유로워 무늬목으로 켠 다음 좌우 대칭형의 북 매치(Book Match) 등으로 이어서 사용한다. 목재의 일부분에서 나오는 만큼 가격이 비싼 편이어서 최근에는 무늬목을 불규칙하게 접합시키고 사선으로 슬라이싱(Slicing)하여 재구성(Recomposed) 무늬목으로도 개발하며 다양한 색상으로 염색을 하기도 한다.

멤피스 그룹에서 대리석 느낌의 연출로 유명하다

(12) 인조 무늬목

천연 무늬목은 색상과 무늬가 제한되어 있고, 지역과 목재의 부분에 따라 무늬와 색상이 다르게 나타나기 때문에 일정한 색상이나 무늬를 대량 생산하는데 제한이 있다. 이러한 단점을 보완하기 위하여 만들어진 무늬목이 인조 무늬목이다.

인조 무늬목은 연 무늬목을 여러 겹 겹쳐 슬라이스 방식으로 가공한 재구성(recomposed) 무늬목이 있으며, 밝은 색상의 리컴포스트 무늬목을 염색하여 제작한 염색 무늬목을 사용하면 대량 생산이 가능하고 다양한 색상을 구사할 수 있다.

인조 무늬목은 단판의 무늬목을 접착시키고 무늬목을 적재하여 비스듬히 슬라이스(slice) 방향으로 켜서 제작한 무늬목이다.

동일한 무늬를 대량으로 제작할 수 있어 가격이 저렴하고 다양한 패턴의 무늬목을 제작할 수 있다. 이러한 무늬목을 적층 무늬목(recomposed veneer)이라고 하며 적층 무늬목을 만들기 전에 고압으로 무늬목의 부름켜에 염색을 착색시켜 대리석과 같은 다양한 색상과 패턴을 구사할 수도 있다.

다양한 색상이 가능한 염색 무늬목

염색 무늬목의 다양한 구사

2. 부자재

2-1. 알루미늄

알루미늄은 금속재 중에서 가장 가벼우며 신률이 높아 잘 늘어나며 밴딩과 프레스, 압출, 다이캐스팅 사출 등 다양하게 이용된다.

특히 파티션의 골조 구조를 이용하여 가볍고 고급스러운 분위기를 연출하며 의자의 메커니즘, 가구 손잡이, 조명 등에 다양하게 이용되며 재생률 또한 우수하다.

단지 모든 원자재를 수입에 의존하여 환율 변동에 따라 단가 차이가 심한 단점이 있다.

1) 알루미늄의 특징

1 가볍다

알루미늄의 비중은 약 2.7로, 철(7.9)이나 동(8.9)에 비하여 약1/3 정도 가볍다.

따라서 시대가 요구하는 경량화, 에너지 절감을 실현하는 주역으로 지금 알루미늄은 큰 역할을 하고 있다.

2 재생이 쉽다

알루미늄은 철에 비교하여 용융점이 낮기 때문에 적은 열량으로 녹일 수 있어 재생이 쉽다.

3 합금 처리를 통해 강도의 조정이 자유롭다

합금의 종류와 재질에 의해 인장 강도는 7~60kg/㎟으로 조정 가능하기 때문에 용도에 맞게 선택이 가능하다.

또, 보통 극저온이 되어도 강도가 증가하여 저온 특성을 나타내기 때문에 액화가스의 이용이나 우주 개발에는 없어서는 안 될 재료이다.

4 내식성이 우수하다

알루미늄은 공기 중에서 자연적으로 산화하기 쉽고, 표면에 내식성이 좋은 산화 알루미늄의 피막이 생겨 자기 부식 방지 작용이 있다. 또, 강도와 내식성이 뛰어난 알루미늄 합금은 선박이나 구조재로써 넓게 사용되고 있다.

5 전기를 잘 통한다

전기 전도율은 동의 약 60%로 중량이 약 1/3이기 때문에 같은 중량의 동에 비하여 2배나 전기를 잘 통한다.

송전선에 이용되는 철탑 사이의 간격을 길게 하기에 유리하다. 이 때문에 동 대신에 송전 케이블, 배전선 등에 활약하고 있다.

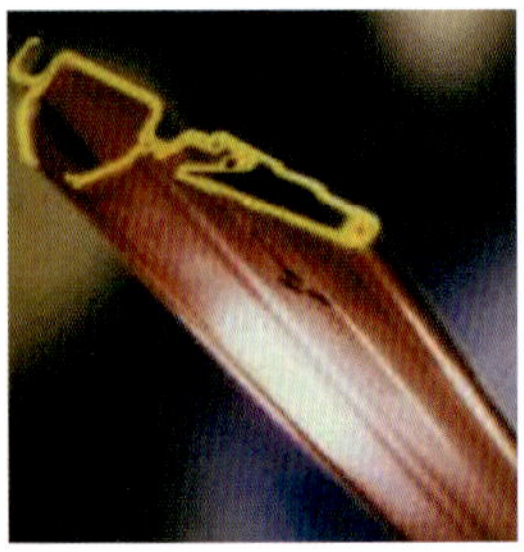

6 자기를 띠지 않는다

알루미늄은 그 자체적으로 자기를 띠지 않기 때문에 자장의 영향을 받지 않는다. 그 때문에 선박의 자기 나침반이나 컴퓨터용의 자기 디스크 등에 사용된다.

7 열을 잘 통한다

철에 비하여 약 3배나 열전도율을 가지고 있기 때문에 냄비나 주전자 등의 일용품, 냉난방 장치나 자동차의 열 교환기 등에 넓게 사용되고 있고, 최근에는 태양에너지를 모으는 Solar Collector에도 사용되고 있다.

8 빛이나 열을 반사한다

알루미늄의 표면은 빛, 열, 전파를 잘 반사하기 때문에 난방기구의 반사판, 조명기구 등에 사용된다.

9 표면 처리가 아름답다

소재 그 자체로도 아름다운 알루미늄이지만, 도장을 비롯하여 자연 발색이나 전해 발색에서 다양한 색을 부여할 수 있다.

10 자유 자재로 가공이 가능하다

알루미늄은 가공성이 매우 우수하기 때문에 여러 가지 형상으로 가공이 가능하여, 알루미늄 특유의 압출 가공에 의해 복잡한 형상의 물건도 자유롭게 만들 수 있다.

11 독성이 없다

알루미늄은 무공해, 무취로 위생적이기 때문에 끓이는 용기나 식품 관계에도 많이 사용되고 있다. 만일의 화학 작용에 의해 금속이 유출한다든지, 화합물을 만든다든지, 중금속에 의해 인체에 해를 입힌다든지, 토양을 오염시키지 않는다.

12 주조가 쉽다

알루미늄은 비중이 적고, 융점이 낮으며 용탕의 흐름성이 좋은 특징을 가지고 있다. 이 때문에 각종 산업 기계, 자동차 부품 등 다른 금속에 비하여 정밀도가 엄격하고 복잡한 형상의 주조가 가능하다.

13 접합이 쉽다

용접, Brazing, 납땜, 전기 저항 접합 등의 방법으로 용이하고 견고한 접합이 가능하다. 특히 용접의 진보는 눈부시게 뛰어나 이것에 의해 많은 제품의 용접이 용이하게 되었다.

14 저온에 강하다

알루미늄은 철강 등과 달리 액체 질소(-196℃)나 액체 산소(-183℃)의 극저온하에서도 취성 파괴가 없고 인성이 큰 특성이 있다.

저온 Plant나 LNG(-162℃)의 TANK재로서 사용되고, 최근에는 우주 개발이나 Biotechnology, 극저온의 초전도 관련의 최첨단 분야에도 이 특성이 각광을 받고 있다.

15 유도 방사능의 감쇠(減衰)가 빠르다

알루미늄은 고에너지 입자에 의한 핵 반응에 의해 방사화되어도 반감기가 짧기 때문에 빨리 감쇠한다. 따라서 전자와 양전자를 충돌시킨 입자 가속기에는 알루미늄이 다량 사용되고 다른 금속이 사용되는 경우에 비하여 보수, 점검 등의 작업 효율이 높고 안전성이 매우 높다.

16 방출 가스량이 매우 적다

특수 산화 피막을 형성시키는 것에 의해 표면으로부터 방출 가스량을 억제할 수가 있다. 이 성질을 응용하여 입자 가속기나 초고진공 장치나 반도체 제조 장치의 알루미늄화가 진행되고 있다

사무용 의자의 베이스와 메커니즘에 적용된다. 금형을 통한 다이캐스팅으로 제작되었으며 표면을 Buffing 처리하여 연마를 하거나 도장 처리를 하기도 한다.

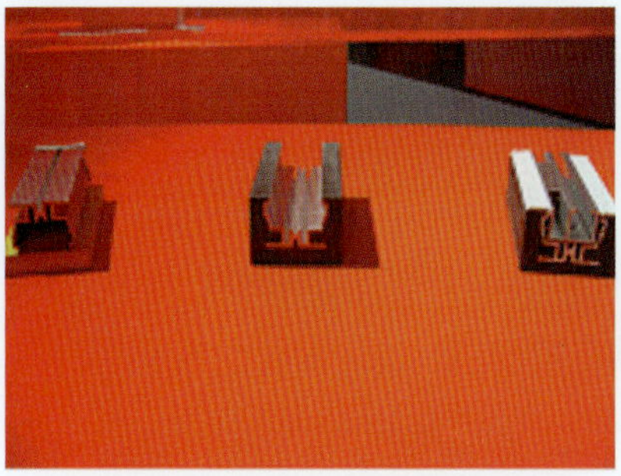

압출을 이용한 슬라이딩 도어 하드웨어

알루미늄 압출을 이용한 주방용 서랍

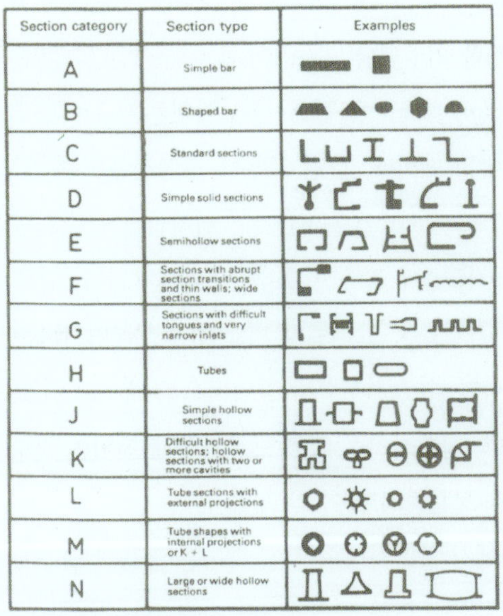

Section category	Section type	Examples
A	Simple bar	
B	Shaped bar	
C	Standard sections	
D	Simple solid sections	
E	Semihollow sections	
F	Sections with abrupt section transitions and thin walls; wide sections	
G	Sections with difficult tongues and very narrow inlets	
H	Tubes	
J	Simple hollow sections	
K	Difficult hollow sections; hollow sections with two or more cavities	
L	Tube sections with external projections	
M	Tube shapes with internal projections or K + L	
N	Large or wide hollow sections	

알루미늄 압출 형상 및 난이도

알루미늄 다이캐스팅 사출 제작 과정

2-2. 플라스틱

상당히 큰 분자량을 갖는 유기 화합물로 되어 있으며 보통 최종 상태는 고체이지만, 그것에 이르는 도중에 열이나 압력 등의 작용으로 유동화하여 자유롭게 성형할 수 있는 일군의 재료(상당량의 충전재, 가소제, 보강제 등을 배합한 것을 포함)를 총칭한다.

영어의 Plastic이란 말은 원래 '생각한 그대로의 형태로 하다(가소성의)' 라는 형용사이지만 명사로도 사용된다. 그때는 복수형을 쓰는 경우가 많으며 Plastics는 가소성을 갖는 물질을 의미한다.

플라스틱은 또 합성수지라고도 불리는데, 이것은 송진이나 Shellac 등의 천연수지에 대비해서 쓰이는 말이다. 한편 고무나 합성섬유도 유기 고분자 물질로 되어 있어 적당한 조건하에서 가소성을 갖는데, 이것들과 플라스틱과의 정의상의 경계는 명확하지 않으며 습관에 따라 분류하는 경우가 많다. 같은 플라스틱이라도 비교적 탄성이 풍부한 재료는 고무로써 비교적 결정성이 풍부하며 인장 강도가 큰 재료는 섬유로 사용할 수 있다. 현재 공업적으로 생산되고 있는 플라스틱은 매우 여러 종류가 있는데, 섬유소처럼 천연 고분자로 분류되는 것을 제외하고는 대부분이 저분자 화합물을 고분자화 하여 얻고 있다.

주요 플라스틱 중에서 열경화성 수지에 속하는 것은 페놀수지, 우레아 수지, 멜라민 수지, 알키드 수지, 불포화 폴리에스터 수지, 폴리우레탄 수지 등이 있고 열가소성에 속하는 것은 염화비닐 수지, 아크릴 수지, 스티렌 수지, 폴리에틸렌, 폴리프로필렌, 폴리아미노 수지, 폴리카보네이드, 아세탈 수지 등이 있다

1) 사출

사출은 영어의 INJECTION이란 의미로써 MOLD에 플라스틱을 녹인 용액을 고압으로 쏘아서 형상을 단시간 안에 성형하는 기법을 말한다. 플라스틱의 원료는

대부분 반투명한 쌀 톨 만한 상태이며 이러한 석유 화합물에 색소를 첨가한 다음 스크루와의 마찰에 의해서 녹게 된다. 이러한 용액을 한 번에 100톤에서 500톤의 고압으로 금형에 밀어넣어 성형한 다음 이형(EJECT)한 제품을 냉각시킨 다음 사용한다. 대개 한 공정은 5~10분 정도 소요되며 자동차 범퍼에서 부터 시계 부품에 이르는 정밀한 제품 등 다양한 제품을 만들게 된다.

(1) 금형 닫힘 공정

① 이 단계에서는 먼저 코아와 캐비티가 닫히게 된다.

② 그후 캐비티는 고정되고 코아가 이동한다.

③ 이동 속도는 속도 조절 장치로 조절하게 된다.

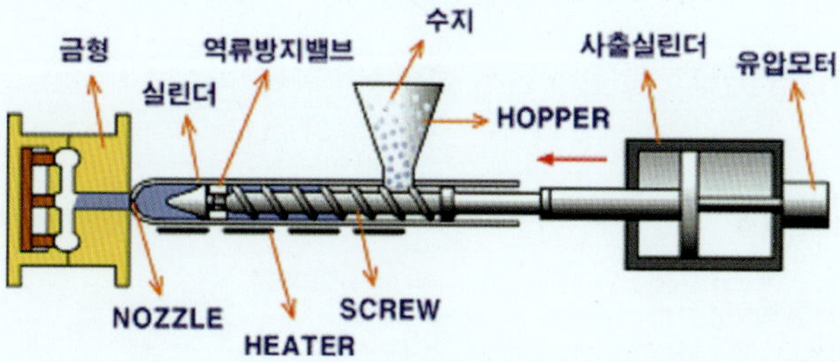

(2) 사출 공정

① 스크류의 전진에 의해 용융 수지가 노즐을 통해 금형으로 사출된다.

② 스크류에 부착된 역류 방지 장치는 용융 수지가 금형에서 사출기로 역류되는 것을 막아준다.

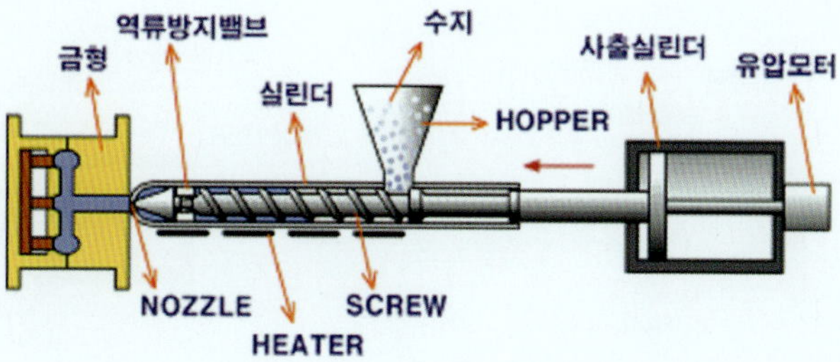

(3) 보압 공정

① 금형 내의 용융 재료가 굳을 때까지 압력을 유지한다.

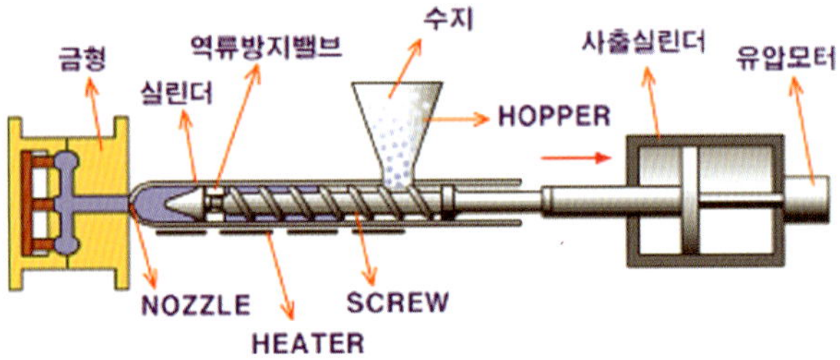

(4) 냉각/용융/계량 공정

① 금형 내 용융 재료는 금형에 부착된 냉각수에 의해 냉각된다.

② 사출기 내에서는 재료의 용융과 계량이 동시에 진행된다.

③ 호퍼의 재료가 스크류의 회전에 의해 실린더로 도입된다.

④ 용융 재료의 계량은 후퇴 거리에 의해 결정된다.

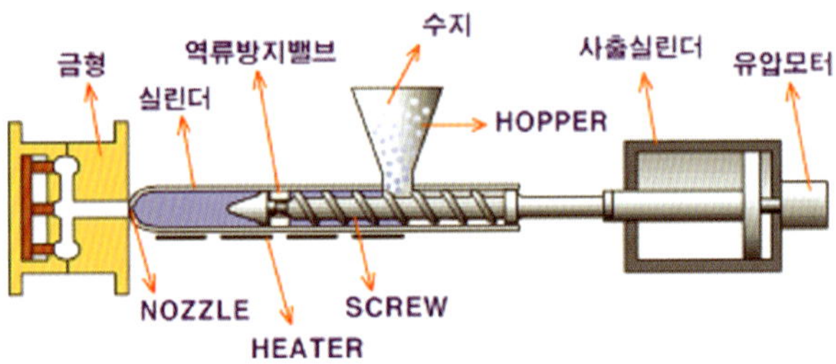

(5) 형개/취출 공정

① 성형품이 코아부에 부착된 상태로 금형이 열리게 된다.

② 금형의 코아에 남아있는 성형품을 떼어 낸다.

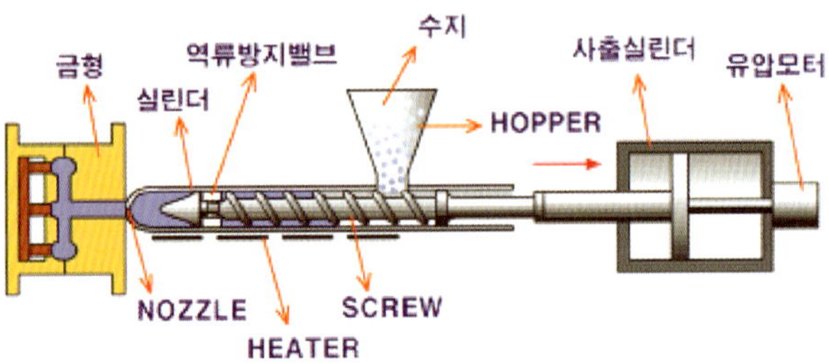

2) 폴리에틸렌(P.E)

폴리에틸렌(Polyethylene)은 탄소 원자들의 지그재그 형태인데, 이 탄소 원자들은 수소가 각 탄소에 연결되어 있다.

폴리에틸렌은 폴리에틸렌 형태의 다른 사슬과 같은 여분 사슬을 제외하고는 곁가지가 없다. 폴리에틸렌의 특성들은 우수한 강인성, 좋은 인열성, 파열 강도, 우수한 화학적 저항성, 반 투명성, 낮은 열 저항성, 간단한 생산 공정으로 낮은 가격이 있다.

폴리에틸렌은 다음과 같이 사용된다.

> 병류, 모자류, 포장지, 필름, 가방류, 전선 피복, 파이프, 장난감류
> 타자기 리본류, 일회용 가정용품, 일반적 일용품

PE는 인체에 무해하여 위생 용기나 주방용품에 적합하다. 또한 원료도 반투명색이어서 은은한 광택을 연출할 수 있다.

PE 수지의 전형적인 제품으로 스태킹이 가능하다. 재료의 무독성 때문에 식당용으로 적합하다.

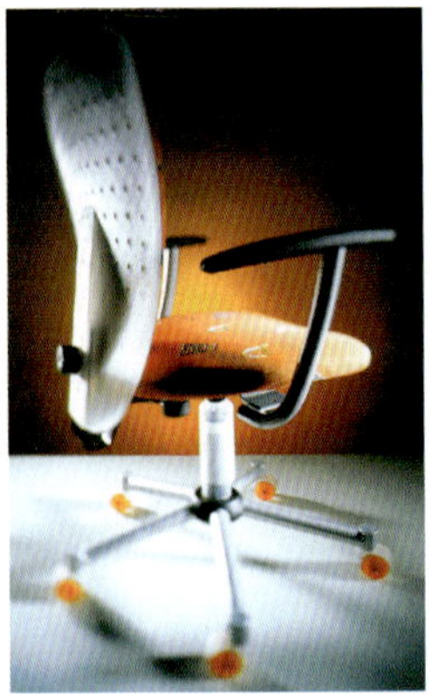

3) 폴리프로필렌(P.P)

폴리프로필렌은 프로필렌을 알루미늄 알킬/4염화티탄계의 지글러낫트촉매를 이용하여 용제로 중합시켜 얻는 아이소택틱 폴리머이다.

성형 재료로서 분자량 4만 정도 이상의 것이 시판되고 있다. 밀도는 0.09로 모든 플라스틱 중에서 작은 부류에 속한다. 이것은 인장 강도와 내열성 등이 뛰어난 폴리머이다. 성질은 폴리에틸렌과 유사하다. 스트레스크래킹에 잘 견디고 투명성도 비교적 우수하다. 내충격성을 개량하기 위해 다른 단량체와 공중합시킨 폴리이소부틸렌 등을 블렌드한 것, 아스베스트나 유리섬유를 배합한 재료 등도 있다. 자동차부품(Overview)으로서 공업 용도나 각종 용기 필름 등에 이용되고 있다. PP의 특징을 비교하면, 주요 우위점은 투명성, 내충격성, 인열강도, 내자외선성, 내감마선성 등이며, 용도 개발도 이들의 특징을 살린 용도에 주력하고 있다. 특히 내감마선성의 우수함으로 방사선 감균 처리를 이용한 의료 관계에서의 응용이 진행되고 있다. 이 분야에서는 메탈로센 촉매의 원가가 높은 문제도 흡수되며, 투명성도 평가되어 앞으로도 높은 신장이 기대되고 있다.

필름이나 섬유, 사출 성형의 분야에서는 분자량 분포가 좁기 때문에 가공성에 난점이 있으며, s-PP 단독 가공은 어렵고 대부분이 i-PP와의 혼합으로 투명성과 내충격성, heat seal성 등을 개량하여 사용되고 있다.

용도는 팔걸이와 등 좌판의 커버 등 인장 강도를 필요로 하는 곳에 사용된다. 나일론에 비해서 내마모성은 취약하나 원료 가격이 절반 정도되어 경제적이며 물성의 인장 강도가 우수하여 최근에는 베이스도 엔지니어링 보합 재료를 개발하여 사용한다. 그러나 두께의 변화가 심한 부분에는 함몰이 심하여 두께가 일정한 디자인에 적용된다. 의자의 베이스에 사용되며 나일론보다 가격이 저렴하여 최근 들어 복합 성분을 이용해 사용된다.

4) 폴리우레탄

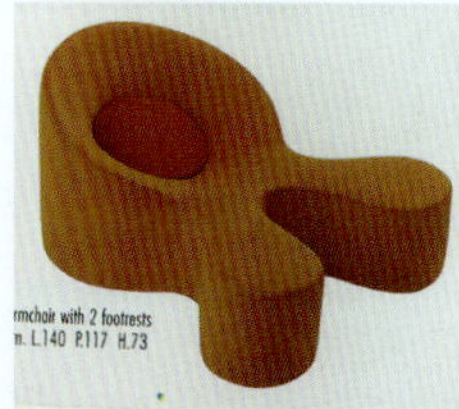

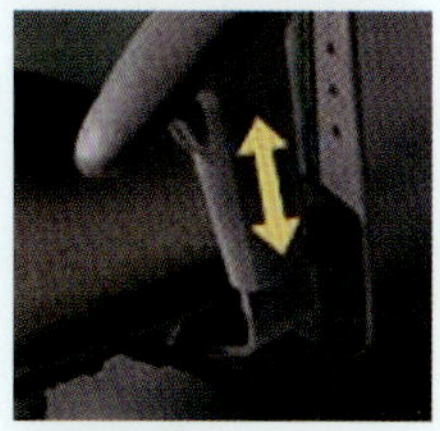

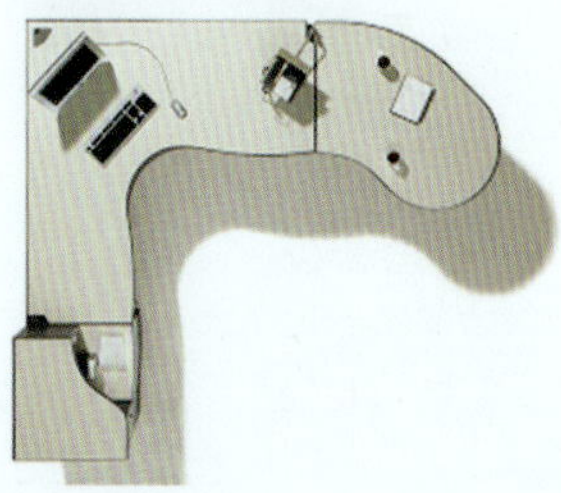

폴리우레탄 수지(Polyurethane resin) 제품은 신발, 의류, 가방, 가구, 기타 잡화 등의 인공 피혁 가공 수지로 사용된다. 폴리우레탄 폼은 시트의 스폰지와 같은 플렉시블 폼(Flexible Form)과 자동차의 핸들과 같은 표면에 두께가 입혀지고 속에 기포가 차 있는 인테그랄 스킨 폼(Intergral Skin Form)으로 나눌 수 있다.

폴리 우레탄은 이소시아네이트(Isocianate)와 폴리올(Polyol)이라는 원료가 합성할 때 화학적 반응에 의해서 기포가 발생하는 원리를 이용한 것으로 스킨 폼(Skin Form)에는 표피가 생겨 의자의 팔걸이나 자동차 핸들에 주로 사용된다. 우레탄 폼은 쿠션 등 많은 장점이 있는 반면 표면에 기포로 인한 불량이 발생하며 원료의 재생이 불가능하고, 금속 코어를 반드시 사용해야 하는 단점이 있다

폴리우레탄 폼(polyurethane foam)은 일반적으로 두 가지 성분, 즉 폴리올(polyol)을 주성분으로 하는 프리믹스[premix(A액)]와 폴리이소시아네이트(polyisocyanate)를 주성분으로 하는 B액을 일정 비율로 혼합, 포우링(pouring)함으로써 만들어 진다.

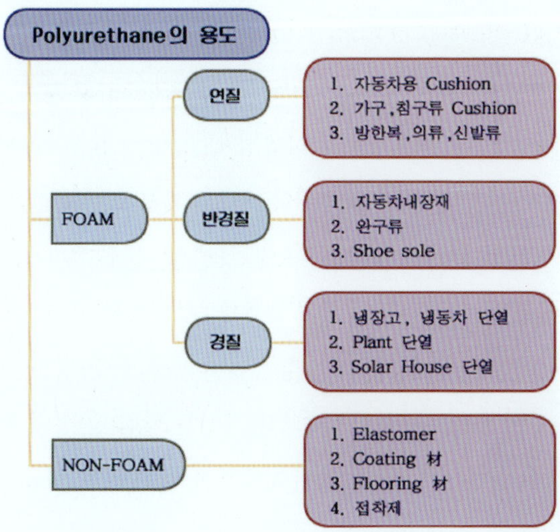

5) 아세탈

아세탈은 Acetal Copolymer로서의 아래와 같은 특성을 가지고 있으며, 슬라이드 기능이 필요한 사무용 의자의 부시(Bush) 부분에 사용되며 장난감의 기어 등과 같은 부품에 사용된다. 입자가 작은 구슬 모양을 하고 있어 유동성이 우수한 반면 충격에 약한 편이며 사출 시 개스가 발생된다. 주로 정밀한 부품에 사용된다.

최고의 내 피로성, 우수한 내 크리프성, 뛰어난 마찰, 마모 특성, 높은 내열성과 우수한 성형성, 탁월한 내 유기약품성, 내알카리성, 장기 치수 안전성, Acetal Homopolymer보다 우수한 열 안정성, 내알카리성, 장기 내구성, 또한 위의 특성 외에도 다음과 같은 독자적인 특성을 겸비하고 있다.

아세탈의 특징

우수한 재생 특성, 양호한 유동성,

쉽게 발현되지 않는 Mold Deposit, 품질의 안전성

6) 나일론

나일론플라스틱[방사(紡絲)하지 않은 나일론]은 엔지니어링 플라스틱으로서 대표적인 것이다. 나일론은 일반적으로 강인하며 내유성(耐油性), 내약품성이 뛰어나 고온에서 저온까지 안정 상태로 사용할 수 있다. 특히 마찰계수가 작고 내마모성이 뛰어나다. 나일론 6의 용도로는 필름으로 강인성, 산소 차단성, 내유성 등의 특징을 살려 유성식품(油性食品)이나 냉동식품의 포장 등에 주로 이용된다. 나일론 6.6의 필름은 내열성이 우수하다. 나일론 섬유는 높은 인장 강도, 낮은 탄성률, 낮은 흡수율, 높은 내마모성, 퍼머넌트 세트가 가능한 장점 등이 갖추어져 있어 편물 직물로서도 널리 이용된다. 인장 강도가 높으므로 매우 얇은 직물 구조, 특히 숙녀

용 스타킹에 독점적으로 쓰이며 양모, 무명, 레이온과 혼방 함 등으로도 광범위하게 이용되고 있다.

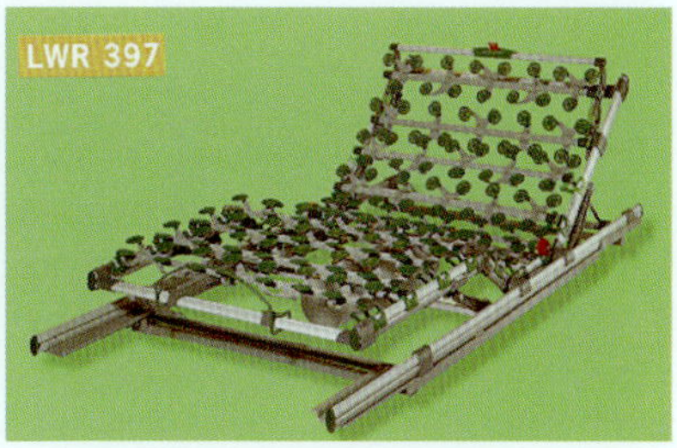

나일론을 이용한 침대 스프링의 적용, 탄성이 뛰어나며 소음이 적다.

7) ABS

아크릴로니트릴(A), 부타디엔(B), 스티렌(S)으로 이루어지는 수지이다. 폴리아크릴로니트릴의 내열성(耐熱性), 강성(剛性), 내유성(耐油性), 내후성(耐候性), 폴리부타디엔의 내충격성, 폴리스티렌의 좋은 광택, 전기 특성, 가공성을 겸비한 우수한 성질을 가지고 있다. 이 3성분의 단순한 혼합물이 아니고, 여러 가지 형식으로 혼성 중합시킨 것이다. 중합 형식에는 블렌드형과 그래프트형이 있는데, 블렌드형은 스티렌과 아크릴로니트릴의 혼성 중합체와 아크릴로니트릴, 부타디엔 혼성 중합체고무(NBR)를 혼합한 것이며, 그 혼성중합체의 조성과 혼합비율에 따라 그 물질을 가지고 있는 성질을 변화시킨다.

그래프트형은 폴리부타디엔의 존재하에서 스티렌과 아크릴로니트릴을 혼성 중합시키면, 이 혼성 중합체의 일부가 폴리부타디엔에 그래프트 중합(줄기가 되는 선모양 고분자 물질에 임의의 고분자 물질의 가지를 붙이는 반응)하기 때문에 내충격성을 띠게 된다. 그 강도를 이용해 헬멧, 각종 기계, 하우징, 자동차부품, 합성 목재 등에 쓴다.

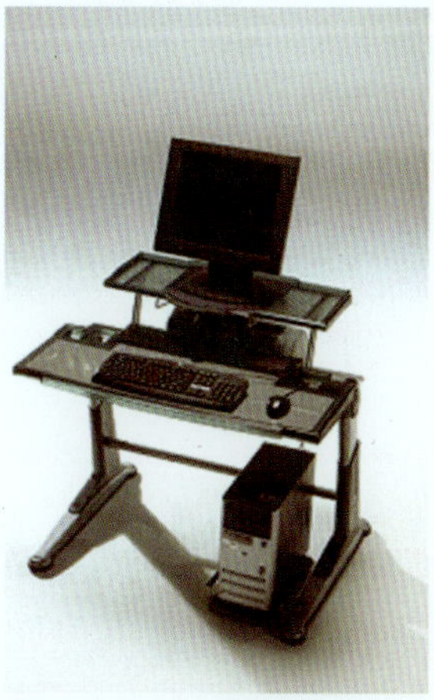

책상의 천판을 ABS로 제작하였다.

2-3. 석재 및 유리

석재는 실내디자인에서 오랜 역사를 볼 수 있는데, 1980년대 멤피스의 영향으로 본격적으로 사용되었다.

가구의 석재는 화강석이나 대리석 등 자연산과 함께 수지를 이용한 코리안과 같은 인조대리석으로 나누며 테이블, 카운터, 욕조 등 다양하게 사용된다. 다양한 무늬와 색채 구사가 가능한 반면 가격이 비싸고 무거운 것이 단점이다.

1) 석재의 분류

(1) 화성암

화강암, 안산암, 현무암이 있으며 마그마의 냉각, 응고에 따라 생기는 조암 광물의 집합체이다. 응고된 위치의 깊이에 따라 심성암, 반심성암, 화산암으로 나뉜다.

(2) 수성암

화성암의 풍화물, 유기물 등이 지중에 퇴적되어 지열과 지압의 영향으로 재응고된 것이다. 사암, 이판암, 응회암, 석회암이 여기 속하며 일명 퇴적암이라고도 한다.

(3) 변성암

화성암, 수성암 등이 자연의 압력, 열 때문에 물리적이나 화학적으로 변질되어 결정 또는 얇은 돌이 된 것이다. 석회질이 변질, 결정화된 것은 대리석이며 감람석이 변질, 결정화된 것을 사문암이라 한다.

bisha brown

emerald green

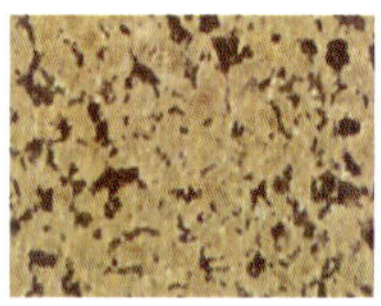

marron guaiba

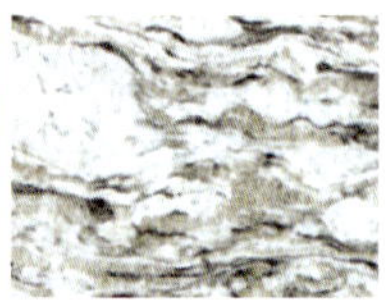

floral white

싱크대의 천판, 최근 들어 작업성이 좋은 코리안으로 시공을 많이 한다.

2) 유리

일상생활에서 가장 쉽게 접할 수 있는 유리는 규사(모래), 탄산 소다, 탄산 석회 등의 혼합물을 고온에서 녹인 후 냉각하면 생기는 투명도가 높은 물질을 말한다.

이러한 원료들은 고온에서 아주 천천히 녹으면서 성질이 변형되고 점성이 높은 액체로 변해간다. 이 액체가 다시 냉각되면 점성이 증가되면서 굳은 고형물이 되는데, 이 고형물은 거의 변할 줄 모르고 노후되지 않으며 맑은 투명성이 유지된다. 고형화된 유리는 아무리 가열하더라도 물처럼 끓지 않고, 증발하지도 않으며, 단지 녹아서 점성이 높은 액체 상태로 된다.

이러한 액체 상태의 유리를 식기 전에 잡아 당기고 휘거나 구부려서 상온까지 서서히 냉각시키면, 유리는 새로운 모양으로 재창조된다. 이런 유리의 성질로 인해 인류는 식사의 도구 및 주거 환경의 윤택성을 얻게 되었고, 수천 가지의 색을 표현하는 유리는 인간의 예술적 표현 욕구를 구현하여 주었다. 유리는 생활뿐만 아니라 과학기술의 발전에 일익을 담당하는 특수 분야, 통신 및 의료 등의 기능성 측면에서 더욱 발전해 가고 있으며, 유리를 만들 수 있는 자원의 풍부성은 천연자원의 대체 재료로서 무한한 가능성을 보여주고 있다.

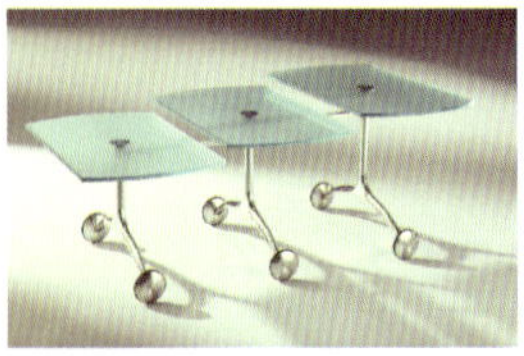

투명한 이미지가 청결한 이미지를 더해 준다.

기존의 둥근 이미지에서 탈피한 욕실용 유리 제품이다.

유리의 특징을 잘 살린 키친 시스템으로 그릇의 수납을 반투명한 이미지와 금속의 차갑고 청결한 분위기를 연출하였다.

2-4. 하드웨어

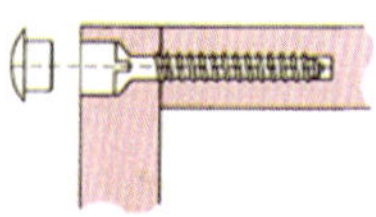

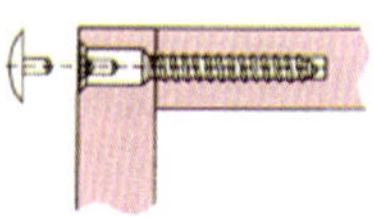

가구의 재료에 있어서 부자재는 일반적인 주자재인 목재, 합판을 제외한 철과 비철금속(철, 청동, 아연, 알루미늄 등) 및 합성수지 등을 화학적, 물리적 방법으로 가구 제작에 편리하도록 변형시킨 제품을 말한다.

현대 가구는 부자재의 개발이 대단히 중요하며 가구가 가구 자체로 끝나는 것이 아니라 부자재를 첨가하여 기능을 부여함으로써 가구다운 가구가 제작되는 것이므로 부자재 개발이 가구 디자인에 있어 하나의 관건이 되고 있다.

가구의 하드웨어는 대부분 부자재로 구분된다. 가구에서 사용되는 하드웨어는 수천 가지가 되는데 자물쇠에서 경첩, 손잡이부터 시작하여 나사못에 이르기까지 가구의 구조물을 연결시키거나 용도에 따라 부착시키는 부품들을 뜻한다. 일반적으로 철물을 생각하지만 근간에는 플라스틱, 고무, 유리, 도자기 등 다양한 형태와 용도로 쓰이고 있다.

1) 볼트류

가구의 패널 이음 기법으로는 장부 이음 구조의 앵커 볼트를 가장 많이 사용한다. 볼트의 구멍을 판재끼리 Boring 작업을 한 다음 'L' 렌치나 드라이버를 이용하여 조립과 결합이 용이하도록 설계하여 사용한다.

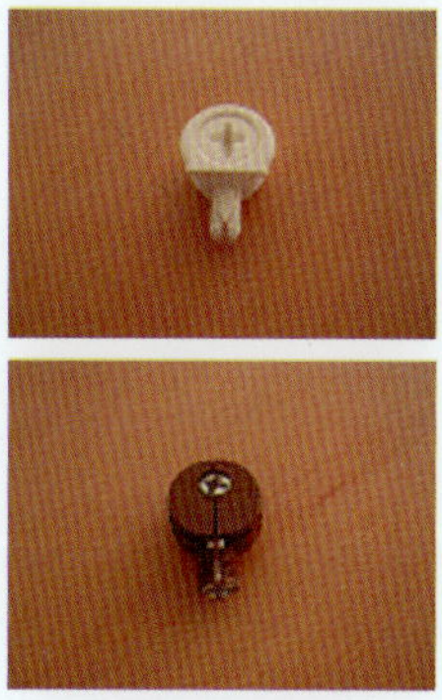

원픽스 - 헤펠레

부엌 가구에 사용되는 나사못을 이용한 결합 방법.

원픽스를 이용한 가구의 구조

목재의 연결 구조

테이블용 수정 고정 철물

2) 경첩류

가구의 측판과 문짝을 연결하여 개폐하는 용도로 사용되는 부자재를 말한다.

1 나비 경첩

나비 형태로 몸체가 하나로 되어 있어 문짝과 측판에 고정시켜 사용한다. 가장 많이 쓰이는 경첩 중 하나이다.

2 숨은 경첩

경첩과 마운팅 플레이트(mounting plate)로 이루어져 있으며 레이온(layon)과 인페트(inset)형이 있다. 상하좌우 조정이 가능하며 마운팅 플레이트가 문짝과 측판의 간격에 따라 높이가 달라지므로 주의해야 한다. 가구의 안쪽에 내장되어 보이지 않고 부착이 간편한 관계로 현대 가구에 널리 쓰이고 있다.

3 유리 경첩

경첩과 스크루컵, 캡으로 이루어져 있으며 숨은 경첩과 기능은 동일하나 유리문짝에만 사용할 수 있다.

4 플랩 경첩

경첩이 몸통 하나로 되어 있어 부착이 간편하나 지지력이 약하므로 소품 가구에만 적용이 가능하다.

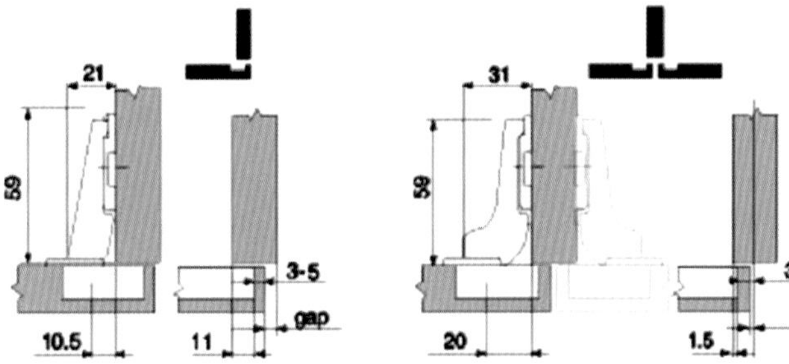

door damping 기능이 있는 hinge

3) Dowel

(1) 조립식 연결 철물

가구의 부재와 부재를 연결시켜 주는 연결 철물로 시스템 가구에 주로 사용되는 부자재이다.

1 미니픽스(Mini fix)

볼트와 케이싱으로 이루어져 있으며 여러 가지 각도로 자유자재로 연결할 수 있는 것이 특징이다. 천판과 지판, 지판과 측판에 부착한다.

2 커넥팅 볼트와 너트(Connecting Bolt & Nut)

볼트와 너트로 되어 패널의 두께에 따라 길이를 조정할 수 있는 장점이 있다. 측판과 측판, 지판과 지판을 연결한다.

3 커넥팅, 케이싱(Connecting, Casing)

케이싱 볼트와 너트로 이루어져 있으며, 볼트는 스틸과 플라스틱 두 종류가 있다. 주로 천판과 측판을 연결 부착한다.

4 셸프 서포트(Shelf Support)

책장이나 장식장의 이동 선반을 지지하는 곳에 사용되는 부자재이다.

5 플라스틱 서포트

플라스틱으로 측판에 부착되어 이동 선반을 지지하는데 사용된다.

6 스틸 서포트

스틸로 되어 선반을 지지해 주는 힘은 강하나 플라스틱보다 외관이 미려하지 않아 많이 사용되지 않는다.

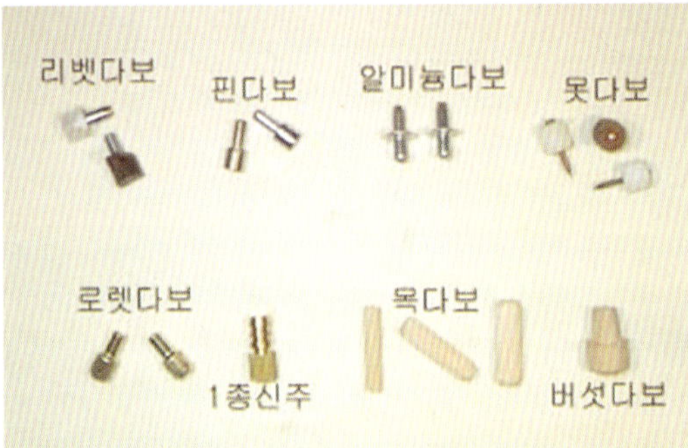

7 Slide Rail

서랍을 구성하는 중요한 요소인 슬라이드는 서랍 여닫이의 기능을 충분히 발휘할 수 있도록 도와준다. 1980년대부터 슬라이드는 기존의 플라스틱 압출 가공품에서 볼 베어링을 이용한 철재 슬라이드가 많이 등장하였으며, 서랍의 길이보다 더 많이 인출되는 기능까지 부여하게 되었다.

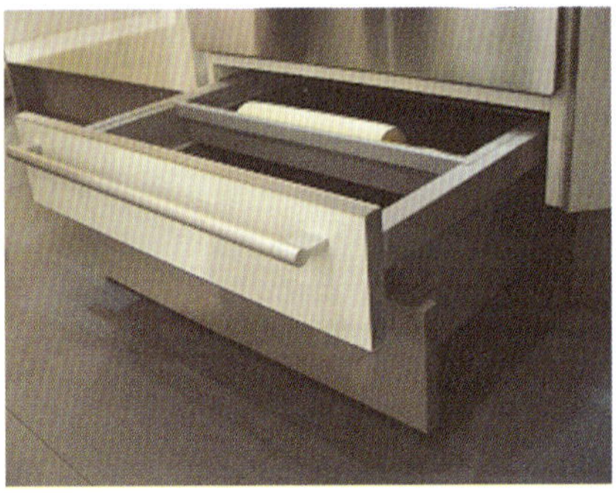

8 Edge

책상의 천판과 같은 패널의 테두리를 마감하는 재료로써 핫 멜트(Hot melt)라는 순간 점도가 강한 접착재를 활용하여 가공한다. 테두리 재료로는 PP, PVC와 같은 압출 가공이 편리한 재질이 사용되며 테두리의 표면에 목재 무늬를 전사하거나 엠보싱(Embossing) 가공을 하여 자연재와 유사한 표현을 하기도 한다.

투명 edge의 제작 샘플.

9 손잡이

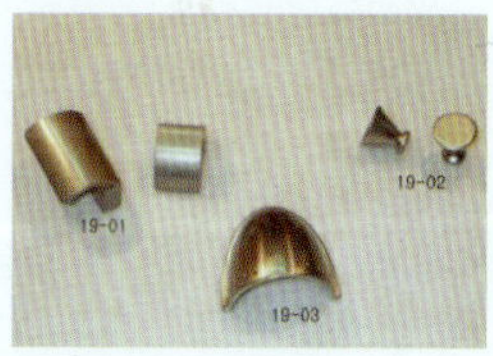

손잡이는 문이나 서랍을 열고 닫을 때 사용되며 가구 디자인의 마감 부분의 포인트 역할을 한다.

문을 여닫을 때 손과 접촉되는 부분인 만큼 촉감에 대한 세심한 배려가 필요하며 적절한 손잡이의 선택이 디자인의 키포인트가 되기도 한다. 과거에는 손잡이에 의해서 디자인이 결정된 사례도 있었다.

다리

⑩ 셔터장

2-5. 섬유

섬유는 면, 견, 모와 같은 천연 섬유보다는 대량 생산성이 우수하고 내구성이 좋으며 경제적인 화학 섬유를 주로 사용한다. 소파의 경우 섬유의 색상과 패턴에 따라 매우 다양한 분위기를 연출하며, 제품의 디자인과 형상에 따라 섬유의 패턴과 색상을 함께 고려하여 디자인한다. 사무용 가구의 파티션과 의자의 경우에도 색상에 따른 분위기 연출뿐 아니라 흡음성, 화재에 대응하는 방염성까지 고려하여 디자인에 적용해야 한다.

색상과 패턴을 고려한 소파 디자인

(1) 천연 섬유(Natural Fiber)

① 식물성 섬유 : 면(Cotton), 마, 아마, 삼베, 모시, 황마

② 동물성 섬유 : 양모(Wool), 모헤어, 앙고라, 견

③ 광물성 섬유 : 초자 섬유(유리), 암석 섬유(금, 은, 구리 석면 등)

(2) 인조 섬유(Man made Fiber)

① 재생 인조 섬유 : 비스코스 레이온, 구리암모늄 레이온

② 반합성 섬유 : 아세테이트

③ 합성 섬유 :

- 아미드계(Amide) : 나일론(Nylon), 아밀론(Amilan)
- 아크릴계(Acryl) : 캐시미론, 보넬(Vonnel), 엑스란
- 에스테르계(Ester) : 테릴렌, 테트론, 테크론, 트릴론
- 비닐아놀계(P.V.A) : 큐라론
- 염화비닐계(P.V.C) : 비니온, 미큐론

(3) 평직(Plain Weave)

① 경(WP), 위사(WF)가 1본씩 상하로 교차하여 제직된 것으로 가장 간단하며 튼튼하다.

② 경, 위사의 굴곡 도수가 가장 많고 표리가 동일하다.

③ 밀도를 많이할 수 없으며, 실 사이의 간격이 크다.

④ 포지 바닥은 얇으나 빳빳하며 주름이 잡히기 쉽다.

⑤ 마찰이 강하여 제직이 쉽고 응용이 쉽다.

⑥ 제품 : 트로피칼(Tropical), 포랄(Poral), 휘라미(Filamie), 포플린(Popline)

(4) 능직(Twill Weave)

① 경, 위사 3본 이상으로 1완전 조직이 형성되며, 능선(Twill Line)이 있다.

② 굴곡은 조직에 따라 여러 가지로 변하며, 표리도 여러 가지 있다.

③ 평직에 비해 밀도가 크고 촘촘하다.

④ 조밀하고 두꺼우나 부드러워서 구김이 덜 생긴다.

⑤ 평직에 비해 마찰에는 약하나 광택이 많다.

⑥ 제품 : 카바디인(Gaberdine), 삭스킨(sharkskin), 서어지(Serge)

(5) 주자직(Satin Weave), 수자직

① 경, 위사 5본 이상으로 1환조직이 형성되며, 겉면은 경, 위사 중 한쪽의 실로 짜인 것 같다.

② 굴곡은 가장 적으며, 표면은 매끄럽고(Soft) 보드랍다.

③ 실은 조밀하게 평행되어 있으며, 실 사이의 틈이 거의 없다.

④ 포지 바닥은 두터우며 가장 부드럽다.

⑤ 마찰에는 가장 약하나 광택이 풍부하다.

⑥ 제품 : 캐시미어(Cashmere), 도우스킨(Doskin), 베네시안(Venetian), 바라샤(Barathea)

(6) 환편직

일명 다이마루 편직이라고도 하며, 여러 가지 조직을 재직하는 장점이 있다.

Mesh fabric으로 제작된 의자

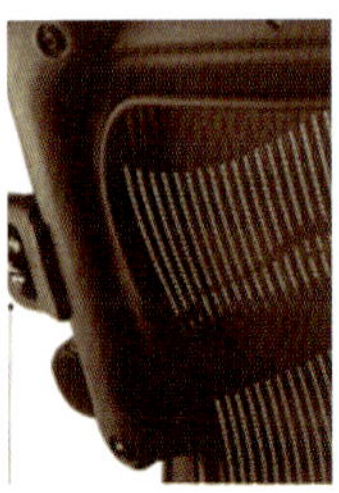

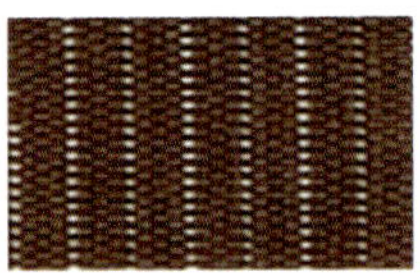

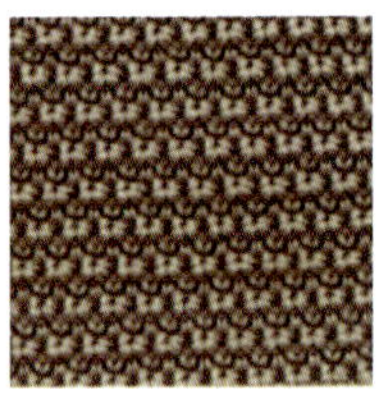

Chapter 5
가구개발과 프로세스

1. 가구 디자인 개발

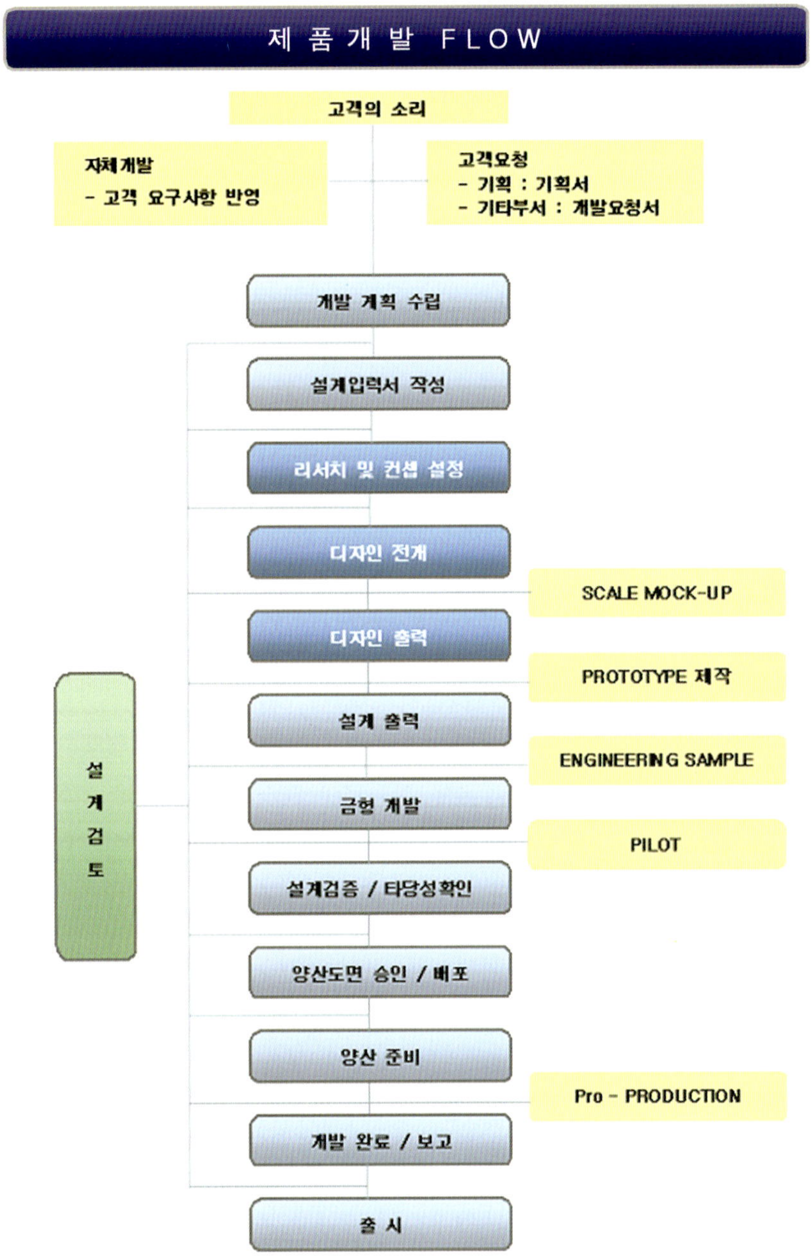
제 품 개 발 FLOW
고객의 소리
자체개발
- 고객 요구사항 반영
고객요청
- 기획 : 기획서
- 기타부서 : 개발요청서
개발 계획 수립
설계입력서 작성
리서치 및 컨셉 설정
디자인 전개
디자인 출력
설계 출력
금형 개발
설계검증 / 타당성확인
양산도면 승인 / 배포
양산 준비
개발 완료 / 보고
출 시
설계검토
SCALE MOCK-UP
PROTOTYPE 제작
ENGINEERING SAMPLE
PILOT
Pro - PRODUCTION

1) 제품개발 시스템

전체 개발 단계를 보면 고객의 개발 요청으로부터 개발 계획을 수립하고 설계 입력 및 디자인 활동, 설계 출력, 설계 검토, 설계 검증, 설계 유효성 확인을 거쳐 양산 도면 배포, 개발을 완료하게 된다. 제품 개발의 각 단계를 간략하게 알아본다.

2) 개발 계획 수립

- 개발 단계 설정
- 적용 단계별 업무 내용, 개발 일정 및 담당 결정
- 팀별 업무 협조 사항 및 책임 사항 결정
- 설계가 진행됨에 따라 갱신, 관리

다른 업무와 마찬가지로 설계 및 개발 업무의 시작도 계획 수립이다. 단순한 일정 계획이 아니며, 제품 개발의 정도를 파악하여 개발 단계를 정하고 그 적용 단계별 업무 내용, 개발 일정, 관련 팀 및 담당, 업무 협조 사항, 그리고 반드시 책임 사항 등을 결정하여야 한다. 또한 많은 팀이 연계되고 예상 못한 일이 발생하여 계획대로 진행되지 않을 수 있으므로 계획서를 설계가 진행됨에 따라 갱신, 관리되어야 한다.

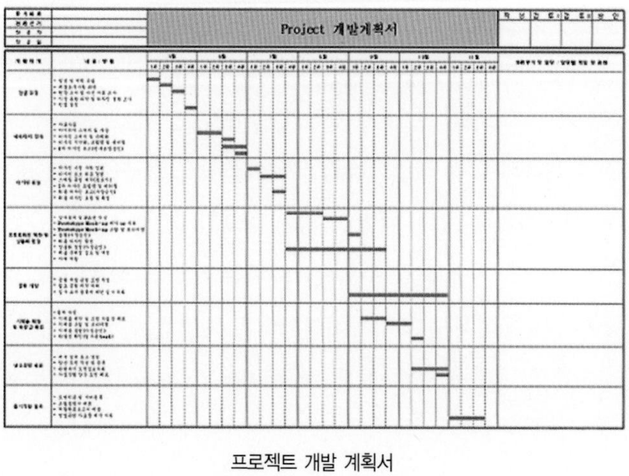

프로젝트 개발 계획서

3) 설계 입력서 작성

· 내부 고객 요구 사항(회사 절차, 경험 자료, 경험자)
· 외부 고객 요구 사항(산업 규격, 법령, 계약서)
· 불완전하거나 모순된 요구 사항 해결

회사의 기술 수준은 설계 입력 자료에 달렸다 해도 과언이 아니다. 설계 입력이란 그 제품에 관련된 요구 사항, 즉 최종 설계의 기초가 되는 기준, 변수, 근거 또는 기타 설계 기준으로서 (고객)계약 요구 사항, 산업 규격, 국가 규격, 법령 등과 같은 외부 요구 사항과 회사 절차, 회사 표준, 경험 자료, 연구 개발 결과 등의 내부 요구 사항을 파악하고 적정성을 검토하는 것이다. 설계 입력의 기본은 고객 요구 사항이며, 불완전하거나 모순된 요구 사항은 이를 요구한 책임있는 자와 반드시 해결하여야 한다.

4) 리서치 및 컨셉 설정

· 일반 정보 수집
· 시장 조사(해외, 국내 경쟁사 제품 및 자사 제품에 대한 조사)
· 자료 분석 및 결과 도출
· 디자인 방향 및 컨셉 설정

모든 제품은 아주 오랜 시간 동안 초보적인 형태에서 기능과 성능의 향상이 이루어져 왔다. 그런 제품의 발전 과정에 대한 이해와 시장 흐름에 대한 리서치 과정은 새로운 제품을 개선시킬 수 있는 바탕이 되는 중요한 단계이다.

자료의 수집은 제품의 개발과 발전 역사, 자체적인 영업 정보, 대리점 판매 현황 등과 같은 일반적인 것에서부터 시작하여, 제품 개발 방향에 직접적으로 영향을 미칠 수 있는 국내외 경쟁사 제품 조사, 제품 사용자 조사 등으로 범위를 좁혀 정리해 간다.

사용자 행동 분석

디자인 개발 방향, 컨셉 회의

수집된 자료들을 이용하여 효율적인 형태로 정보를 가공, 자료를 분석하고 결과를 도출한다. 결과 분석은 판매 대상 설정, 향후 디자인 개발 방향을 설정하기 위한 과정으로 제품 개발 기간, 투자 비용, 생산 설비, 영업 능력, 시장 상황 등을 총체적으로 고려하여 결론을 도출하고, 정확한 디자인 개발 방향과 컨셉을 정하는 밑바탕이 된다.

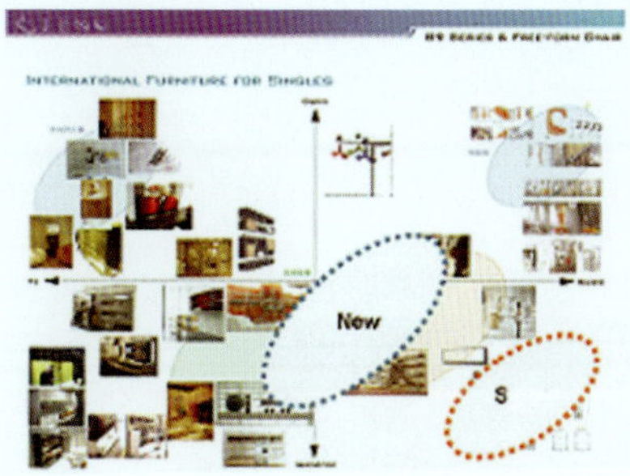

이미지 맵 분석

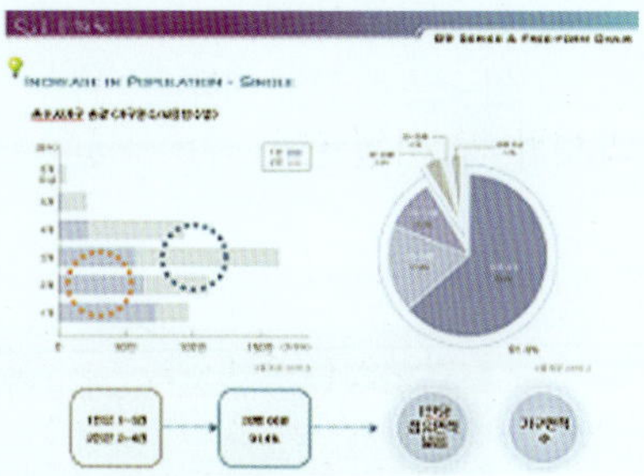

소비자 조사 및 분석

5) 디자인 전개

- 아이디어 발상 및 전개
- 아이디어 스케치 및 구체화 과정
- Scale Mock-Up 제작, 디자인 요소 검증
- 아이디어 품평 및 디자인 안 수정

다양한 자료 조사를 바탕으로 초기 스케치 단계에서는 생산성이나 양산성보다는 새롭고 기발한 아이디어들을 표현하고 정리하는 스케치를 한다. 이러한 스케치들은 회의를 통하여 디자인 컨셉에 부합하는 방향으로 점차적으로 정리해 간다.

디자인 스케치에 대한 자체 평가와 품평을 통해서 각 부서의 의견을 수렴하며 아이디어를 구체화한다. 이 과정에서 디자인 검증을 위한 Scale Mock-Up을 제작 사용성과 조형성 등을 사용자 입장에서 테스트해 볼 수도 있다.

수 차례의 회의와 품평을 통해 얻어진 결과와 자료 조사를 토대로 한 데이터, 디자인 컨셉, 생산성과 양산성 및 기타 영업적인 환경 등을 고려하여 디자인을 반복적으로 수정한다.

6) 디자인 출력

- 디자인 시뮬레이션
- 디자인 결과물 도출
- 디자인 프로토 타입 제작
- 최종 디자인 품평 및 개발 안 확정

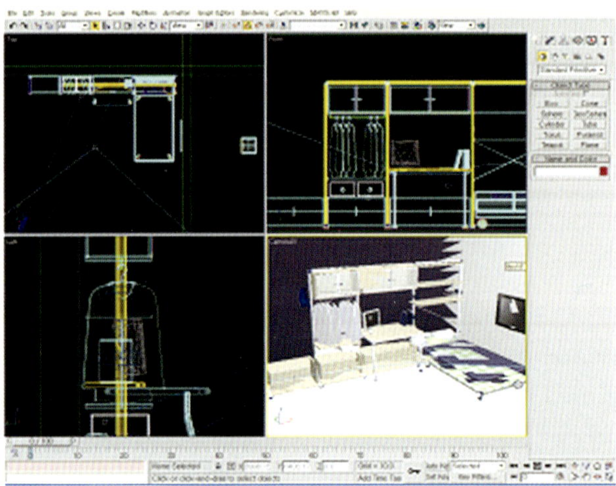

디자인 시뮬레이션 - 3차원 모델링

도출된 디자인 안을 바탕으로 3차원 모델링을 제작하여 최종 디자인 안에 대한 가상 검증을 한다. 디자인 시뮬레이션 과정은 실제로 제품을 제작하여 검증할 수 있는 형태, 색상, 질감, 소재 등에 대한 검증과 사용성 및 기타 적합성 여부를 확인시켜 줌으로써 시간과 비용을 절약할 수 있다.

최종 디자인 품평을 위해 디자인 프로토 타입을 제작한다. 프로토 타입 제작을 위해 제품에 대한 일차적인 도면화 작업이 이루어지며, 이 도면은 각 단계별 작업자와의 커뮤니케이션을 원활하게 한다.

최종 디자인 안과 프로토 타입을 통해서 제품의 상품성을 검증하게 되며, 이 과정에는 디자이너와 최종 의사 결정자뿐만 아니라 기획, 영업, 생산 등을 망라하는 종합적인 평가를 통해 디자인에 대한 평가가 이루어진다.

최종 디자인 품평 및 개발안 확정
Fursys 분리형 기숙사 가구

7) 설계 출력

- 도면, 지시서, 시방서, 보고서
- 제품의 제작 시행, 시험, 폐기 시 따라야 할 요구 사항 기술
- 설계 입력 요구 사항 충족
- 설계 출력 문서는 배포 전 확인 검토
- Engineering Sample 제작

설계 출력이란 설계의 결과로서 도면, 지시서, 시방서, 보고서 등의 형태로 나타내는 것이며 그 제품의 제작, 시험, 폐기 시에 따라야 할 어떤 요구 사항을 기술한 것이다.

이들 문서가 설계 품질의 보증을 위해서 대단히 중요하다. 생산을 위해 그리는 제작, 양산 도면은 제품 품질에 직접 연관이 되므로 작성하는 설계자는 어떻게 올바른 정보를 만들고, 그것을 필요한 만큼 필요한 곳에 정확히 전달할 것인가에 대한 관심을 가져야 한다.

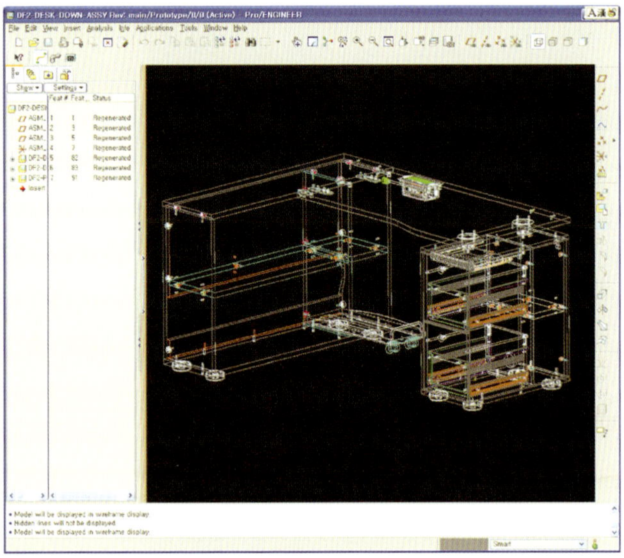

3차원 CAD를 이용한 가구 모델링 작업

많은 설계 문서에서 불명확한 공차, 불명확한 그림, 애매모호한 표현, 오자 및 탈자, 설명 미비 등을 쉽게 볼 수 있고, 이러한 요소에 의해 납기 지연, 제품 하자, 부서 간 불신, 나아가 고객에게 심각한 결과를 가져오는 경우가 많다.

고객 요구 사항을 포함한 설계 입력 요구 사항을 충족시키지 못하는 설계란 불량 설계이거나 불완전 설계로서, 설계 입력을 제대로 관리하지 못함으로서 발생되는 경우가 대부분이므로 담당자, 최종 결제자는 반드시 설계 출력 문서를 확인 · 검토해야 한다.

8) 설계 검토

· 각 단계별 검토 - 가능하면 많은 검토 필요
· 팀내 설계 검토, 관련 부서 설계 검토, 전문가 집단 설계 검토

기획서, 개발 요청서를 접수한 때부터 계획 수립, 설계 입력, 설계 출력, 설계 검증, 타당성 확인, 양산에 이르기까지 각 단계별 검토가 이루어져야 한다. 필요 시 다른 전문 팀뿐만 아니라 모든 기능의 대표자를 포함하여 검토 의뢰하는 것이 좋다. 설계 검토 방법은 팀내 설계 검토, 관련 부서의 설계 검토, 전문가 또는 전문가 집단에 의한 설계 검토가 있다. 연계 업무가 많은 경우 관련 부서 검토에 의한 방법이 효과적이며, 가장 확실한 설계 검토 방법은 설계 수행자와 동등 또는 그 이상의 능력을 소지한 독립적 전문가에 의한 방법이다.

9) 금형 개발

· 금형 설계
· 업체 선정, 금형 제작

금형 개발은 많은 시간과 비용이 필요하며, 설계적인 노하우가 필요한 작업이다.

설계자는 디자인의 의도와 방향, 기능적인 성능을 최대한 살리기 위해 많은 설계적인 검토를 토대로 제품을 현실화시킨다.

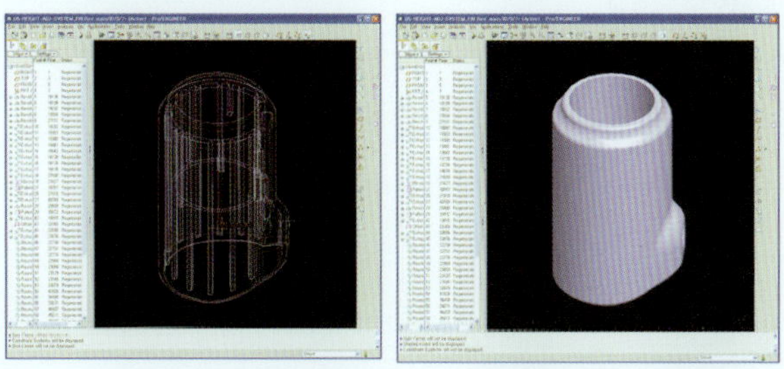

M-CAD를 이용한 사출물 모델링

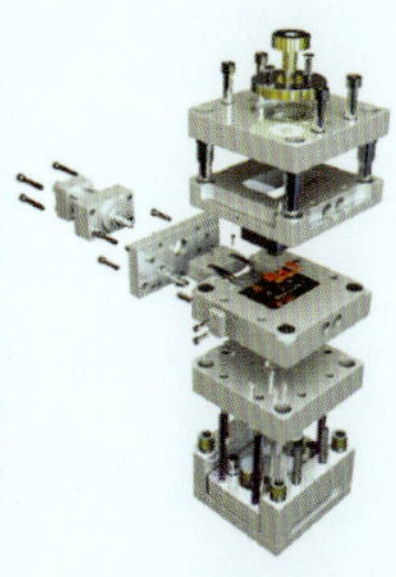

금형 구조도

10) 설계 검증 / 타당성 확인

- 설계 단계별 출력이 고객 요구 사항을 충족시킨다는 것을 보장
- 대체 계산, 입증된 유사 설계, 시험과 실증
- 관련 법규 및 규제 준수
- 설계 시스템의 마지막 단계로 반드시 타당성 확인을 실시
- 최종 제품에 대해 고객 요구 사항 적합 보장

설계 검증 - 구조 해석

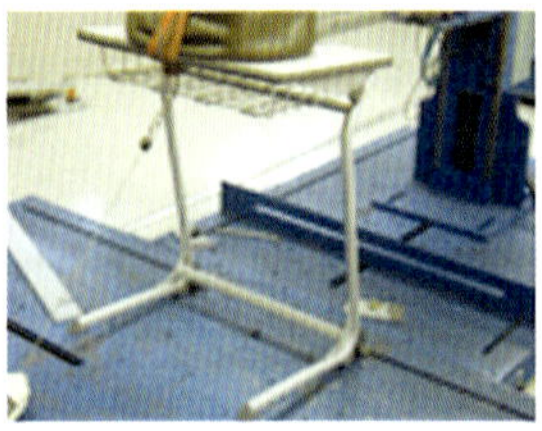

설계 검증 방법 중 가장 신뢰성 있는 시험과 실증

설계 단계별 출력이 고객 요구 사항을 충족시킨다는 것을 보장하기 위해 설계 검증을 수행하여야 한다. 검증의 가장 이상적인 단계는 제작, 구매, 연계 설계, 금형 개발과 같이 관련 업무의 시작 전에 해야 하며, 잘못될 경우 많은 경제적 손실이 발생할 수 있다.

설계 검증의 방법으로는 유사 설계, 시험과 실증, 대체 계산, 구조 해석 등의 방법이 사용되고 있으며 관련 법규 및 규제를 준수해야 한다. 설계 SYSTEM의 마지막 단계로 제품이 정해진 사용자의 요구 또는 요구 사항에 적합하다는 것을 보장하기 위해 설계 타당성에 대한 확인이 실시되어야 한다. 생산관리, 구매, 물류, 시공 및 사용에 이르기까지 실제 생산 시스템 조건하에서 실시하고 이에 대한 문제점을 도출하여 양산 전에 해결되어야 한다.

11) 양산 도면 승인 / 배포

- 양산 도면 작성 및 출력
- 도면 승인 및 관련 사업장 배포

제품 설계 및 금형 설계가 완료되고 타당성 확인이 완료된 후, 제품 생산을 위한 양산 도면을 작성하여 승인을 득하여, 관련 사업장에 배포한다.

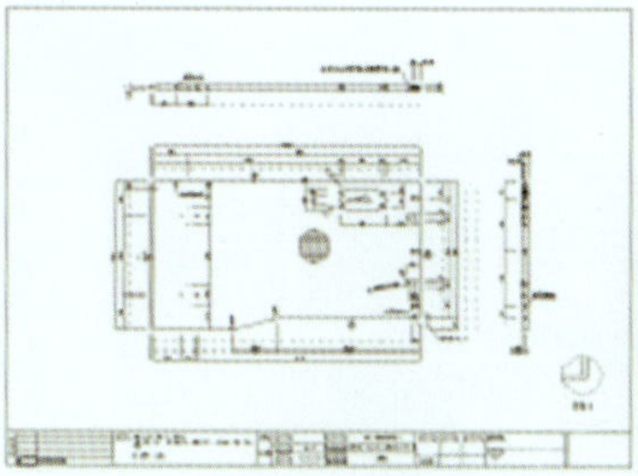
양산 도면 작성

시제품 제작 품평

12) 양산 준비

· 생산 관련 부서 양산 도면 검토
· 생산 관련 부서 양산 도면 사업장 배포
· 구매 관련 부서

생산 관련 부서는 양산 도면을 검토하고 관련 사업장에 배포한다.

양산 준비

전시회 출품

13) 개발 완료와 보고

· 조립 설명서 작성 및 배포
· 개발 완료 보고서 작성
· 촬영, 홍보, 전시회 등 출시 관련 업무 지원

조립 설명서를 작성하고 관련 팀에 배포한다.

촬영, 홍보, 전시회 등 출시 관련 업무를 지원한다.

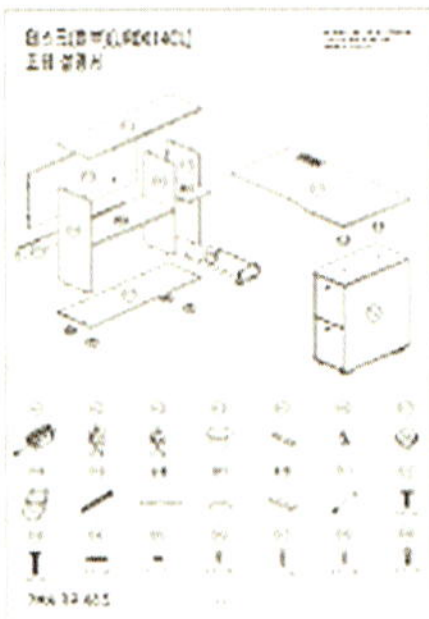

조립 설명서 작성

촬영 및 시공 검토

14) 출시

· 제품 출시
· 사용자 평가, 판매 동향 파악
· 지속적인 제품 결함 수정

제품이 출시된 이후에도 사용성 확인을 통한 지속적인 제품 결함을 수정하고 대리점 영업 사항 확인을 통한 매출 현황 파악이나, 사용자 설문 등을 통해 소비자의 요구를 지속적으로 제품에 반영하는 노력이 필요하다.

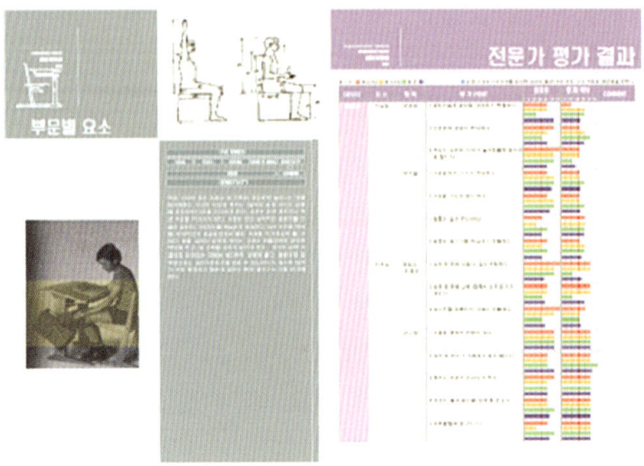

사용자 평가, 제품 보완 System

2. 가구 제작 프로세스

2-1. 목재 가구의 제작

목재 가구의 제작 과정은 원목의 제재, 합판의 제작, 플러시 보드 제작, 무늬목 접합, 재단, 패널 접착, 테두리 접착, 보링, 도장, 포장의 순서로 진행된다.

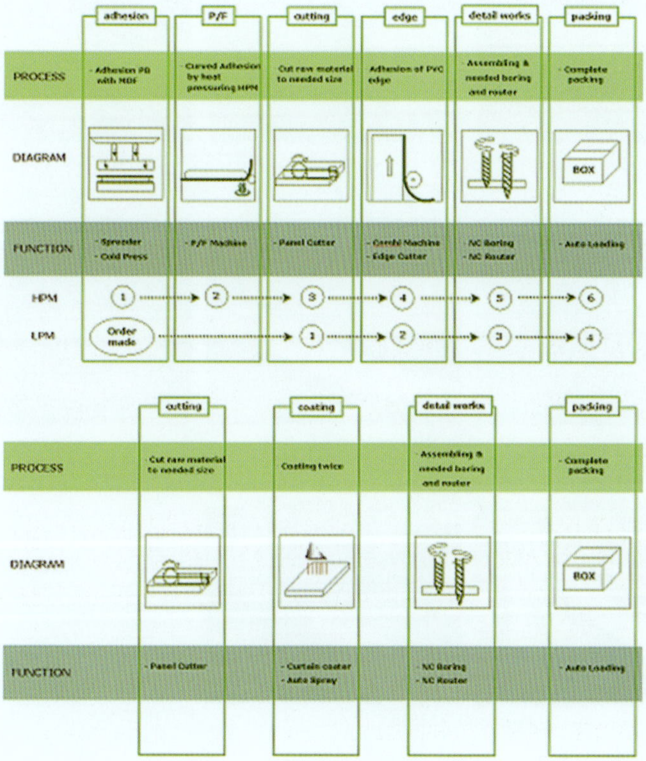

1) 원목의 제재

원목은 가구를 만드는 기본 재료로써 한국에서는 주로 인도네시아 및 파푸아뉴기니 섬에서 열대성 원목인 세파티아(Sepatia)나 타운(Taun)목을 골재로 주로 사용한다.

타운(Taun)목은 열대 우림기후에서 서식하기 때문에 비중이 높고 단단하여 물에 가라 앉을 정도로 견고하여 가구의 플러시 패널(flush panel)의 골재로 사용된다.

원목을 제재소에서 적당한 두께로 재단한다. 플러시 패널의 경우 35mm의 원목을 사용하므로 40~50mm 정도로 재단하고 건조 과정으로 진행된다.

밀림에서 원목을 절단한다.

체인 소우(chain saw)로 자른다.

야적장에서 건조한다.

제재소에서 원목을 재단한다.

패널(panel)을 분류한다.

2) 원목의 건조

원목의 건조는 자연 건조와 인공 건조가 있다. 원목이 한국에 도착하면 함수율이 70%가 넘어서 그대로 사용하면 골재가 휘어지거나 변형이 심하게 된다.

이를 방지하고자 제재 후에 1주일간 노천에 방치하여 자연 건조를 시키고 1주일 정도 온 다습, 저온 저습한 건조로에서 건조하여 함수율이 13% 이내가 되도록 건조한다. 자연 건조할 경우에는 10년 이상 걸리므로 대량 생산을 위하여 인공 건조를 한다. 이런 과정을 거치면 목재의 변형이 거의 없다.

(1) 자연 건조의 특징

① 특별한 건조 장치가 필요 없기 때문에 시설과 작업 비용이 적게 든다.
② 열에너지가 절약된다.
③ 작업이 비교적 간단하고 특수한 건조 기술이 덜 요구된다.
④ 인공 건조의 예비 조건으로서 효과가 크다.
⑤ 자연 건조는 건조 시간이 길다.
⑥ 기건 함수율 이하로 건조할 수 없다.
⑦ 기후와 입지 등 자연 조건의 영향을 많이 받는다
⑧ 넓은 장소가 필요하다.

(2) 자연 건조장의 조건

① 재목을 쌓을 수 있는 충분한 부지가 있는 장소
② 통풍이 잘되고 햇볕이 잘 드는 장소
③ 배수가 잘되는 곳
④ 평지나 완만한 경사지

(3) 인공 건조

목재의 인공 건조는 건조한 실내에서 온도와 습도의 조절에 의하여 건조시키는 방법으로 단시간 내에 사용 목적에 따라 함수율까지 건조할 수 있는 등의 장점이 있으나 시설 비용이 많이 든다. 1~3개월간 자연 건조시킨 목재를 인공 건조하는 것이 바람직하며, 목재를 잘 쌓아 균질하게 건조가 되고 건조가 끝난 후 서서히 온도가 내려가도록 유의하는 것이 좋다.

인공 건조 방법에는 증기법, 열기법, 훈연법, 진공법, 고주파건조법 등이 있는데 증기법이 많이 쓰인다.

(4) 건조의 목적

① 목재 수축에의 손상 방지

② 목재 강도의 증가

③ 못, 나사의 지보력을 증가

④ 접착력 증가

⑤ 도장성의 개선

⑥ 전기 절연성의 증가

⑦ 열절연성의 개선

⑧ 약제 주입의 용이

⑨ 충해 방지

3) 플러시 패널의 제작

(1) 하니콤(Honey comb)의 제작

하니콤(honey comb)은 이름과 같이 육각의 벌집 모양과 흡사하여 붙여진 이름이다. 그에 따른 구조는 육각 공중 기둥의 유한 연속 구조체로서 셀과 코어로 구성되어 하니콤을 이용한 샌드위치 보드로 그 형상을 이루어 기존 패널의 몇십 배 이상의 강력한 구조와 10배 가까운 굽힘 강도를 갖는 제품이다. 규격 판지를 접착제로 접착, 성형하여 6가주 또는 벌집 모양으로 구성된 구조체이다. 하니콤 코아의 사용으로 제품의 품질 향상은 물론 원가 절감 효과도 기대할 수 있다. 표면재로는 철판, 합판, 알루미늄판, 수지판, 석고보드 등을 사용할 수 있으며, 그 용도에 따라 가구는 물론 각종 건축 자재(방화문, 후레쉬 도어, 경량 패널)로도 각광을 받고 있다.

honey comb 의 장점은 다음과 같다.

① 가구의 문짝 내장재로 사용하시면 원목 통판과 같은 균일한 면을 유지할 수 있다.

② 면 전체가 균일한 크기의 소형 밀실로 구성되어 있으므로 사방 어느 부분도 균일한 압축 강도를 얻을 수 있다.

③ 또한 수 많은 소형 밀폐 밀실로 구성되어 소리의 전도를 차단하므로 가볍게 두드릴 때 통판음과 같은 효과를 얻을 수 있다.

④ 육각형의 소형 밀실이 그대로 육각형 기둥 역할을 하므로 표면재의 휨 현상이나 뒤틀림 현상을 예방할 수 있다.

⑤ 하니콤을 쓰기 전보다 얇은 합판을 사용해도 압축 강도가 보장되므로 훨씬 경제적인 원가 절감 효과를 얻을 수 있다.

종이에 접착제를 글루스프레디(glue spreader)에 도포한다.

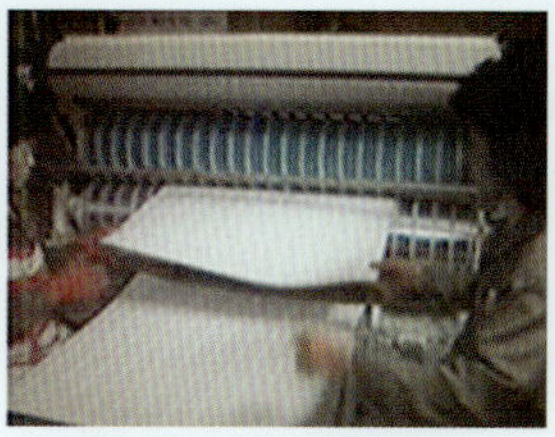
접착제가 묻은 종이를 쌓고 프레스한다.

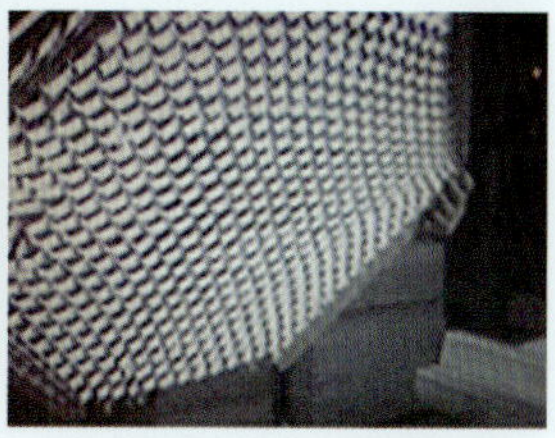
Honey comb의 완성

4) 합판의 제작

포개는 박판(薄板)의 장수가 3, 5, 7장 등으로 표판과 이판의 섬유 방향이 같아지게 홀수를 사용한다.

한 장의 박판을 단판(單板 : veneer)이라 하는데 합판은 이 베니어의 집합이므로 일반적으로 합판을 베니어판이라고 부르는 것은 잘못이다. 표면에 위치하는 단판을 표판이라 하여 치상을 겸하기 때문에 치장판이라고 하고, 뒷면의 단판을 이판(裏板), 중간 것을 심판(心板)이라 한다. 5장 합판은 심판 양쪽에 덧심을 붙이는데,

표리판(表裏板), 덧심판의 재질, 두께, 섬유 방향은 합판의 뒤틀림을 방지하기 위하여 원칙적으로 각각 같게 한다. 합판의 제조법은 단판을 만드는 일부터 시작한다.

원목의 중심을 축으로 하여 회전하는데 따라 종이 두루마리를 펴듯이 칼로 원목을 오려내는 로터리법(rotary 法)과, 상하로 운동하는 칼로 얇게 오려내는 것으로 최대 너비는 원목의 지름까지가 최대이나 아름다운 나뭇결을 생산하는 장점이 있는 슬라이서법(slicer 法)이 있다.

재료로는 남양재(南洋材), 특히 나왕이 가장 많이 사용되고 있으며, 치장 합판을 제작하기 위해서는 국산재인 자작나무 · 밤나무 · 참나무 · 느티나무 등 활엽수가 쓰이는데, 두께 0.2 mm 정도의 단판용에 많이 쓰인다. 겹쳐진 단판은 접착제의 종류에 따라 상온 가압 또는 열압(熱壓)하여 만든다. 기계로 15~20장의 합판을 동시에 열합하여 수시간이 경과하면 꺼내어 크림프로 24시간 눌러둔다. 압력은 보통 10~18 kg/㎠이고 온도는 160℃ 정도이다.

접착제는 카세인, 비스코스, 글루타민 등을 사용하고, 내수성 합판에는 열경화성의 요소 수지나 석탄 수지를 써서 열압한다. 합판의 품질은 접착제의 양부에 따라 결정된다.

합판에는 표면 가공이 없는 보통 합판과 합판 표면에 오버레이(overlay), 프린트(print), 도장(painting) 등의 가공된 특수 합판이 있으며, 접착 강도의 분류로는 1류, 2류, 3류 합판으로 구분한다. 용도별로는 내수 합판, 방화 합판, 방충 합판, 방부 합판이 있으며 내구성, 마모성에 따라 카운터용, 벽면용, 특수 벽면용이 있다. 이 밖에 합판의 종류는 심판에 특수한 재료를 사용한 럼버코어 합판, 허니코어 합판, 파이버보드코어 합판이 있다. 이것들은 두께가 두껍고 무게가 가벼워 가구, 벽, 문 등에 사용한다.

합판의 특성은 목재의 완전 이용이 가능하고, 작은 목재로 너비가 넓은 판을 손쉽게 대량으로 생산할 수 있을 뿐 아니라 목재의 결점인 흠이나 갈라짐, 옹이 등이 제거되고, 재료의 방향성이 보완되어 금이나 구부러짐에 대해 강도가 증가되고,

표면의 마무리도 용도에 따라 자유로운 선택이 가능한 점 등이다.

제조법

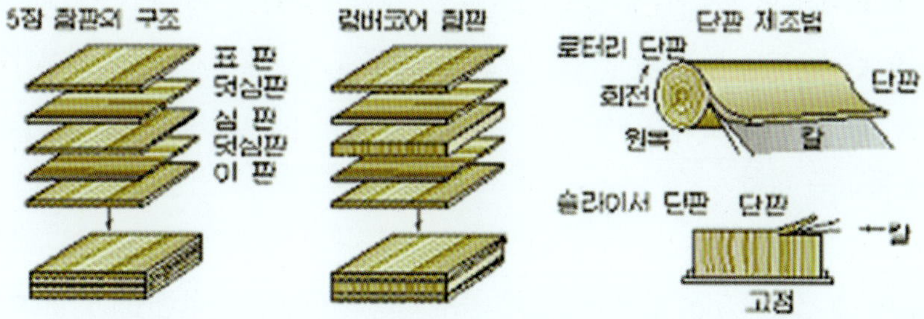

합판의 제작 과정

원목을 이동한다.

중심을 잡는다.

회전 선반에 물린다.

2mm 두께로 깎아 준다.

회전 가공으로 무늬목을 만든다.

로울러에 무늬목을 감는다.

규격대로 절단한다.

테두리를 종이 테이프로 마감한다.

드라이어에 건조한다.

접착제를 도포하고 프레스(Press)한다.

5) 패널의 제작

패널은 제재한 원목을 35mm로 재단하고 이를 에어타카(air tacker)로 고정시킨 후 프레임 내부에 하니콤을 삽입하고 상, 하단에 합판과 무늬목을 접합시켜 열압 프레스(hot press)에서 접합을 한다. 양 측면을 재단하고 마감하여 완성한다.

6) 무늬목 접합

무늬목을 접합시킨다. 무늬목 접합은 좌우 대칭의 무늬 결을 살린 book match와 여러 무늬를 혼합시킨 mix match 기법을 사용한다.

7) 원판 재단

러닝 소우(Running saw)라는 톱을 이용하여 4자×8자(2,440×1,220mm)의 원판을 재단한다.

원판은 2~5겹의 p.b, mdf, 합판 등을 여러 겹 겹쳐 한꺼번에 재단한다.

8) 테두리 가공(Edge trimming)

테두리를 정확한 치수로 재단한다. Tenonor란 기계를 사용하며 edge bender를 사용하여 테두리 무늬목 접착을 하여 마감한다.

9) 보링

미니픽스 등 각종 조립용 철물이 체결될 수 있도록 패널에 구멍을 뚫는 과정이다. 32mm 간격으로 구멍을 뚫을 수 있어 설계할 때 보링 간격을 고려하여야 한다.

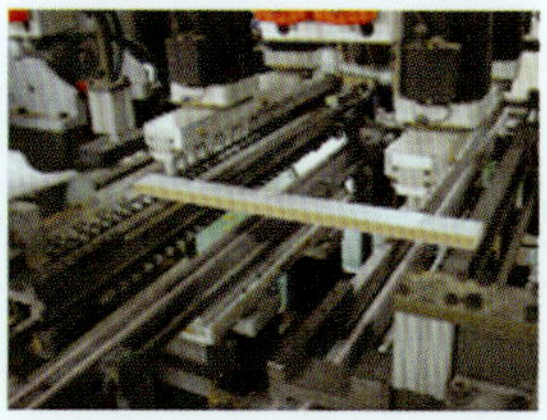

10) 도장

(1) 도장의 목적

도장은 처음부터 마감까지의 모든 공정을 말하며, 이 공정의 좋고 나쁨에 따라 제품의 가치가 좌우되는 것이다. 목공 도장의 주된 목적은 목재 제품의 미화(美化)와 보호에 있으며 대기중의 수분, 산소 등에 따라 목재의 노화(老化) 및 부식을 방지하고 원하는 색채, 모양, 광택, 평활성, 입체감, 촉감성을 부여하는 데 있다.

(2) 도장의 특징

목재 도장이 금속 도장과 다른 요소는 소재의 복잡한 구조와 성질에 기인된다.

수종이 대단히 많다는 점, 구조상 온도, 습도의 영향을 받기가 쉽고 일반적으로 팽창과 수축을 한다.

소재 표면의 복잡한 목리 상태를 표현하는 투명 도장이 주체가 된다.

(3) 착색

목재는 천연의 입체적 조직이 재료 표면에 나타나는 목리의 아름다움을 보여주는 귀중한 재료이다.

따라서 목재의 착색에는 생지 착색과 도막 착색의 2가지 방법이 있다.

생지 착색에는 주로 염료를 사용하여 목재의 생지를 착색하는 방법으로 목재에 침투가 용이하고 투명도가 높아 재질감을 잘 나타내 준다.

도막 착색은 주로 염료 및 안료를 포함하는 일종의 착색 투명을 행하여 눈메꿈 또는 중도가 끝난 면에 착색하는 방법으로 도막 착색이 짙거나 하면 색감이 짙어져 투명성을 잃는 수가 생기기 때문이다.

도막 착색의 근본 목적은 생지 착색의 보정이다

(4) 필러 도장

필러 도장의 목적은 목재의 도관이나 섬유의 공간을 메우고 목재에 일정한 색조를 부여하고 목리를 선명하게 하며 도면을 평활하게 한다.

도관 부분의 충진 효과, 작업성이 좋을 것, 색상, 건조 상태, 가격, 냄새, 부착성, 침전성 등을 고려해서 행하는 것이 좋다.

(5) 하도 도장

하도 도장은 착색제가 상도 도료 중에 번지는 것을 방지하고 필러 작업 후에 착색이 벗겨지지 않도록 하는 것이다.

소지에 도장하여 소지의 조화를 해치지 않고 목재 고유의 미(美)를 부가시켜 상도, 중도보다 유연성이 있어야 하며 도장 공정을 단축시키며 목재 제품의 양 · 부(良 · 否)를 결정해 주는 중요한 공정이다.

(6) 중도 도장

이 공정에서 도막다운 도막이 형성되기 때문에 투명 도장에는 샌딩실러, 불투명 도장에는 서피서(surfacer)를 사용한다.

중도 도료에는 소지나 하도와의 부착성이 좋고, 하도 도막을 침투해서는 안 된다. 특히 살 오름성이 좋고 연마성이 좋아야 한다.

평활한 도막이 얻어져야 하고 상도 도료와의 부착성이 좋아야 한다.

샌딩실러는 수지와 투명성이 있는 체질 안료를 포함하고 있기 때문에 도막을 두껍게 도장했을 때 투명성을 잃고 도막의 갈라짐, 백화현상 등을 일으키기 때문에 이 문제점들을 고려해야 한다.

중도 도장의 연마는 평활한 도면이 나와야 하므로 연마지는 220~400#로 연마 자국이 남지 않도록 하여야 한다.

- 연마지의 종류

연마지의 입도에 따라 나뉜다.

① 소지 연마 ………… 80~180#

② 하도 도막 연마 ………… 180~240#

③ 중도 도막 연마 …………240~400#

④ 상도 도막 연마 …………400~600#

(7) 상도 도장

상도 도장은 도장 공정상에 마무리 공정이므로 광택, 색 등의 마무리 외관이 우수해야 한다. 또한 동시에 도막의 견고성, 갈라짐, 내구력 등의 도막 성능이 우수해야 하므로 용도 적용에 따른 도료의 선택, 정확한 도장 방법으로 마무리 작업을 행하지 않으면 안 된다.

비교적 얇은 도막으로 촉감이 우수한 마무리에는 래커계 상도 도료로서 마감 도장하는 것이 좋으며, 비교적 값이 싼 간이 공정에는 산경화 아미노알키드수지계 도료로서 마감 도장하는 것이 좋다.

내구력이 특히 요구되는 경우에는 폴리우레탄 수지계 상도 도료로서 마감 도장하는 것이 좋다. 따라서 그 용도에 따라 도료를 선택하는 것이 중요하다. 또한 보색 공정으로 컬러 클리어 등을 사용하는 것이 있다. 컬러 클리어를 도장할 때에는 색이 얼룩지지 않도록 균일하게 도포한다.

도료의 점도는 중도 도장보다 좀 묽게 하고 통풍 장치가 잘되어 있어야 하며, 먼지나 이물질이 부착되지 않도록 건조한다.

특히 강제 건조를 행할 때에 목재는 금속과 달리 소재 도관 중에 포함되어 있는 공기의 열 팽창이나 수분의 발산에 따라 도면이 부풀어 기포를 발생하고, 건조 시간과 온도는 소재의 건조 조건이나 수종, 건조로의 구조 등에 따라 다르다.

(8) 조립

완성된 패널을 조립한다.

서랍통의 조립

2-2. 금속 가구 프로세스

가구의 재료는 과거에 가공이 쉬운 목재가 주로 사용되었으나 기계 산업의 발달로 인하여 1900년대 말부터 점차 스틸의 사용이 증가되고 있는 추세이다. 스틸은 크기에 비하여 강인하고 경제적이며 재생이 가능한 장점이 있는 반면 수분에 의한 부식이 잘되는 편이며 무겁고 초기 개발 시 금형의 부담이 많은 편이다.

1) 냉간압연(CR)

냉간압연에 의해 원하는 두께로 제조된 스트립(Strip)은 가공 경화로 인해 가공성이 불량하기 때문에 연질화 열처리가 필요하다.

따라서 압연공정을 거친 F/H를 소재로 하여 환원성 분위기에서 Strip을 연속적으로 소둔 열처리하여 필요한 재질로 만드는 공정이 CAL이다. 연속 소둔 열처리로 인해 균일한 재질을 얻을 수 있으며 또한 로내에서 장력 제어가 가능하기 때문에 Strip의 평탄도 개선이 용이하며, 생산성 향상과 에너지 등 비용 절감이 가능하다. 생산된 제품은 재질에 따라 CQ(Commercial Quality), DQ(Drawing Quality), DDQ(Deep Drawing Quality), EDDQ(Extra Deep Drawing Quality) 등으로 구분되며 자동차, 가전, 건자재 등의 소재로 사용된다

2) 열연강판(HR)

특징 및 용도에 따라 일반용, 가공용, 심가공용, 비시효성 심 가공용으로 구분된다. 일반용은 냉장고, 도어, 배전반, 가구 제작에 쓰이고 심 가공용 및 비시효성 심 가공용은 자동차의 Rear Fender, Front Panel 등과 Front Fender, LamP Body, Oil Cap용으로 사용된다. 이외에 저 항복점 강판은 자동차 Roof Door, Bonnet, Trunk Lid 등 형상이 요구되는 것에 Deep Drawing 강판은 자동차의

Fender, Oil Pan 등에 쓰인다.

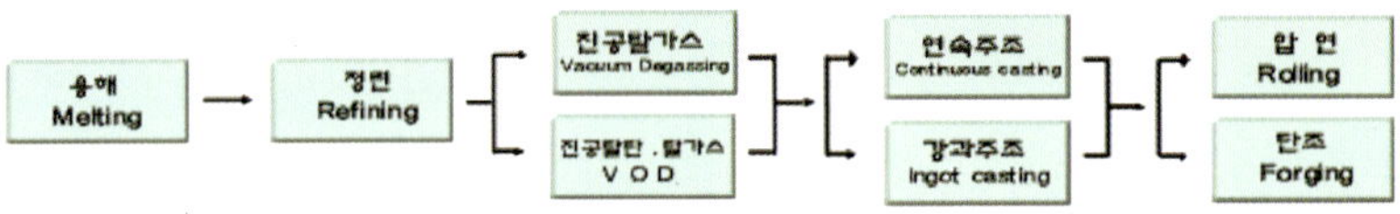

철판의 제작 공정도

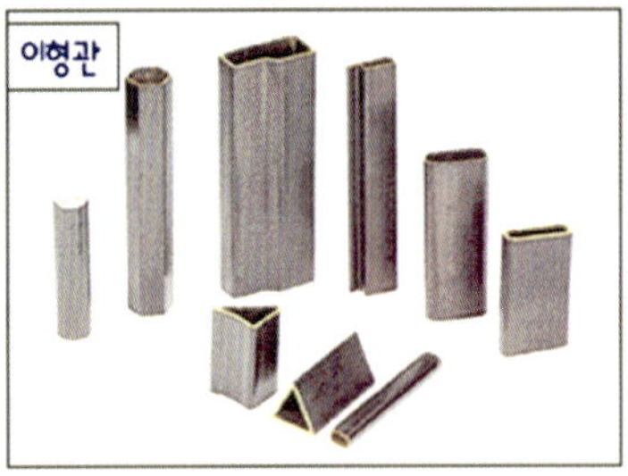

가구에서 많이 사용되는 스틸 파이프, 주로 인치 단위를 사용하며 구조관을 많이 사용한다.

철판 프레스를 이용한 서랍을 이용한 의자

철판 프레스와 Bending

ncd로 제작한 cd rack

절곡기

ncd 펀칭기

금속 가공의 주종을 이루는 프레스기

금속 패널 제작용 제작 과정

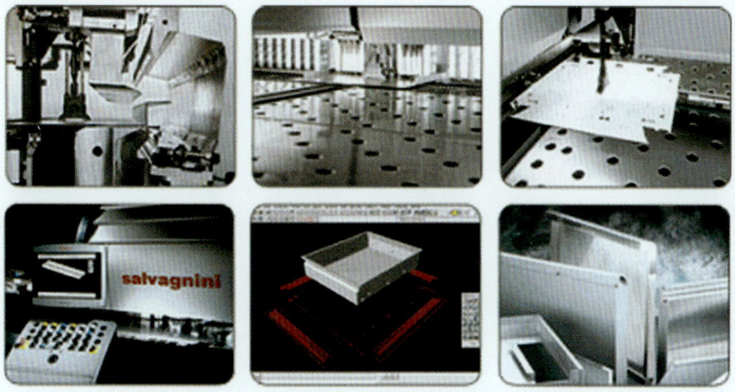

서랍통의 제작 과정

디자인

절곡

자동 이송

도장

서랍통의 제작

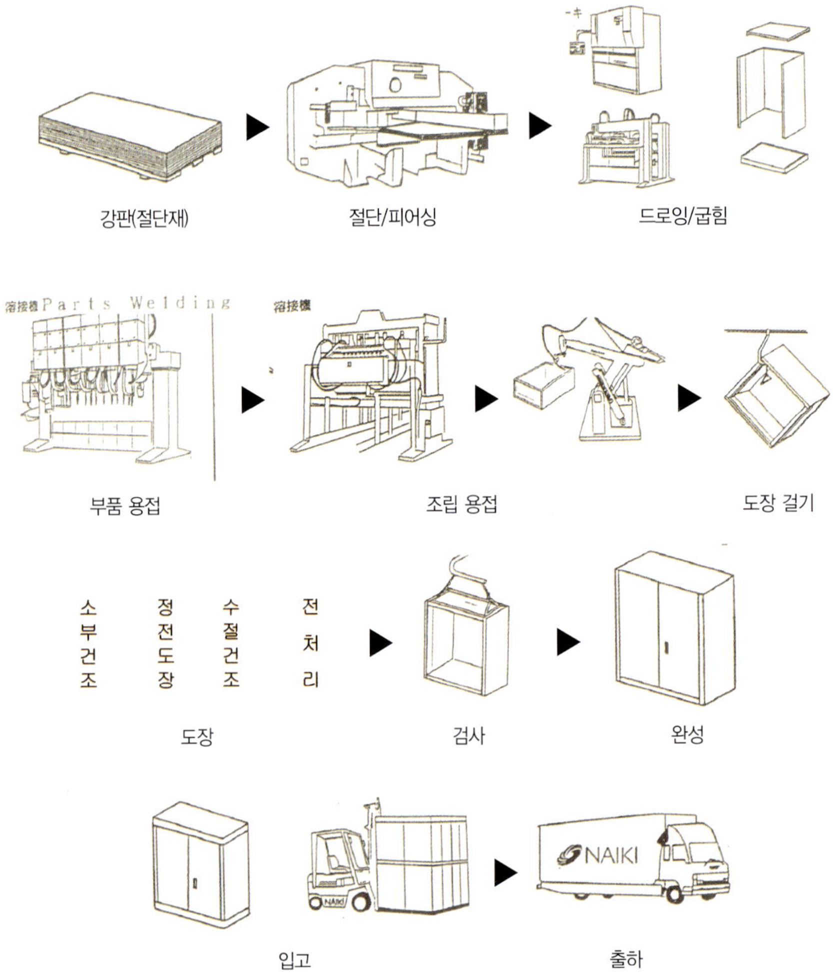

bending기법을 응용한 철제 부품 가공

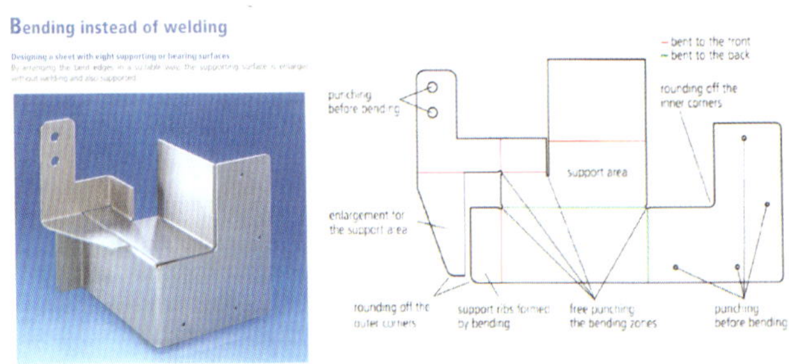

3) 롤 포밍(Roll forming) 성형 기법

냉간 롤 성형이란 롤(roll)에 의한 금속판의 냉간 성형법으로 넓은 뜻으로는, 롤 빼내기법 또는 롤 다이스법 등의 휨 롤법 등도 포함되지만, 좁은 뜻으로는 이른바 냉간 롤 성형법을 가리키고 있다. 냉간 롤 성형은 구미에서는 cold roll forming, band-profilwalzung 등으로 호칭되며, 우리나라에서는 롤 포오밍, 냉간 롤 성형 등으로 불린다.

냉간 롤 성형은 아래 그림과 같이 일렬로 tandem 모양으로 나란히 된 몇 조의 성형 롤에 연속으로 금속띠 판을 통해서 순차로 성형 가공을 하여 평판에서 목적의 단면형상으로 완성하는 소성 가공법(塑性加工法)이며, 분류는 휨 가공의 범위에 속하는 것이다. 냉간 롤 성형의 특징으로는 파티션의 프레임과 같은 동일 형상의 긴 제품을 양산하는데 적합하다. 또한 절곡, 프레스 등으로도 가공이 안 되는 복잡한 형상도 작업이 가능하다.

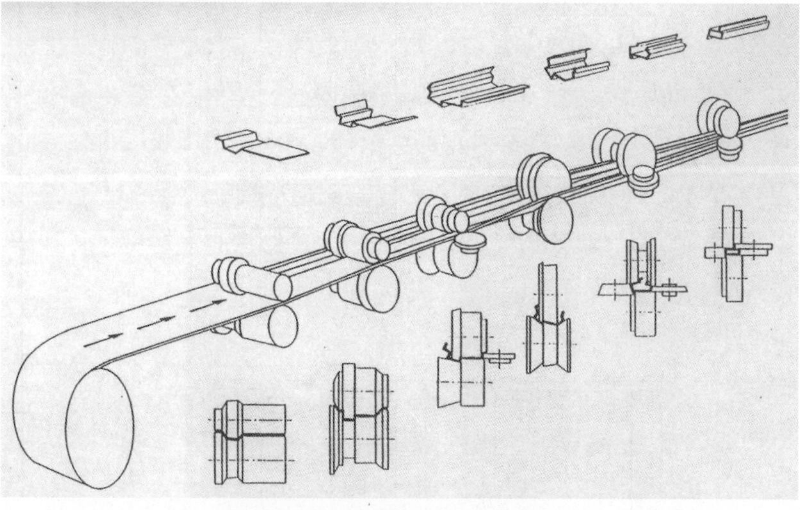

롤 포밍에 의한 다양한 형상의 제품 제작

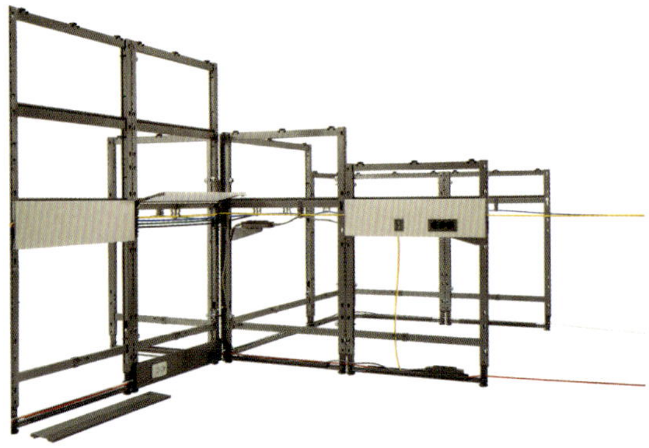

스틸로 제작된 파티션의 골조

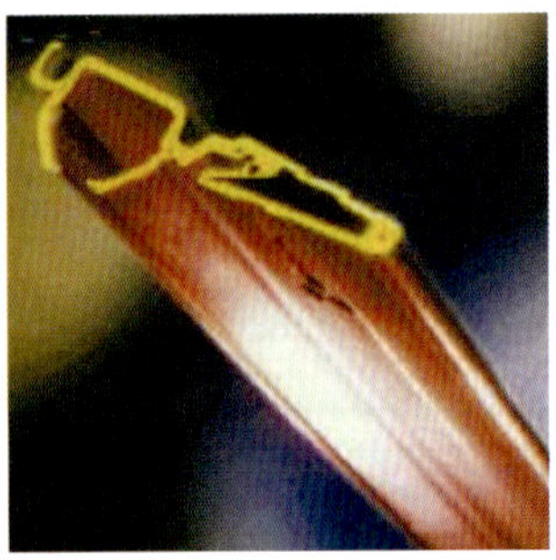

압출을 통한 다양한 형상 제작

Section category	Section type	Examples
A	Simple bar	
B	Shaped bar	
C	Standard sections	
D	Simple solid sections	
E	Semihollow sections	
F	Sections with abrupt section transitions and thin walls; wide sections	
G	Sections with difficult tongues and very narrow inlets	
H	Tubes	
J	Simple hollow sections	
K	Difficult hollow sections; hollow sections with two or more cavities	
L	Tube sections with external projections	
M	Tube shapes with internal projections or K + L	
N	Large or wide hollow sections	

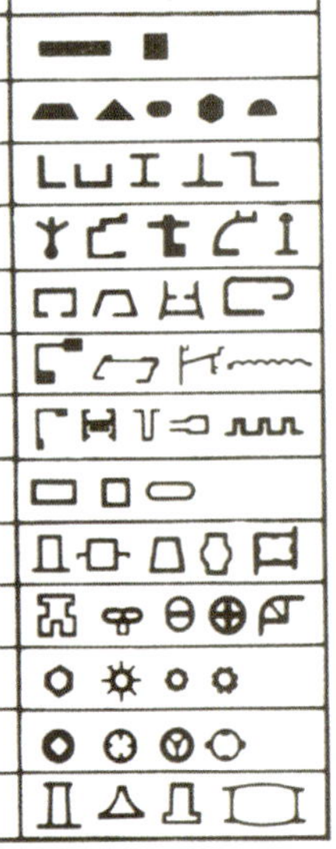

알루미늄 압출 형상 및 난이도

4) 용접(welding)

같은 종류 또는 다른 종류의 금속 재료를 접합하는 방법은 크게 나누어 융접법과 압접법이 있다. 융접법은 접합부에 금속 재료를 가열, 용융시켜 서로 다른 두 재료의 원자 결합을 재배열하여 결합시키는 방법으로 아아크 용접, 가스 용접, 테르밋 용접 등이 있다.

압접법은 접합부에 외부의 강한 물리적 압력을 가해 접합하는 방법으로 가스 압접이나 단접(鍛接)처럼 압력을 가하는 동시에 가열하는 방법을 가열 압접 또는 고온 압접이라고 한다. 일반적으로 압접을 사용하는 재료에는 알루미늄, 구리 등과 같이 연성(延性)이 높은 재료를 사용하며 상온에서 가압하는 것만으로도 용접이 가능하여 냉간 압접(冷間壓接)이라고 한다.

로봇 용접기

(1) CO^2 아크 용접

1 아크 용접

피복금속(被覆金屬) 아크 용접, 서브 머지드 아크 용접, 비활성 기체 용접 등이 있다. 피복금속 아크 용접은 용접하고자 하는 것, 즉 모재(母材)와 피복 용접봉 사이에 전압을 걸어서 발생하는 아크의 열로 용접하는 가장 일반적인 용접법이다.

(2) 아르곤 가스 용접

1 가스 용접

가스의 연소 열로 용접부의 금속을 녹이는 용접법으로 산소- 아세틸렌 용접이 가장 일반적이다. 중성 불꽃이 보통 사용되지만, 산소와 아세틸렌의 혼합비를 조절할 수도 있다. 발생하는 온도는 3,000℃ 정도로 아크 용접의 6,000℃보다 낮다.

그밖에 아르곤, 질소, 헬륨, 수소 등이 쓰인다.

2 저항 용접

접합부에 큰 전류를 단시간 보내어 접촉부의 저항 발열에 의해서 이 부분을 국부적으로 녹여서 용접하는 방법이다. 보통 접합부를 가압한다. 간격을 두고 접점이 접합하는 점용접(spot welding)과 이것들을 잇는 심용접(seam welding) 외에 프로젝션 용접, 초음파 용접, 마찰 용접 등이 있다.

spot 저항점 용접

5) 전단 가공

한 쌍의 전단 날이 서로 닫혀짐으로써 재료를 절단하는 것을 보통 전단기 또는 시어(shear)라 한다. 봉재(棒材), 형재(形材)의 전단 날은 소재 단면의 모양에 맞추어서 만들어진다. L형재에만 사용되는 전단기는 특히 앵글 전단기라 한다. 압연되어 나오는 강재(鋼材)를 절단하는 데 사용되는 기계를 길로틴(guillotine) 또는 동력 전단기라고 한다. 이와 같은 전단기의 상하의 날은 서로 평행으로 되어 있지 않고 어떤 일정한 각도로 기울어져 있는데, 이 각도를 전단 각이라 한다.

판(板)을 가위처럼 끝에서부터 일부분씩 연속적으로 절단한다. 압연되어 나온 금속판을 움직이고 있는 그대로의 상태로 절단하기 위해 상하의 전단 날이 판과 같은 방향, 속도로 이동하면서 절단하는 것을 플라잉 시어라고 한다. 또 회전하는 1쌍의 롤 가장자리 사이에서 전단 가공을 할 수도 있는데, 이것을 원판 전단기(로터리 시어)라 한다. 절단 외에 구멍 뚫기, 절삭 등 펀치와 다이스 사이에서 기계 프레스에 의해 이루어지는 가공도 모두 전단 가공이다. 판재의 전단 가공은 그 목적에 따라 여러 가지가 있다.

판의 끝에 노치를 내는 작업은 노칭, 판면의 일부에 단선을 넣는 작업은 슬리팅(세로 째기), 이미 완성되어 있는 제품에서 불필요한 부분을 제거하는 것은 트리밍 또는 세이빙이라 한다. 전단 가공에 사용되는 다이잉 머신은 크랭크가 아래쪽에 있고 고속 회전하며, 자동적으로 정밀 전단 가공이 이루어지는 특수 프레스이다.

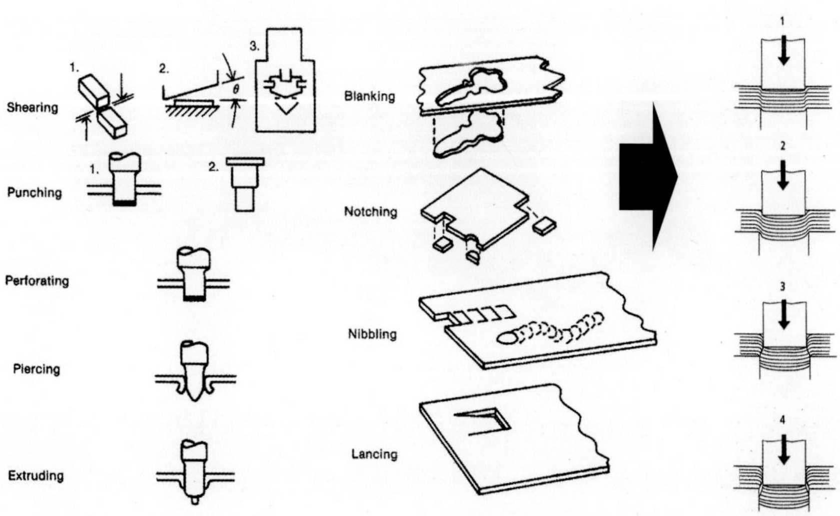

6) 레이저 가공

레이저 가공기

주로 고밀도의 열원(熱源)으로 레이저를 사용한다. 레이저를 이용하면 고속으로 가열하여 가공하므로 열 변형층이 좁고, 아주 단단하거나 잘 깨어지기 쉬운 재료의 가공이 쉬우며, 비접촉식이므로 공구의 마모가 없는 등의 장점이 있다. 또한, 복잡한 모양의 부품을 미세하게 가공할 수 있으며, 작업 시 소음과 진동이 없고 작업 환경이 깨끗하다.

레이저 빔을 물체의 표면에 조사(照射)하면, 재료 표면의 온도가 급격히 올라가 표면 근처가 용융됨과 동시에 증발됨으로써 물질이 제거되어 가공이 이루어진다. 사용되는 레이저는 재료 및 가공 공정의 특성에 따라 이산화탄소, 루비, YAG 레이저 등 각종 레이저가 사용된다. 이들 레이저는 재료의 절단, 구멍 뚫기, 용접, 열처리, 표면의 각인 등의 가공에 주로 이용되며, 점차 그 응용 범위가 확대되고 있다. 특히 다이아몬드처럼 매우 단단하거나 열에 민감한 재료들의 가공에 적합하다.

7) 분체 도장(Powder coating)

분체 도장은 액체 도장과 달리 유럽으로부터 소개된 최신 기술이다. 이는 무용제형 도료인 분말 도료를 분체 도장기를 이용하여 피도체에 도착시키고 이를 가열 용융시켜 도막을 얻게 되는 환경 친화형 도장 첨단의 방식으로 내식성, 내구성, 내

약품성 등이 우수하여 각종 자동차 부품 및 철책(펜스), 알미늄 섀시, 진열대, 통신 단자함, 주방/조명기기, 가전제품 등 산업용 전 제품의 가장 범용적으로 사용되고 있다. 가장 큰 장점으로 사용한 분말 도료를 재생 사용이 가능하다는 점이다. 분체 도장법 중 가장 많이 사용되는 정전 분체 도장법을 통상 분체 도장이라고 하며, 그 외에도 유동 침적법, 정전 유동 침적법 등도 실용화되고 있다.

(1) 분체 도장의 특성

폐기물 유출이나 대기오염이 없으며 균일한 두께의 도막을 얻을 수 있다.

액체 도장에 비해 기계적, 화학적 물성이 우수하다. 자외선에 대한 뛰어난 안정성, 우수한 미적 장식성, 먼지 등에 오염되지 않는 깨끗한 도막을 얻을 수 있다.

모서리 부분 등에 대한 뛰어난 마무리를 할 수 있고, 작업 시간 단축으로 깔끔한 효율성을 줄 수 있다.

고전압하에서 음(-)으로 대전된 분체를 접지된 피도물에 분사하여 전기적으로 부착시킨 후 가열 용해하여 도막화시키는 방법이며, 그 원리로 보면 용제형의 정전 도장과 크게 다를 바 없다. 그리고 한 번 부착된 분체 도료는 일반적으로 전기 저항이 높아 방전하기 어렵기 때문에 세팅(Setting) 중에 피도물에서 떨어지는 경우가 없으며, 또한 분체 도료는 어느 정도의 두께로 부착하면 분체끼리 서로 크게 반발하게 되어 그 이상의 두께로는 부착하지 않게 되는 성질을 가지고 있다. 이를 정전 평형 현상이라 부르고 있으며, 이러한 현상이 피도물의 도막 두께를 균일하게 해주는 원리이다.

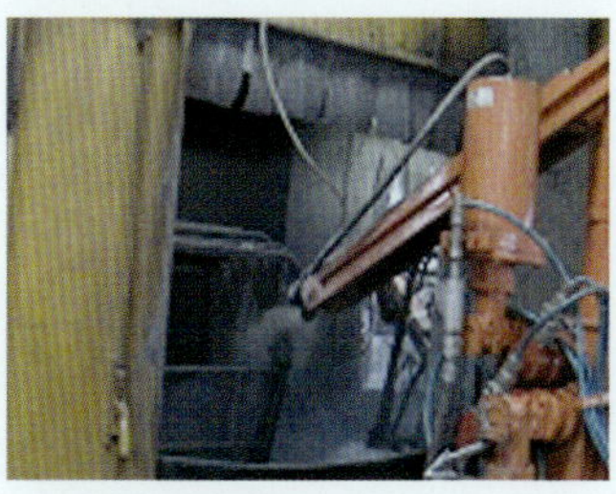

로봇을 이용한 분체 도포

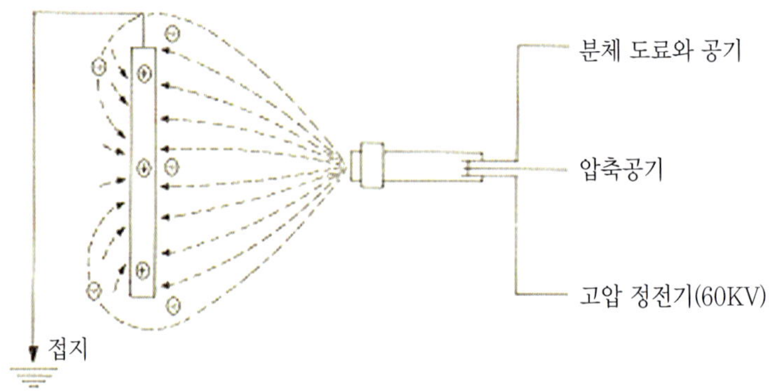
분체 도료와 공기
압축공기
고압 정전기(60KV)
접지

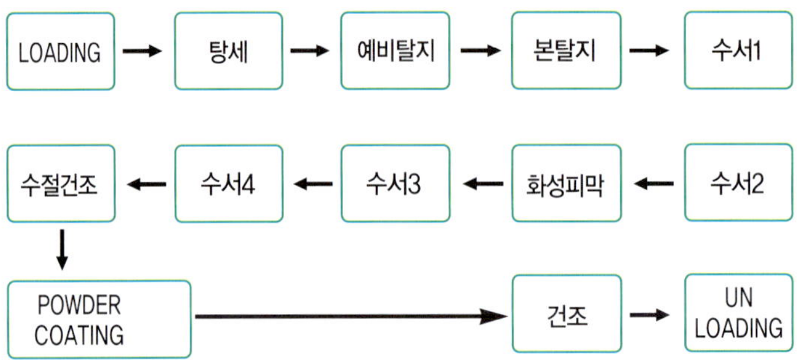
LOADING
탕세
예비탈지
본탈지
수서1
수서2
화성피막
수서3
수서4
수절건조
POWDER COATING
건조
UN LOADING

분체 도장 공정표

2-3. 유리 가구의 제작

이탈리아는 900년 전부터 Venezia의 Murano를 중심으로 오랜 역사 속에 유리 제작 기술을 보유하고 있으며, 현대 실내 공간에도 깊숙히 파고들고 있다.

현대에 와서는 자동화 설비를 중심으로 더욱 정교하고 섬세한 제품이 개발되고 있으며 수많은 디자이너들의 실험 작품들이 쏟아지고 있다. 국내에서도 이제 환경 친화적인 자원의 재활용 상품의 개발에 따라 재활용률이 우수한 유리 제품이 미래 지향적인 사이버 공간의 지원을 확대해 나가고 있다

(1) 유리 가구의 제작

측면을 가공한다.

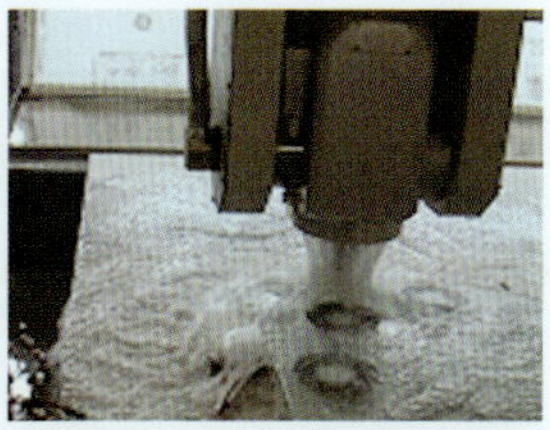
워터 제트(water jet)로 테두리 가공을 한다.

테두리 가공용 커터

구멍을 뚫는다.

물을 이용하여 마감한다.

유리 세면대의 제작 과정

유리면에 UV 접착제를 넣는다.

접착제를 닦아 낸다.

자외선(UV) 램프를 조사한다.

접착제를 경화시킨다.

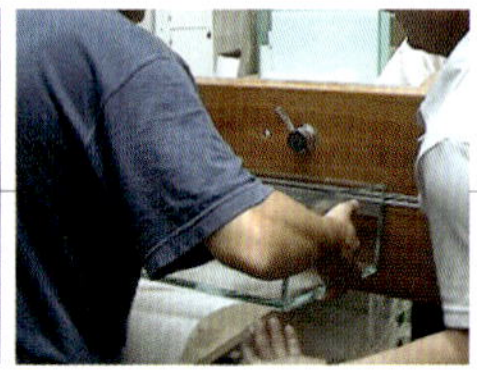
제품을 조립한다.

2-4. 소파의 제작

소파는 골격 제작, 벨트 조립, 스펀지 재단, 접착, 재봉, 조립의 과정을 거쳐 제작된다.

(1) 골격 제작

건조된 원목을 재단하고 보링하여 소파의 골격을 제작한다.

측판에는 PB에 다보(Dowel)을 끼워 제작하며 정재된 타운(Taun)과 같은 강도가 높은 골재로 소파의 골격을 제작한다. 70mm 정도의 대형 못을 에어타카(Air tacker)를 사용하여 골격을 제작한다.

(2) 골격의 조립

원목 프레임으로 제작된 골격 위에 마분지 등을 이용, 타카로 고정하여 골격을 완성한다.

(3) 벨트 조립

벨트를 등 좌판에 조립한다. 체중을 많이 받는 좌판 부분에는 고탄성 섬유 벨트를 위빙(weaving) 기법으로 엮어 타카로 고정시키고 비교적 하중을 적게 받는 등받이 부분은 폐 타이어를 잘라서 만든 고무 벨트를 타카로 고정하여 제작한다.

(4) 스펀지 재단

스펀지를 띠톱을 이용하여 재단한다. 대형 스펀지 블록을 원하는 규격으로 잘라서 사용한다. 대형 스펀지용 띠톱을 각도를 회전시켜 다양한 형상으로 제작한다.

스펀지는 하중을 많이 받는 좌판에는 고탄성 스펀지(HR -High resistance)를 밀도 35(density 35)로 주로 사용하며 등받이에는 밀도 20(density 20)을 사용한다.

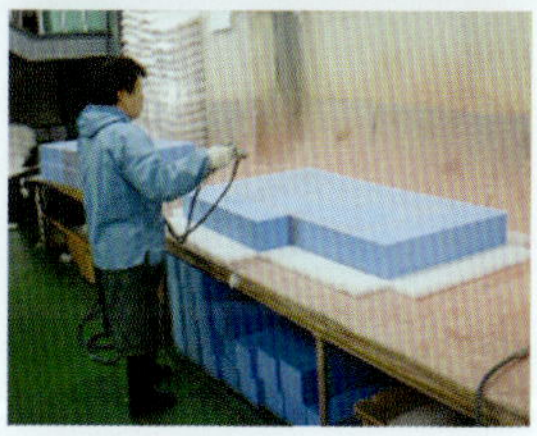

(5) 스펀지 접착

접착제를 스펀지에 스프레이를 이용하여 분무한다.

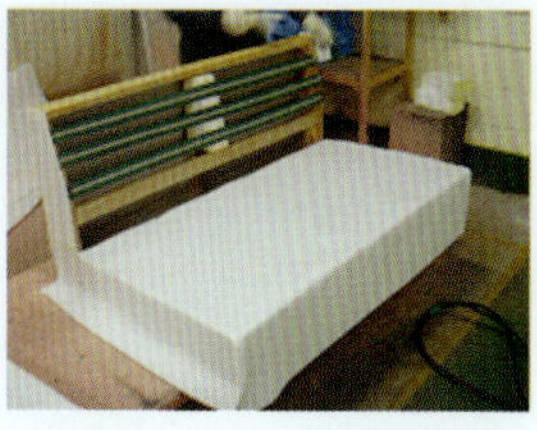

(6) 골격 접착

골격에 스펀지를 커버로 접착한다.

(7) 재단

천이나 가죽을 재단한다. 전동용 가위를 사용하여 재단하며 섬유의 경우 5겹 이상을 쌓아서 동시에 재단한다. 가죽은 채찍 자국과 주름과 같은 패턴이 다르게 나타나지 않도록 주의를 기울여 재단한다.

(8) 미싱

재단된 원단을 미싱 작업으로 완성한다. 디자인과 견고성을 고려하여 쌍침과 같은 2줄 미싱 기법을 사용하기도 한다. 재단은 마감에 중요한 품질을 좌우하므로 기술이 뛰어난 작업자가 제작하며 캐시미론, 부직포 등 다양한 재료를 사용하여 제작한다.

(9) 조립

소파를 조립하여 완성한다. 에어타카나 볼트류를 사용하며 조립하여 완성한다.

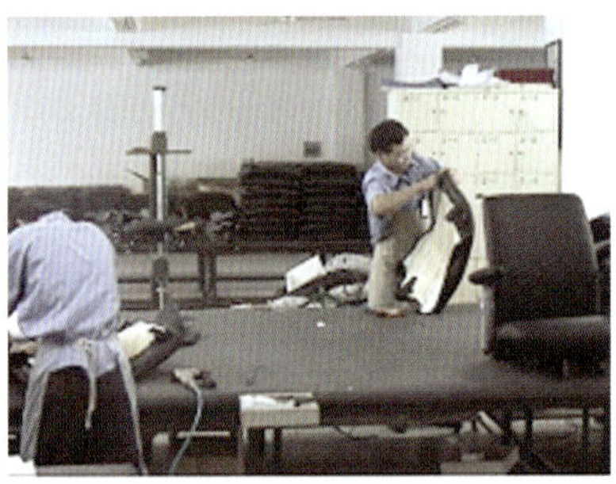

2-5. 침대의 제작

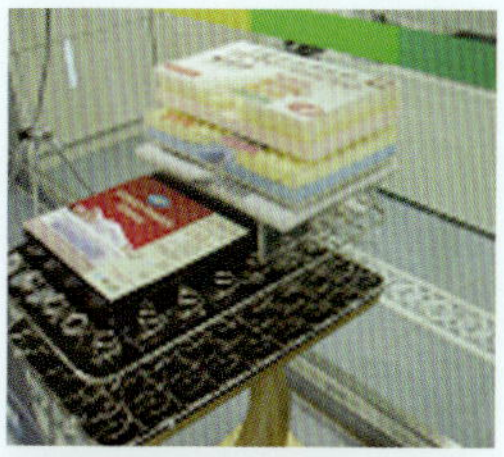

침대는 매트리스가 가장 중요한데, 철사로 스프링을 제작하고 열처리를 한 다음 부직포와 쿠션재를 넣어 봉합한다.

철사를 말아서 코일 스프링을 제작한다.

스프링을 연결하여 매트리스를 위한 판을 제작한다.

스프링 판을 자동으로 조립하는 스프링 판 조립기이다.

하중을 받을 때 한쪽으로 쏠리는 일반 침대의 단점을 극복하고 유연성, 탄력, 지지력을 높여주고 내구성을 강화하며 침대 속의 내장재가 그 기능을 오래도록 정확하게 유지할 수 있게 한다.

스프링 판 전체를 섭씨 300도에서 약 12분 동안 통으로 특수 열처리할 수 있는 이중 열처리기. 이중 열처리 공정은 스프링뿐만 아니라 헤리컬코일, 링프레임, 클립 등 스프링 판 전체를 열처리 함으로써 매트리스의 탄력을 강화시키고 처짐을 방지해 준다.

침대의 프레임을 사각형 파이프를 밴딩하고
용접하여 제작한다.

쿠션과 부직포를 스프링에 접착시킨다.

매트리스용 섬유에 매트리스 커버를 퀼링으로
패턴을 만든다.

퀼링된 커버와 스프링을 봉합한다.

완성된 매트리스를 이송한다.

완성된 매트리스를 창고로 이송한다.

Chapter 6
가구와 표현기법

Chapter 6 가구와 표현 기법

1. 가구와 도면

1-1. 가구 제도의 개요

1) 가구와 도면

가구를 기획하고 디자인하고 설계하고 제작하고 주문, 판매하는 일련의 과정 속에서 가구 개발 관련자는 정확히 도면을 작성하고, 동시에 도면을 정확하게 읽는 것이 아주 중요한 기술의 하나로 요구된다.

요즘 가구 전문회사에서는 가구를 판매하는 영업 직원까지도 기본 교육으로 채택하여 교육 이수 후 현장에 투입하고 있다.

M-CAD를 이용한 모델링

가구를 제작하려고 할 때에는 기계 제작과 마찬가지로 그 가구의 사용 목적을 생각하여 구상하고, 가구의 구조나 크기, 소재 등을 대략 결정하는 일부터 시작하게 된다.

가구를 표현하는 방법은 많으나 대체적으로 디자인 초기 단계에서는 스케치를 하고, 디자인 검토, 승인 단계에서는 다양한 디자인 프로그램을 이용하여 모델링, 랜더링, 패널 작업을 한다. 그리고 샘플이나 양산 제품을 만들기 위해서는 반드시 제도 규칙에 의거 도면을 그려야 한다.

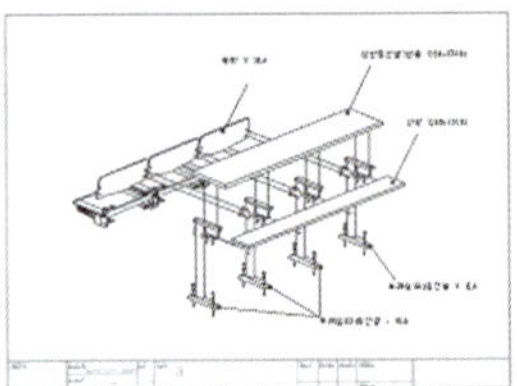

제품 분해도

여기서는 가구 디자이너나 실내인테리어 디자이너 또는 건축가가 필수적으로 꼭 알아 두어야 할 제도의 기본에 대해 살펴보고자 한다.

가구 제도는 대리점이나 고객이 견적, 주문 요청 시 필요한 견적도, 주문도, 시공 설치자를 위한 조립 설명도 등 많은 도면이 있지만, 가구를 제작하기 위한 제작도가 그 중심이 된다.

가구를 제작할 때는, 대체적으로 설계 도면에 의하여 자재 소요량을 산출하여 자재를 구매하고, 각종 기계의 프로그래밍 작업을 하거나 기계 세팅을 하여 재단, 접착, 세공, 도장 작업, 조립/포장 등의 공정을 통하여 제작하게 된다.

도면은 설계한 자의 생각을 제작하는 자에게 완전하게 전달하는 것이 목적이며, 설계의 모든 책임은 설계자에게 있다는 생각으로 애매모호하거나 불확실한 내용이 없도록 도면을 그려야 한다.

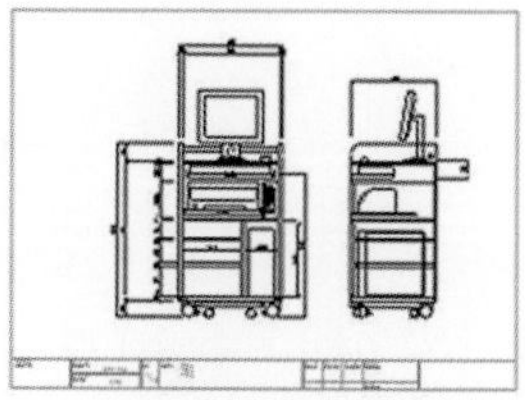

조립도- PC테이블

2) 도면의 종류

도면은 그 용도 및 내용에 따라 나눌 수 있다. 가장 많이 사용되는 것이 제작도이며, 이것에는 조립도, 부품도, 부품 리스트, 전개도 등이 포함되어 있다.

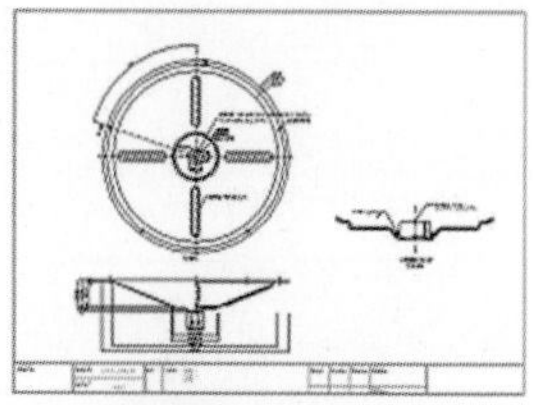

부품도- 프레스물

부품 리스트에는 그 제품의 소요되는 원자재, 조립철물, 포장철물 등의 소요량과 규격, 색상 등을 표시하고 있고 자재 구매 부서에서 많이 이용한다.

용도에 따라 구분하면 제품을 제작할 때 사용되는 제작도, 주문 요청 시 요구 사항을 나타내는 도면으로 대강의 모양, 기능 등을 나타내는 주문도, 사용자에게 구조, 기능, 조립법을 나타내는 설명도, 견적서에 첨부하여 제출하는 견적도 등이 있다.

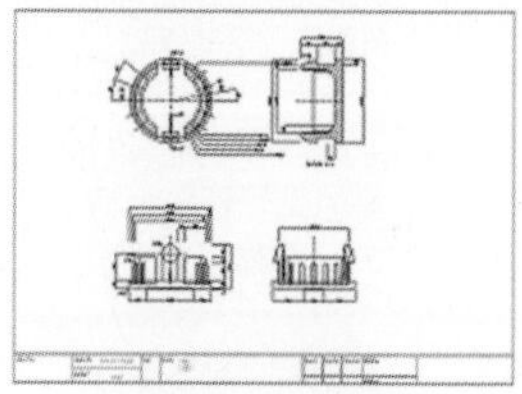

부품도- 사출물

내용에 따라 구분하면 조립도, 부분 조립도, 부품도, 상세도, 공정도, 배치도, 전개도, 디자인도, 배선도 등이 있다.

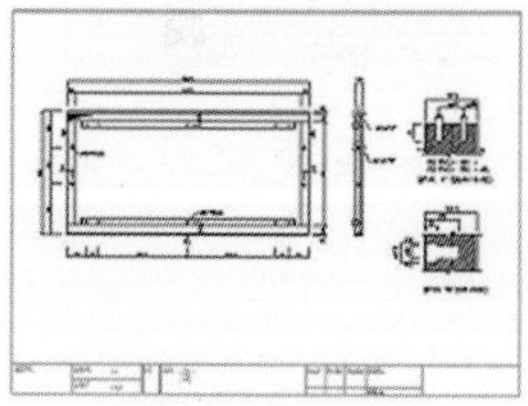

부품도- 책상 상판

3) 도면의 양식

도면의 크기 (단위:mm)

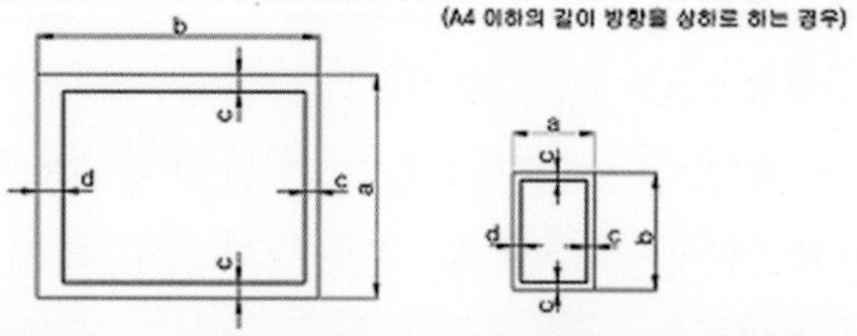

크기의 호칭			A0	A1	A2	A3	A4	A5
도면의 테두리	axb		841x1189	594x841	420x594	297x420	210x297	148x210
	c (최소)		10	10	10	5	5	5
	d 최소	철하지 않을 때	10	10	10	5	5	5
		철할 때	25	25	25	25	25	25

도면의 크기는 A0 ~A5로 구분한다. 도면은 길이 방향을 좌우 방향으로 놓아서 그리는 것을 원칙으로 하지만, A4 이하는 예외로 하고 있다. 특별히 긴 도면을 필요로 할 경우는 좌우로 연장하여도 무방하다.

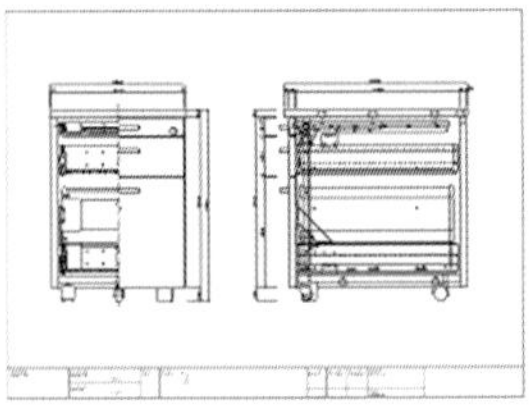
조립도- 서랍장

4) 치수의 단위

길이의 단위는 밀리미터(mm) 단위를 사용하지만 기호는 붙이지 않는다. 단, 다른 단위를 쓸 필요가 있을 때에는 단위를 명시하여야 한다.
각도의 단위는 보통 '도'로 표시하며, 필요에 따라 '분', '초'를 함께 사용한다.

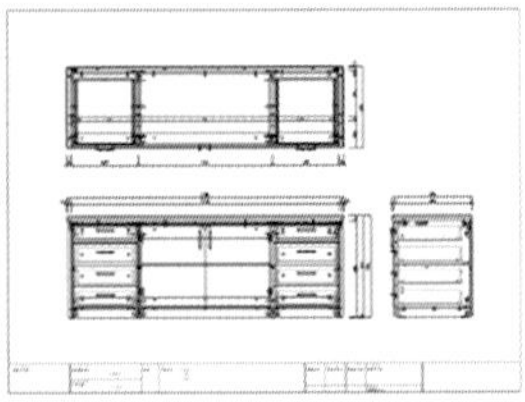
조립도- 크레덴쟈

5) 척도 및 척도의 기입

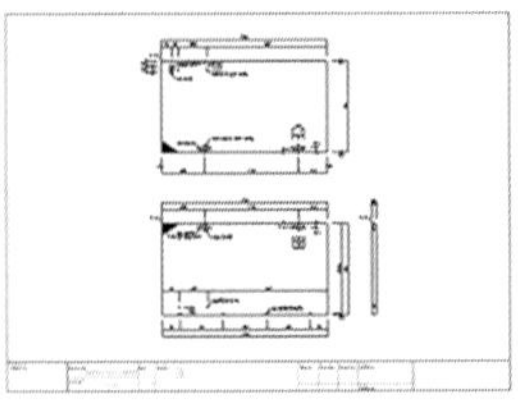
부품도- 패널류

도형의 크기와 실물의 크기와의 비율을 척도(scale)라 하며, 세 가지 종류가 있다.

- 현척(full scale) : 실물의 크기와 같은 크기로 그린 것
- 축척(contraction scale) : 실물보다 축소하여 그린 것
- 배척(enlarged scale) : 실물보다 확대하여 그린 것

가구 도면은 대체적으로 축척으로 그리는 경우가 많은데 관련 있는 부품도는 될 수 있는 한 동일한 척도로 하는 것이 제작자가 도형을 이해하는데 편하다.
척도는 도면의 표제란에 기입하며 같은 도면에서 2종류 이상의 다른 척도를 사용할 때에는 표제란에 그 도면 중의 주요 도형의 척도를 기입하고, 필요에 따라 각각의 도형 위 또는 아래에 그 척도를 기입한다.
도면은 원칙적으로 현척으로 그리는 것이 바람직하지만 축척이나 배척으로 그릴 때도, 도면에 기입하는 각 부분의 치수는 실물의 치수로 현척의 경우와 같이 기입한다.

6) 선과 문자

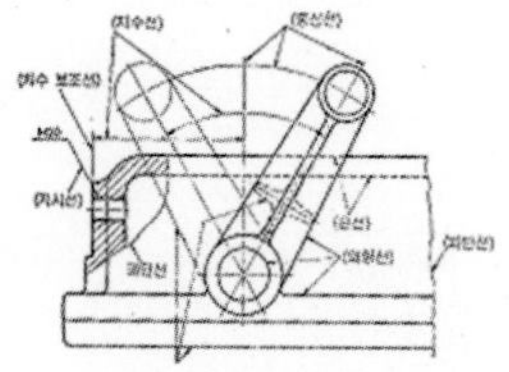

선의 용도에 따른 명칭

도면은 선과 문자로 이루어져 있다. 선의 종류와 선의 용법을 바르게 알고 활용하여야 한다.

선의 모양에 따라 실선, 파선, 일점 쇄선, 이점 쇄선으로 나누고 선의 굵기에 따라 외형 부분을 표시하는 외형 선에 사용되는 굵은 선(0.3~0.8mm), 파선이나 문자에 사용되는 중간 선(굵은 선의 1/2 정도), 중심선, 치수선 등에 사용되는 가는 선(0.2mm 이하)이 있다.

선의 굵기는 도면의 대소, 복잡성 등에 따라 조절하여야 한다. 도면은 자기 위주로 그리는 것이 아니라 상대방, 제작자 위주로 그려야 한다. 따라서 보기에도 좋아야 하므로 선의 굵기에도 세심함이 필요하다.

선의 종류 및 용도

용도에 의한 명칭	선의종류		용도
외형선	굵은 실선	———	물체의 보이는 부분의 형상을 나타내는 선
은선	중간 굵기의 파선(1)	- - - -	물체의 보이지 않는 부분의 형상을 표시하는 선
중심선	가는 일점 쇄선 또는 가는 실선	—·—·— ———	도형의 중심을 표시하는 선
치수선 치수 보조선	가는 실선	———	치수를 기입하기 위하여 쓰는 선
지시선	가는 실선	———	지시하기 위하여 쓰는 선
절단선	가는 일점 쇄선으로 하고, 그 양끝 및 굴곡부등의 주요한 곳에는 굵은 선으로 한다.(2) 또, 절단선의 양끝에 투상의 방향을 표시하는 화살표를 붙인다.(3)	—·—·—	단면을 그리는 경우, 그 절단 위치를 표시하는 선
파단선	가는 실선 (불규칙하게 쓴다.)	~~~~~~	물품의 일부를 파단한 곳을 표시하는 선, 또는 끊어 낸 부분을 표시하는 선
가상선	가는 일점 쇄선(4)	—·—·—	• 도시된 물체의 앞면을 표시하는 선 • 인접 부분을 참고로 표시하는 선 • 가공 전 또는 가공 후의 모양을 표시하는 선 • 이동하는 부분의 이동 위치를 표시하는 선 • 공구, 지그 등의 위치를 참고로 표시하는 선 • 반복을 표시하는 선 • 도면 내에 그 부분의 단면형을 90° 회전하여 나타내는 선
피치선	가는 일점 쇄선	—·—·—	기어나 스프로킷 등의 이 부분에 기입하는 피치원이나 피치선
해칭선	가는 실선	//////////	절단면 등을 명시하기 위하여 쓰는 선
특수한 용도의 선	가는 실선	———	외형선과 은선의 연장선 평면이라는 것을 표시하는 선
	굵은 일점 쇄선	—·—·—	특수한 가공을 실시하는 부분을 표시하는 선

[주] (1) 굵은파선도 좋다
(2) 절단선이라는 것이 명확할 경우에는 양끝 및 주요한 곳은 굵게 하지 않아도 좋다.
(3) 화살표에 의하여 투상의 방향을 표시할 필요가 없을 때에는 이것을 생략하여도 좋다.
(4) 가는 이점 쇄선도 좋다.

외형선의 굵기가 결정되면, 이것을 기준으로 하여 은선(hidden outline), 중심선(center line) 등의 굵기를 결정한다. 이들 선의 굵기는, 같은 도면에서는 각각 선의 굵기를 같게 하는 것이 중요하다.

아래는 KS에 규정한 선의 종류와 용도를 나타낸 것이다.

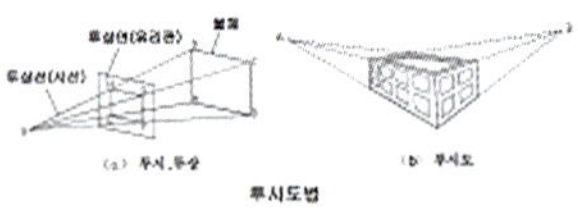

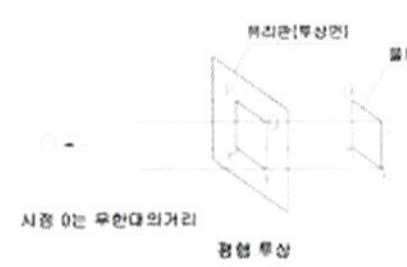

1-2. 투상 도법

1) 투상법

물체의 모양을 평면 위에 정확히 나타내려면 투상법이 이용된다.

시점이 물체나 투상면에서 무한한 거리에 있을 때에는 투상선이 평행선이 된다.

이와 같은 투상을 평행 투상이라 하며, 이때의 투상선이 투상면에 수직인 투상을 정투상, 수직이 아닌 것을 사투상(oblique projection)이라 한다. 제도에서는 정투상을 가장 많이 쓰인다.

서로 직교하는 투상면의 공간을 4등분 하여 투상각이라 하며, 상부 우측 방향으로부터 제1각, 제2각, 제3각, 제4각이라 하면 우리나라에서는 제3각법을 주로 사용하며 일본은 제1각법을 사용한다.

물체를 도면에 나타낼 때 종종 1각법과 3각법을 혼동하여 하자를 유발하는 사례가 있다. 따라서 투상도법에 대한 충분한 이해와 연습이 필요하다.

제3각법은 눈, 투상면, 물체 순으로 되어 있고 제1각법은 눈, 물체, 투상법이 있다는 것을 이해해야 한다.

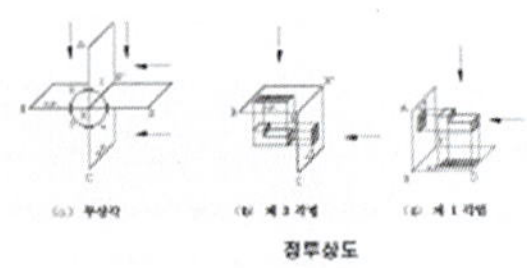

점 투상법

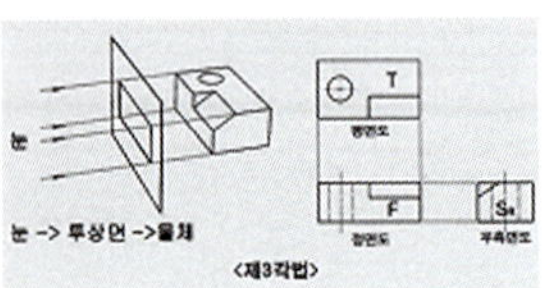

제3각법

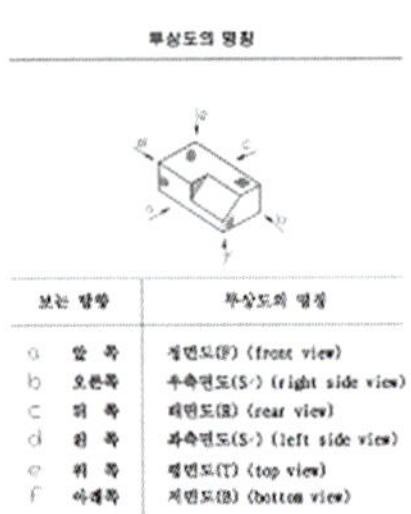

2) 투상도 그리기

물체의 투상도를 그리려면 6개의 투상도를 생각할 수 있지만, 제작에 필요한 도면에서는 물체의 모양을 완전히 나타낼 수 있는 수의 도형이면 충분하다. 도형을 선정할 때에는 그 물체의 특징을 가장 잘 나타내는 것을 정면도로 하고, 정면도로 나타낼 수 없는 곳을 평면도, 측면도 등으로 보충한다. 일반적으로 3면도 이하로써 충분한 경우가 많으며, 보조 도면은 되도록 작게 그린다.

정면도 하나로 충분히 나타낼 수 있는 경우에는 굳이 2면도로 그리지 않아도 된다. 원통, 각기둥, 평판 등과 같이 단면의 모양이 균일하고 모양이 간단한 물체는 기호를 기입함으로써 하나의 투상도로 나타낼 수 있다.

3) 투상도의 선택

투상도의 선택은 아주 중요하다. 될 수 있는 한 평면도나 측면도를 택할 때에 은선이 적게 되는 투상도를 택해야 한다. 그리고 정면도를 중심으로 아래쪽보다는 그 위쪽의 투상도(평면도), 또는 왼쪽보다는 오른쪽의 투상도(우측면도)를 선택하는 것을 원칙으로 한다.

정면도와 평면도 또는 정면도와 측면도의 어느 것으로 나타내어도 좋을 경우에는 투상도를 배치하기 좋은 쪽을 택한다. 도면의 전체 균형이 이루는 투상 배치가 좋다.

1-3. 제도의 기본

1) 정면도의 선택

도형의 표시는 무엇보다도 도면을 읽는 사람에게 이해가 쉽도록 해야 한다. 물체의 모양이나 치수를 가장 잘 나타낼 수 있는 면을 정면도에 그리고, 정면도만으로 모양이나 치수를 나타낼 수 없을 때에 평면도나 측면도를 보충한다.

따라서 정면도의 물체는 되도록 자연스러운 위치로 나타내고 주요 면은 되도록 투상면에 평행, 또는 수직되게 한다.

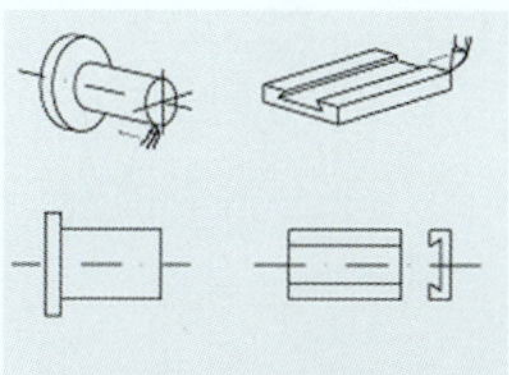

가공 방법에 의한 도면의 방향

도형은 그 물체의 가공량이 가장 많은 공정을 기준으로 하여 그 물체가 가공될 상태와 같은 방향으로 그려서 제작자의 가공 능률을 올리고 하자를 방지할 수 있다. 예를 들면 테이블 상판은 아래쪽이 보링이 많으므로 아래쪽을 정면도로 선택하는 것이 좋다. 그리고 선반이나 밀링으로 가공하는 것은 중심선을 수평으로 놓고 작업의 중심이 오른쪽이 있도록 한다.

2) 정면도 이외의 투상

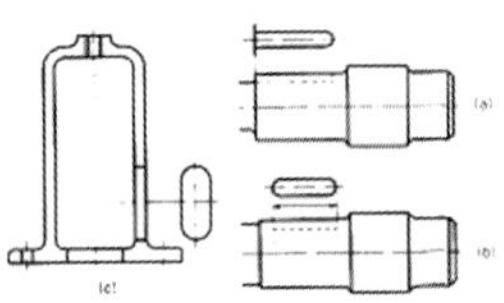

부분 투상도

도형을 잘 표현하고 제작자에게 쉽게 전달하기 위해서는 다양한 투상법을 알아두면 편리하다.

예를 들어 물체의 보이는 부분을 모두 나타내면 오히려 복잡하여 이해하기 어려울 때가 있다. 이러한 경우 부분 투상도, 또는 보조 투상도로써 나타내면 편리하다. 부분 투상도는 물체의 수평면 또는 수직면의 일부 모양만을 도시해도 충분할 경우에는, 그 일부분만을 투상도로 나타내는 것을 말한다.

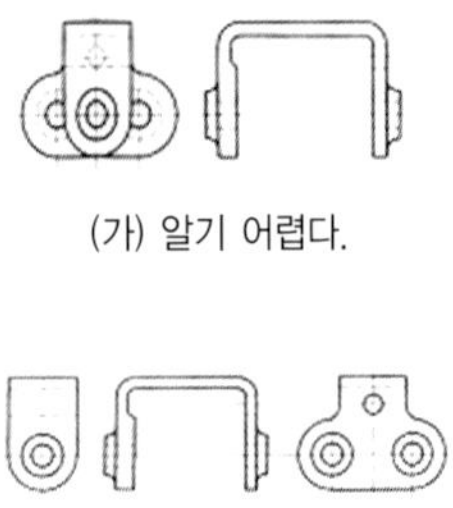

(가) 알기 어렵다.

(나) 알기 쉽다.

요점 투상도

도형을 표현할 때에 보이는 모든 것을 그리면 오히려 혼란되기 쉬우므로 필요한 요점만을 투상도에 나타낼 수 있는 요점 투상도가 있다.

그리고 물체의 평면이 투상면에 나란한 경우에는 길이와 모양이 실제 그대로 나타나지만, 경사면인 경우에는 길이와 모양이 축소, 또는 변형되어 실제의 길이나 모양이 그대로 나타나지 않는다. 이와 같이 물체에는 경사진 부분을 가진 것이 많으며, 이것을 제작하려면 실제 크기와 모양을 나타낼 필요가 있다.

이때에는 경사면에 평행한 별도의 투상면을 설정하고, 이 면에 투상하면 실제 모양이 그려진다. 이 투상을 보조 투상도라 한다.

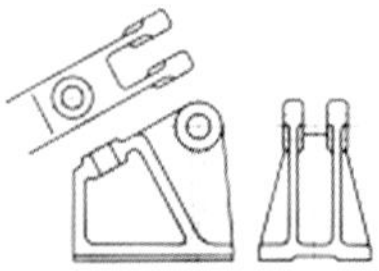

보조 투상도

어려운 도형은 표현할 때에 부분 투상도, 요점 투상도, 보조 투상도를 혼용해서 사용하면 대단히 편리하고 도면을 이해하기에도 좋다.

예를 들면 부분 보조 투상도는 경사진 부분만 그리고, 나머지 변형된 부분은 생략하여 그리면 도면 작성 시간도 절약하고 제작자도 알아보기 쉽다. 굳이 어렵게 도형을 다 표현할 필요가 없다.

3) 단면의 표시법

물체 내부의 모양, 또는 복잡한 것을 일반 투상법으로 나타내면 많은 은선이 섞여서 도면을 읽기 어렵게 된다. 따라서 물체의 내부를 명확히 표시할 필요가 있는 부분을 절단 또는 파단한 것으로 가상하고 내부가 보이도록 나타내면 대부분의 은선은 없어지고, 외형선으로 뚜렷이 나타낼 수 있다.

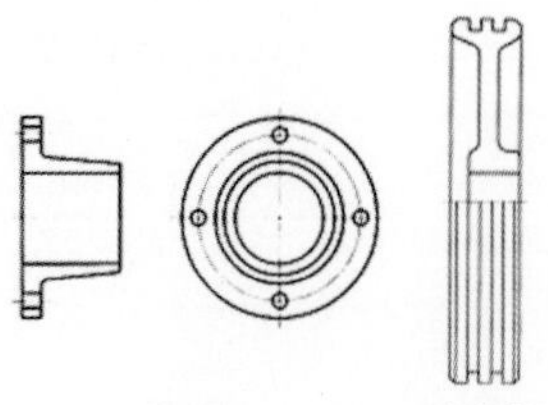

전단면도　　반단면도

이 절단면을 단면(section)이라고 하며, 이러한 단면의 투상도를 단면도(sectional view)라 한다. 단면도는 1/2로 절단하여 도면 전체를 단면으로 나타낸 것을 전단면도(full sectional view)라 하고 물체의 1/4을 잘라내고 도면의 반쪽을 단면으로 나타낸 것을 반단면도(half sectional view)라 한다.

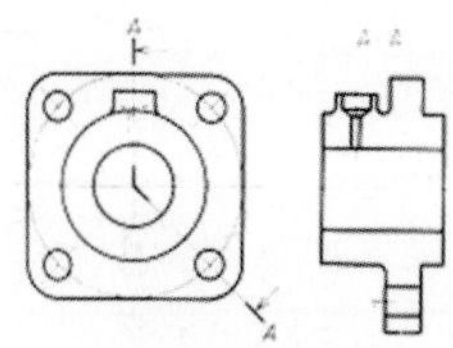

방사상의 단면도시

필요에 따라 단면은 물체의 기본 중심선이 아닌 곳에서 절단한 면으로 나타낼 수 있다. 그리고 필요한 부분만을 절단하여 그릴 수도 있다. 이때에는 파단선으로 그 절단 부분을 나타낸다.

단면의 뒷면에 보이는 선은 도면을 이해하는데 지장이 없을 경우는 생략하여도 무방하다.

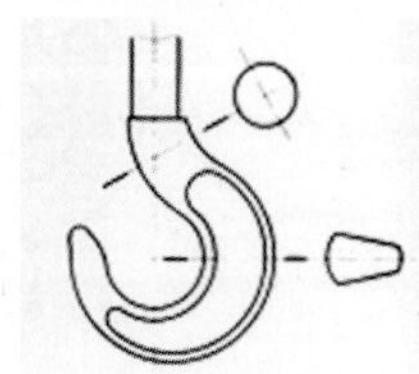

회전 단면도시

은선은 일반적으로 도면의 이해에 지장이 없으면 생략할 수 있다.

조립도에서는 절단면을 포함되지 않은 부품을 단면 표시하면, 오히려 그 모양을 이해하기 어렵기 때문에 이러한 부품은 절단하지 않는 것이 보통이다.

예를 들면 축, 키, 핀, 볼트, 너트, 와셔, 작은 나사, 세트 스크루우, 리벳, 리브, 바퀴의 아암, 기어의 톱니 등은 원칙적으로 길이 방향으로 절단하지 않는다.

핸들이나 바퀴 등의 아암 및 림, 리브, 훅, 축 등의 단면은 절단한 곳, 또는 절단선의 연장선 위에서 단면을 90° 회전한 위치에서 나타내도 된다. 이때 단면의 모양을 도형 내에 직접 그릴 때는 가상선으로 그린다.

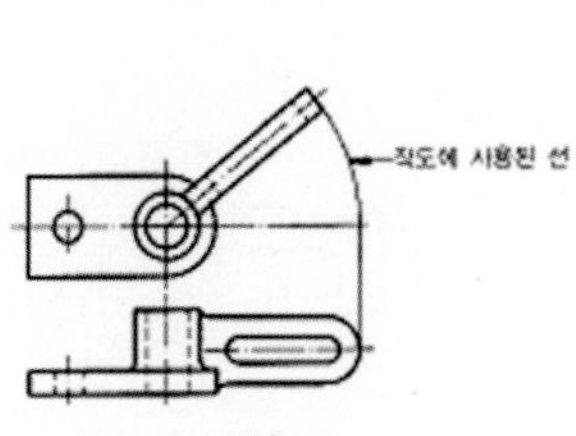

회전도시

패킹, 박판, 형강 등에서 그려진 단면이 얇은 경우에는 굵게 그린 한 줄의 실선으로 표시할 수 있다. 이들의 단면이 인접하여 있을 경우에는 이들을 표시하는 선 사이에 약간의 간격을 두어 그린다.

단면에는 필요에 따라 해칭(hatching) 또는 스머징(smudging)을 하는데 대부분이 해칭으로 처리한다. 해칭은 중심선 또는 수평선에 대하여 45° 경사진 가는 실선으로 같은 간격으로 하며, 인접하는 단면의 해칭은 방향이나 간격을 바꾸어 구별한다.

4) 특수 도시법

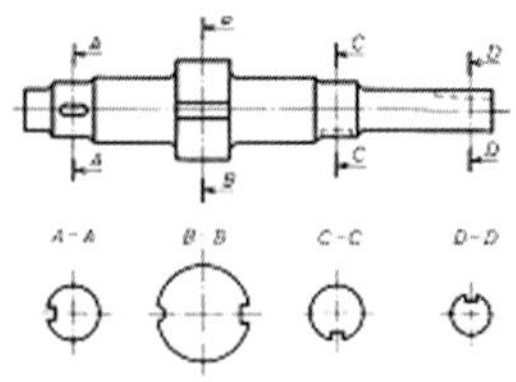

절단선의 연장상의 회전 단면도

그 밖에 도면을 나타낼 수 있는 도시법은 회전 도시, 전개 도시, 파단 도시, 교차 부분 도시 등이 있다.

회전 도시는 보스(boss)에서 어느 각도만큼 아암이 나와 있는 물체는 바르게 투상을 하면 오히려 실제 모양을 이해하기 어렵다. 이때 실제 모양을 나타내는 투상도를 그릴 수 있는 위치까지 그 부분을 회전하여 그린다.

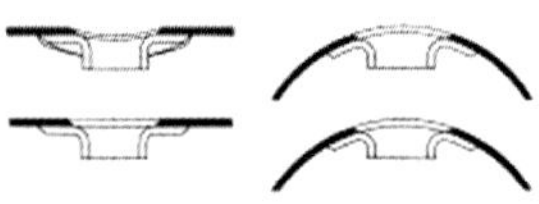

도형의 간소화

전개도는 판금 제품의 경우에 물체의 외형만을 그리며, 소요 자재의 모양이 확실하지 않으며 가공하는데 불편하므로 투상도 이외에 전개도를 그린다.

철판으로 가공되는 부품류, 즉 브라켓, 파티션의 철재 타일 등은 반드시 전개도가 필요하다.

파단 도시는 축, 봉, 파이프, 형강, 테이퍼, 축 그 밖의 동일 단면형의 부분, 또는 테이퍼 부분이 긴 경우는 그 중간 부분을 잘라 버리고 단축시켜 도시할 수가 있다. 이때 잘라 버린 끝 부분은 파단선으로 표시한다.

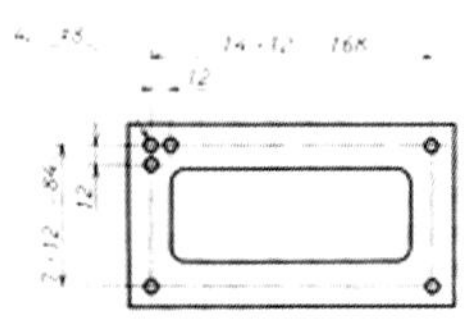

연속된 같은 모양의 생략

2개의 면이 라운드를 가지고 있을 경우 대응하는 도면에 표시하기가 애매할 수 있다. 이때 교차되는 부분이 라운드를 갖지 않는 경우의 교차선 위치에 굵은 실선으로 표시한다.

또 원기둥과 원기둥, 원기둥과 사각 기둥 등의 교차하는 부분은 투상도에 상관선이 나타나지만 번거롭고 어렵기 때문에 원기둥이 자신보다도 작은 원기둥, 또는 사각 기둥과 교차할 때는 상관선을 실제의 투상대로 그리지 않고 관용적으로 직선이나 원호로 그린다.

그리고 같은 종류의 리벳 구멍, 볼트 구멍, 파이프, 그 밖의 같은 종류로서 같은 모양의 것이 연속으로 있을 때는 그 양쪽 끝 또는 요소만을 그리고, 다른 부분은 중심선에 의하여 생략한 것의 위치를 표시한다.

면이 평면인 것을 나타낼 필요가 있을 때에는 가는 실선으로 대각선을 기입한다.

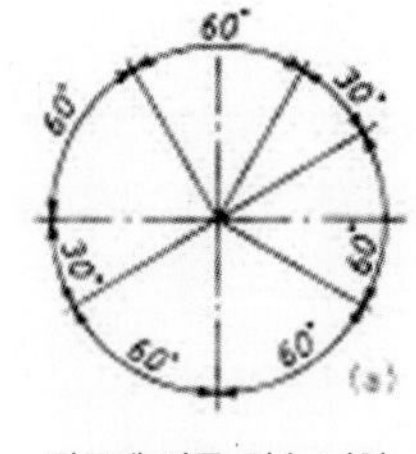

각도에 따른 치수 기입

5) 치수 기입법

도면이 아무리 잘 그려졌다 하더라도 치수 기입에 잘못이 있으면 정확하게 물체를 만들 수 없다. 요즘 캐드 툴 기술의 발전으로 자동으로 치수를 기입하지만, 그리 단순한 일이 아니며 설계자는 많은 설계적인 생각을 하여야 한다.

치수는 정확하고 제작자가 알기 쉽게 기입해야 하며 주요 부분을 위주로 치수를 기입해야 한다.

치수는 보통 완성 치수를 mm 단위로 기입하고 단위 기호는 붙이지 않는다.

길이의 치수 표시는 치수 숫자, 치수선, 치수 보조선으로 구성되는 것이 보통이다. 치수와 함께 사용되는 기호는 숫자 앞에 치수 숫자와 같은 크기로 기입한다.

지름은 'Ø', 반지름 'R', 45° 모따기 'C', 구면의 지름은 '구Ø', 구면의 반지름은 '구R', 판의 두께는 't'로 나타낸다.

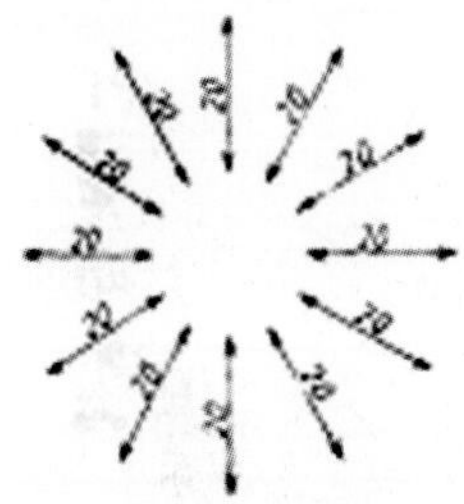

길이의 치수 방향과 위치

구 분	기 호
지 름	Ø
정 사 각 형	□
반 지 름	R
구면의 지름	구Ø
구면의 반지름	구R
45° 모 따 기	C

치수 보조 기호

6) 치수 기입의 원칙

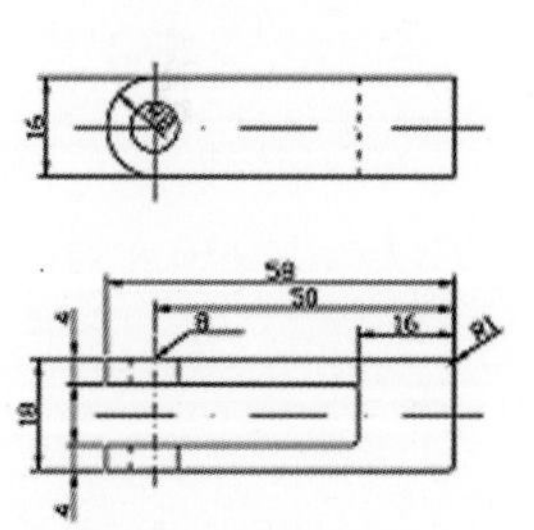

정면도에 집중된 치수 기입

치수는 부품 가까운 곳에 작은 치수를 기입하고 차차 큰 치수를 기입한다. 치수는 되도록 정면도에 집중적으로 기입하는데, 정면도에 표시할 수 없는 치수만은 평면도, 측면도에 기입한다.

도면의 이해를 쉽게 하기 위하여 필요한 경우 이외에는 같은 치수를 중복하여 기입하지 않도록 한다.

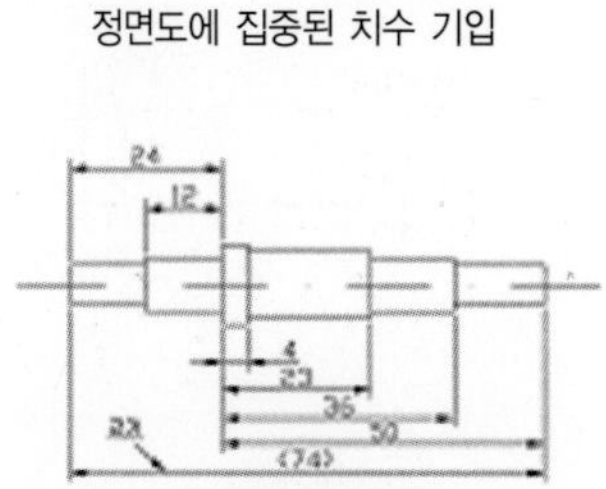

기준이 있는 곳을 근거로 한 치수 기입

가공이나 조립을 할 때의 기준이 되는 곳을 고려하여 치수를 기입한다. 특히, 기

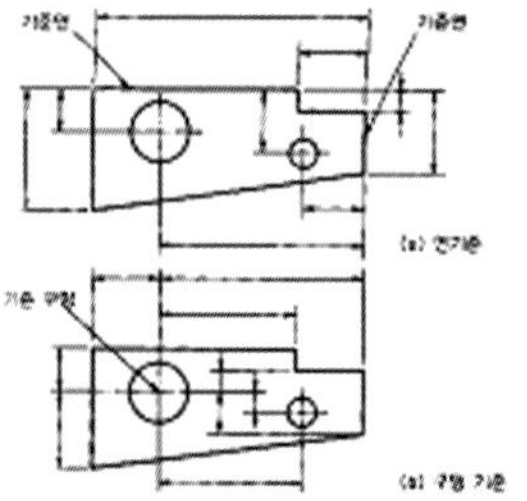

기준되는 곳을 기입한 치수 기입

준인 것을 나타낼 필요가 있을 때에는 그 기준 부분에 '기준' 이라고 기입한다.

기준을 알기 위해서는 이 부품이 어떻게 가공되고, 어떤 공정으로 만들고, 조립되는지 알아야 한다.

가공 공정을 달리하는 부분의 치수는 작업은 능률적으로 하기 위해 배열을 나누어 기입하는 것이 작업자에게 쉽게 이해될 수 있다.

가구는 여러 부품이 조립하여 하나의 제품으로 기능하는 경우가 대부분이다. 따라서 부품과 부품이 서로 조립되는 부분의 치수가 중요하므로 그 부분을 기준으로 치수를 기입하여야 한다.

7) 표면 거칠기의 다듬질 기호

다듬질 기호	표면 거칠기의 구분값			비고
	Rmax	Rz	Ra	
▽▽▽▽	0.8S	0.8Z	0.2a	정밀 다듬질
▽▽▽	6.3S	6.3Z	1.6a	고운 다듬질
▽▽	25S	25Z	6.3a	보통 (중간) 다듬질
▽	100S	100Z	25a	거친 다듬질
~	특히 규정 않음			주조면, 단조면

다듬질 기호의 표면 거칠기 구분값

부품의 표면은 그 사용 목적에 따라 다듬질 정도가 다른데, 제작도에서는 각 부품의 표면에 요구되는 다듬질 정도를 표시해야 한다. 가구 부품에는 그리 많지 않으나 점점 확대되고 증가 추세에 있으며 특히 의자나 정밀 액세서리류 부품에 적용된다.

표면 거칠기의 표시 방법은 표면 기호에 의한 방법과 다듬질 기호에 의한 방법이 있다. 종류는 정밀 다듬질(▽▽▽▽), 고운 다듬질(▽▽▽), 보통 다듬질(▽▽), 거친 다듬질(▽), 주조면, 단조면(~) 이 있다.

8) 치수 공차

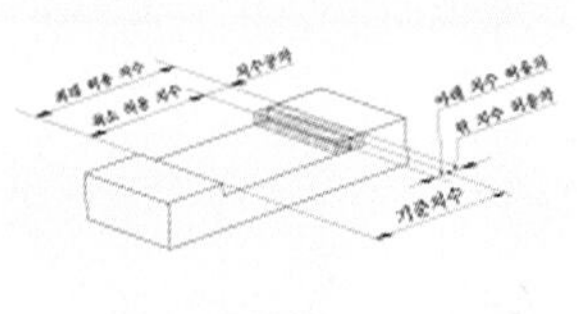

치수 공차

부품을 가공할 때 도면에 지정된 대로 정확하게 가공하기란 불가능하다. 약간의 오차는 반드시 있게 마련이다. 또 이 오차는 어느 한정된 범위 이내이면 그 부품을 사용하는데 별로 지장이 없을 경우가 많다.

오차는 많이 주면 쉽게 가공할 수 있지만, 오차가 적을수록 시간과 비용이 증가된다. 생산에 있어서 기능상 지장이 없는 범위 내에서 가급적 공차를 크게 함으로써 제품의 가격과 시간을 절약할 수 있다.

특히, 대량 생산의 경우는 호환성을 유지하기 위하여 그 부품의 기능에 따라 완성 치수가 대소 두 치수의 범위 내에 있도록 가공하는 방식을 채택하고 있다. 이 대소 2개의 한계를 나타내는 치수를 허용 한계 치수(limits of size)라 하고, 큰 쪽을 최대 허용 치수, 작은 쪽을 최소 허용 치수라 한다. 최대 허용 치수와 최소 허용 치수의 차를 치수 공차(tolerance) 또는 공차라 한다.

부품의 크기, 다듬질의 정도에 따라서 치수 공차의 크기가 결정된다. 예를 들면 사무용 가구의 목제 패널의 일반 치수 공차는 대체적으로 ±0.5mm 이내이며 각 부품, 즉 프레스 부품류, 다이케스팅 부품, 압출물, 플라스틱 사출물 등 각 회사 기준 또는 KS규격에 허용 공차를 지정하여 관리하고 있다.

도면에 치수 공차를 기입하려면 기준 치수 다음에 상하의 치수 허용차를 기입한다. 기준 치수보다 허용 한계 치수가 클 때에는 치수 허용차의 수치에 (+)의 부호를, 작은 경우에는 (–)의 부호를 붙인다.

길이의 치수에 치수 공차를 기입할 경우는 각 부분에 허용되는 치수에 모순이 없도록 중요도가 작은 치수에는 치수 공차를 기입하지 않는다.

9) 모양 및 위치의 정밀도 허용값 도시

디자이너로서 그리 중요하지는 않으나 도면을 읽고 볼 수 있으려면 기본적인 용어 이해는 필요하다고 생각한다.

부품의 제작이나 조립에 있어서는 치수 허용차나 표면 거칠기 뿐만 아니라 모양과 위치의 공차도 문제가 되며, 일정한 정밀도에 대하여 허용차를 붙일 필요가 있다. 최근 제품의 트랜드가 제품의 고도화, 다기능성, 이동성 등으로 흐르고 있어 가구 제품에도 정밀도를 요구하고 있다.

예를 들면 높낮이 책상, 전자 회의 시스템 등 점점 가구에도 전기, 전자, 기계의 다양한 기술들이 서로 융합하는 추세이다.

KS에서 규정된 모양 및 위치의 정밀도는 진직도, 평면도, 진원도, 원통도, 평행도, 직각도, 경사도, 위치도, 동축도, 대칭도 등이 있다.

적용되는 형체	공차의 종류		기 호
단 독 형 체	형상 공차	진직도 공차	—
		평면도 공차	▱
		진원도 공차	○
		원통도 공차	⌭
단독 형체 또는 관련 형체		선의 윤곽도 공차	⌒
		면의 윤곽도 공차	⌓
관 련 형 체	자세 공차	평행도 공차	//
		직각도 공차	⊥
		경사도 공차	∠
	위치 공차	위치도 공차	⌖
		동축도 공차 또는 동심도 공차	◎
		대칭도 공차	⌯
	휨 공차	원주 휨 공차	↗
		전 휨 공차	⌰

모양 및 위치의 정밀도 종류와 기호

2. 가구 스케치와 투시도

가구 디자이너의 표현 작업은 가구 디자이너가 디자인의 의도와 컨셉을 효과적으로 전달하는데 목적이 있으며 매우 중요한 작업 과정이다. 자신의 창작 아이디어나 공간의 표현, 재질, 구조, 작업 방법을 전달하는 중요한 행위이다.

디자인의 표현 기법에서 스케치는 3차원 상에서 존재해야 하는 제품을 표현해야 하므로 스케치 과정에서 렌더링에 이르기까지 공간 감각을 익혀야 하며, 2차원적인 평면의 종이나 모니터상에서 3차원의 제품으로 표현이 가능하도록 많은 노력을 기울여야 하며 공간 감각과 색채, 재질감의 충실한 표현을 할 수 있도록 많은 시간과 노력을 기울여야 한다.

유럽이나 미주의 디자이너들은 아직도 스케치와 같은 자신의 수작업에 의한 표현을 많이 하고 있으며, 디지털 기법과 소프트웨어의 발달로 인하여 국내 가구 디자이너들은 3차원 공간에 의한 디지털 이미지에 의한 렌더링을 즐겨 사용하고 있다. 사무실, 교실과 같은 대형 공간에는 부서별 특징에 알맞은 다양한 배치도를 CAD를 이용하여 작도하게 되고, 이를 간단히 공간적으로 볼수 있도록 120도 각도로 내려다보는 아이소메트릭으로 표현하고, 마지막으로 재질감을 살려 매핑(Mapping)과 조명 설치에 의한 렌더링으로 프리젠테이션 및 납품 시방서를 제작하게 된다.

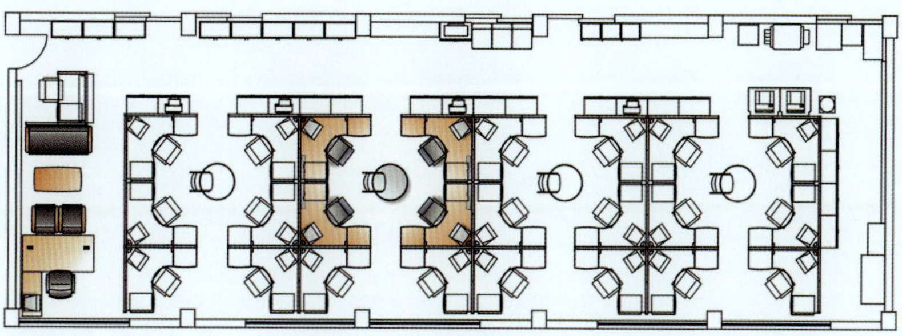

일러스트를 이용한 평면 레이아웃 작업

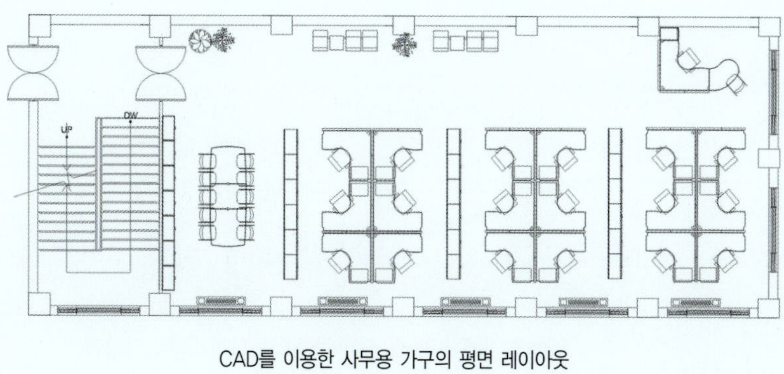

CAD를 이용한 사무용 가구의 평면 레이아웃

사무실 아이소매트릭(isometric)

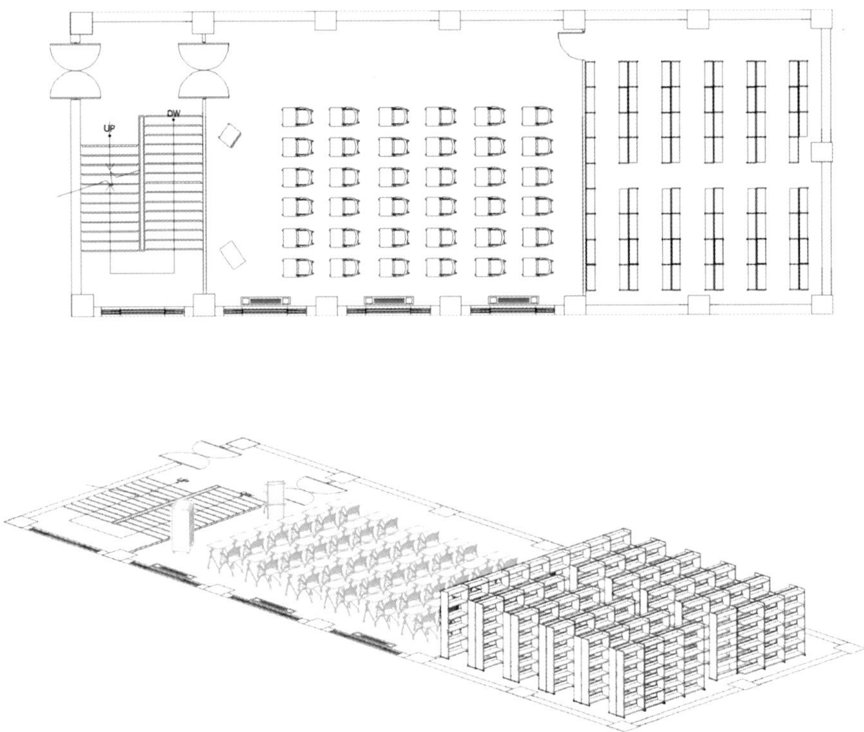

강의실 평면 레이아웃과 아이소매트릭

회의실의 렌더링

도서관의 렌더링

세미나실의 렌더링

컴퓨터 학습실의 렌더링

로비 공간의 렌더링

로비 공간의 렌더링

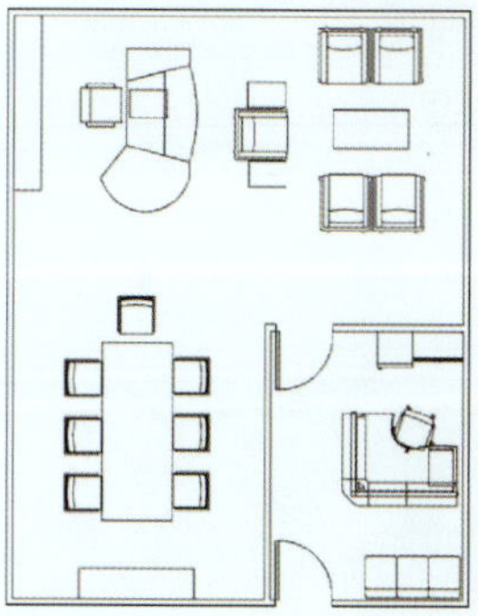

중역실의 평면도와 렌더링

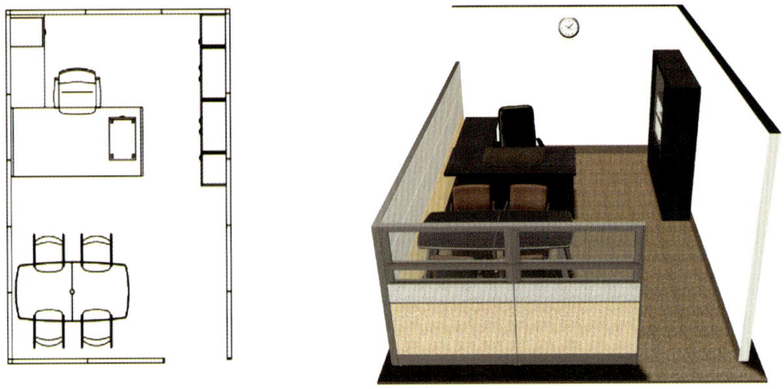

사무실 공간의 평면도와 렌더링

3. 프리젠테이션 기법

프리젠테이션은 디자인된 작품이나 제품의 내용을 시각적으로 표현되도록 제작함으로써 보고를 하거나 홍보를 하는 중요한 자료로 지원되는 과정을 포함한다.

이는 매우 중요한 과정으로 잘 디자인된 작품이나 제품을 효과적으로 프리젠테이션함으로써 전문가로서의 영역을 확고히 할 수 있다. 그러나 계획적이지 않은 프리젠테이션으로 최선을 다한 개발 디자인 제품이 제대로 설명되지 않고 의사전달이 되지 않아 선정되지 않거나 사장되어 버릴 수도 있는 것이다. 따라서 디자이너는 개발을 위한 여러 능력을 함양해야 함은 물론이고 프리젠테이션을 위하여 다양한 능력을 개발하여야 한다. 즉, 작품 패널의 표현 방법 개발은 물론이고 발표를 위한 언어 구사 능력, 발표 태도, 발음 등 포괄적인 자기 개발이 필요하다.

3-1. 프리젠테이션 보드(Presentation Board)

P.B.는 작품의 패널로서 디자인 개발된 작품이나 제품의 내용을 포함하는 요소로 구성되어 제작되어진다.

1) 작품 패널의 구성 요소

작품 패널(Design Panel)은 가구 디자이너 자신이 추구하는 디자인의 발상을 프레젠테이션하기 위하여 일정한 면적 내에서 객관적인 전개 방법(Development of design)을 통하여 보는 사람에게 효과적으로 설명하고 전달하기 위한 하나의 매개체이다. 그러나 작품 패널은 프레젠테이션을 위한 여러 방법 중 하나일 뿐이며 절대적인 것은 아니다. 따라서 프레젠테이션이나 전시 방법에 있어서 패널을 통한 방법 외에 보다 효과적이고 향상된 방법은 계속 연구, 개발되고 시도되어야 한다. 작품 패널의 구성 요소는 다음과 같다.

(1) 디자인 컨셉

컨셉트(Concept)란 '개념' 을 뜻하며 생각이나 구상, 그리고 발상을 의미한다.

디자인에 있어서의 개념(Design Concept of Design)은 디자인에 대한 새로운 발상이다. 이러한 발상을 객관적이고 효과적으로 전달하기 위하여 우리는 일정한 방법과 디자인 요소들을 통해 설명하게 되는데, 이것이 디자인 컨셉의 전개인 것이다.

1 키워드

설정된 디자인 컨셉을 키워드(Design Key word) 형태로 표현한다. 키워드란 사전적 해석으로는 문장, 암호문, 뜻풀이의 열쇠(단서)가 되는 주요 낱말을 말한다.

디자인에 있어서 키워드(Interior Design Key word)는 디자이너 자신이 추구하고 계획하는데 있어서 지금까지와는 다른 체재를 객관적으로 설명하고 전개하여 새로운 패러다임(Paradigm)을 제시하기 위해 만든 창조적 의미의 단어를 말한다.

- 키워드는 자신이 추구하는 이상의 세계를 현실로 창조하는 열쇠가 된다.
- 키워드는 자신의 디자인 세계를 객관적으로 전개하여 나가는 모티브(Motive)가 된다.
- 키워드는 디자인 발전 과정(Design Development)의 방향이 된다.

2 시각적 컨셉 이미지

기획된 컨셉을 시각적 이미지로 표현함으로써 커뮤니케이션을 위한 대상자와의 빠른 이해를 돕고 전달력을 가진다. 즉, 키워드가 우주라 하면 우주를 상상하거나 전달할 수 있는 이미지를 추출하여 구성하는 것이다. 이는 시각적 이미지가 언어의 표현보다 훨씬 빠른 전달력을 지닐 수 있기 때문이다.

이에 따라 주제(Subject)에 따른 타이틀(Title)의 결정되어 진다.

- 주제목 및 부제목(Main title & Sub title) 디자인 개요 / 디자인의 배경 (Design Background)

- 주제(Subject)를 위한 디자인의 배경과 문제의 제기, 그리고 해결 방안

(2) 디자인 프로세스(Design Process)

컨셉이 설정된 디자인은 일정한 과정을 통하여 개발되어 진다. 그러한 프로세스 과정은 다음과 같은 내용을 포함한다.

1 가구의 기능 분석(Function)

- 아이템(item)에 대한 기능성 부여에 대한 분석

2 디자인의 요소(Design Factor)

- 다이어그램(Diagram)에 의한 도식화

3 디자인의 발전 과정(Design Development)

- 다이어그램(Diagram)에 의한 도식화

4 인간 공학에 의한 치수 개념(Human Sacale)

(3) 디자인 결과물 (Design Output)

설정된 디자인 컨셉이 프로세스를 거처 완성된 결과물의 내용을 포함한다.

1 가구 도면(Front view, Side view & Section Part Detail)

2 투시도(Perspective & Axonometric(Isometric)

3 모델링 포토(Modeling photo)

2) 작품 패널의 유형

P.B.의 분류는 크게 보드 내용에 따라 개발 디자인의 구체적 내용을 포함하는 보고서형, 개념을 설명하는 이미지형으로 나눌 수 있으며, 작품 패널의 유형은 형태에 따라 정방형과 직방형으로 나눌 수 있는데, 가구 디자인 패널의 경우 정방형이

주로 쓰인다.

작품 포커스(Focus) 전개 방식과 구성 형식에 따라 다음과 같이 분류할 수 있다.

1 집중형 패널(Panel of Centralization Type)

작품 패널의 포커스가 중앙부로 집중되는 전개 방식이다. 주제에 따른 결집 효과가 좋고 구성이 비교적 용이하다.

2 전개형 패널(Panel of Development Type)

작품 패널의 포커스가 점차적으로 전개되는 방식이다. 디자인의 발전 단계에 대한 호응도가 좋다.

3 설명형 패널(Panel of Explanation Type)

작품 패널의 포커스가 각 파트로 나누어져 설명되는 전개 방식이다. 작품 주제에 대한 이해가 빠르다.

그 외에 용도에 따라 절충형, 혼합형 등으로 구성하여 제작할 수 있다.

3-2. 모델링

모델은 디자인 프로세스 과정에 디자인을 연구하고 개발하는데 매우 중요한 역할을 하여 가구의 형태, 비례, 구조, 조형 등의 결점을 미리 알아볼 수 있어서 디자인 수정 시에 쉬운 결정을 내릴 수 있다. 또한 고객에게는 디자인의 형태에 대한 이해를 돕는 매우 중요한 정보 전달의 의미를 지닌다. 따라서 프리젠테이션 진행 시 훌륭히 제작된 모델을 제시하면 디자인 의도의 쉬운 전달력을 지니는 효율성을 보이게 되는 것이다.

원래 '모델'은 회화나 조각에서 재현의 대상으로 삼는 사물이나 인물을 칭했었고, 현재는 상품이나 제품, 공간 등의 이미지를 다양하게 표현하는 효과적인 방법으로 모형 제작뿐 아니라 컴퓨터를 활용하여 3차원으로 그래픽 표현하는 것도 포함한다.

가구 디자인에서는 디자인 개발하고자 하는 가구의 형태나 스케일, 비례 등의 디테일한 부분을 보여줄 수 있는 실물 모형 제작은 매우 중요하므로 가구 디자이너나 학생들은 반드시 스케일 모델링 또는 실물 모델링을 하여야 한다.

일반적으로 프로세스 과정에서는 1차 스케일 모델을 제작 후, 보다 구체적인 구조나 스케일, 비례, 구조 등을 정교히 하여 실물 모델을 제작한다.

1) 재료

모델링의 모형을 제작할 때에는 개발을 위한 스터디(Study) 모델인지 고객을 위한 최종 모델인지를 고려하여 재료를 선택한다.

모델링이 판재인 경우에는 원하는 두께에 맞춰 사용하면 되고 부피를 요구하는 경우에는 우드락 보드를 사용하여 압착하여 사용한다. 접착 시 사이가 뜨지 않게 유의하고 압착을 위하여 프레스를 사용할 수도 있다.

재료	제작 적용 특성
모형지/판지	나뭇결의 질감을 이용할 수 있고 절단이나 접착에 용이하여 가구 모형 제작에 많이 사용된다.
나무	곡면의 형태가 자유롭고 절단이나 접합이 용이하다.
우드락/폼보드지	일정한 두께의 다양한 판재 형태로 모형 제작에 용이하다. 곡면부 처리에 어려움이 있다.
아크릴/플랙시	투명한 재질 표현에 적합하며 착색 필요시 사용할 수 있다. 절단이나 접합 시 제작에 유의하여야 한다.
금속/알루미늄	부속재로 사용되는 금속의 형태를 표현하는데 주로 사용된다. 사용상 안전상의 주의도 필요하며 원상태로의 유지가 어렵다.
고밀도 스티로품 (Iso Pink)	고밀도 스티로폼의 다양한 두께를 이용하여 필요에 따라 사용한다. 가격이 저렴하고 제작과 수정이 용이하다.

모델링 제작 재료 및 특성

2) 스케일 선정

재료 선택 후 모델링을 위하여 스터디 모델이나 완성된 모델의 스케일을 선택하는 것은 매우 중요하다. 이 스케일은 디테일 표현이나 제작에 적합한 크기로 선택이 되어 제작 과정에서 다루기 쉽고, 결과물로서 이해하기 쉬운 정보를 제공해야 한다.

3) 재단 제작

재단은 직선의 형태는 판재의 위아래에 직선 자를 대고 사용하고, 곡선의 경우에는 틀을 제작하여 형태대로 재단하여 사용하면 좋은 재료를 얻을 수 있다.

제작 과정을 '장' 유형의 모형 제작으로 살펴보면,

① 모형을 세울 바닥판을 준비한다.

② 가구의 바닥면(Bottom Panel)을 만든다.

③ 가구의 바닥면 위에 가구의 높이를 기준으로 측판과 뒤판을 먼저 세우고, 가구 내부의 구성 요소를 만들어 부착한다.

④ 천판을 맞추어 씌운 뒤 가구의 문짝 등을 붙인다.

⑤ 외부 몰딩과 장식을 부착한다.

4) 마무리

형태나 구조를 완성시킨 후 연마지를 이용하여 마무리한다. 연마 후 부분 혹은 전체적으로 착색을 필요로 하는 경우에 따라 유성 물감이나 스프레이를 이용하여 디자인 의도에 맞는 색채를 부여할 수 도 있다.

이렇게 가구 모형이 완성되면 바닥판 위에 가구 모형을 세움으로써 마무리할 수 있다. 이러한 과정을 통하여 완성된 모델을 토대로 작업 도면을 제작하면 편리하고 정확한 도면이 완성된다.

Chapter 7
가구와 미래디자인

1. 친환경 가구

'환경' 과 '웰빙' 이 사회적 현상으로 대두되는 것은 인간이 스스로 삶의 질을 높이는 것이라 할 수 있는데, 이러한 사회적 관심과 더불어 친환경 상품 구매에 대한 당위성 또한 높아졌다.

그에 따라 날로 강화되는 환경 관련 규제 속에서 최근 공공기관이나 대기업에서도 환경 친화적인 상품 구매에 대한 현실적인 요구가 증가되고 있다.

예를 들어 '친환경 상품 구매 촉진법' 의 발효로 공공기관의 친환경 상품 구매가 의무화되고 있고, 실내 공기 질 환경에 대한 관심의 증가로 '실내 공기 질 관리법' 이 발효되는 등 환경에 대한 내용이 중점적으로 부각되며 가시화되고 있다.

1-1. 에코 디자인(Eco-design) 정의

① 제품 시스템의 전 과정 동안에 환경과 안전 측면을 디자인 과정에 체계적으로 고려한다. (Joseph Fiksel 1993. *출처 : design for Environment)

② 제품 개발 과정에서 환경적인 측면과 경제적인 측면의 적정한 균형점을 찾아서 적용한다. (Rathenau Institute, TU Delft, UNEP 1997 *출처 : Eco-design)

③ 전 과정 사고를 기반으로 제품 디자인 및 개발 과정에 환경 측면을 통합한다. (Martin chater &Ursula tischner 2001 * 출처 : Sustainable solution)

1-2. 에코 디자인(Eco-design)의 필요성

환경적 측면으로 볼 때 인구의 증가와 경제 발전에 따라 자원 소모가 증가되고 이에 따른 대기 오염, 수질 오염, 토양 오염이 발생하여 궁극적으로 인류의 삶을 위협하고 있다.

기업 경영 측면으로는 제품 및 기업 이미지 향상, 비용 절감 및 이익 창출, 사회적 책임을 다함으로써 기업 경쟁력에 지대한 영향을 끼치고 있다.

이렇듯 친환경 디자인은 이미 세계적인 디자인 트렌드이고 기업의 생존에 필수 불가결한 요소라 할 수 있는데, 따라서 디자이너의 관점에서 친환경 상품에 대한 환경적 요소 및 명확한 기준을 인식하는 것이 중요하다. 그러기 위해서는 가구 제조에 있어서 생산/사용/폐기라는 공정 단계별 친환경성 여부를 이해하는 것이 많은 도움이 될 것이다.

1-3. 공정 단계별 환경 디자인

1) 생산 단계

제조의 3요소는 사람, 재료, 설비이다. 재료는 원재료, 부재료, 소모 재료 등으로 구분되는데, 생산 단계의 기본이 되는 원재료 구매 단계에서부터 친환경적인 소재를 고려해야 한다.

원재료 중 친환경적인 소재들은 목재, 천연 섬유(면, 실크) 등 일정 조건하에서 무한히 사용 가능한 천연 소재와 알루미늄, 철과 같이 유한하더라도 영구적인 재활용이 가능한 자원이 있다. 또한 석유 화합물과 같이 한정된 자원을 사용하는 경우에는 재생 자원을 활용하는 것이 친환경적이라고 볼 수 있다.

또한 생산 과정에서는 에너지 소비가 크냐 작냐에 따라 친환경 여부를 가름하기도 한다. 예를 들어 철과 알루미늄을 비교하면 알루미늄은 낮은 열에 잘 녹고 가공성이 좋으며 내식성이 강하므로 철보다 친환경적이라고 할 수 있다.

Expace 2007. Fursys. 알루미늄 소재를 이용한 span-based system

생산 공정상 오염 물질 배출이나 작업자 안전성 확보도 친환경의 필수적 요소라 할 수 있다. 데스크 상판의 우레탄 엣지, 의자의 팔걸이나 등 좌판, 매트리스, 소파 스폰지 등 '성형 우레탄 폼'은 탄성과 강도가 우수하여 많이 사용하는 발포 공법인데, 프레온가스에 의한 발포는 오존층 파괴의 주범이다. 그래서 최근에는 이러한 단점을 보완하여 프레온가스 대신 수발포에 의한 발포 공법이 개발되어 적용되고 있다.

가구 제조 시 사용되는 각종 접착제 중 용제형 접착제는 인체에 유해한 물질을 방출하며 중독의 위험성이 있다. 파티클보드(PB : Particle Board)에 HPM 또는 LPM등 표면재를 붙일 때에는 수성 접착제를 사용하고 엣지를 접착할 경우 핫멜트를 사용하는 등 용제형 접착제를 사용하지 않아야 한다.

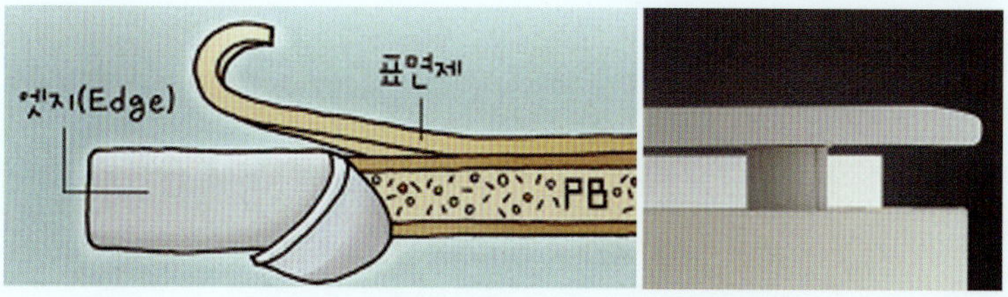

핫멜트에 의한 엣지 접착 top-line desk 1992

2) 사용 단계

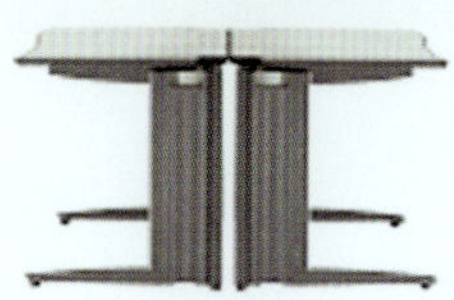

최근 새집증후군이 세상에 알려지면서 관심의 초점은 인체에 유해한 화학 물질의 방출 여부에 관한 것인데, 가구 원재료인 목재, 철재, 패드, 천, 가죽, 접착제, 폼, 플라스틱 등 대부분에서 유해 물질이 발생할 수 있다. 목재 가구에서 가장 많이 사용되는 PB, MDF, PW의 포름알데히드 방출은 인체에 독성이 강하며 기억력 상실, 정신 집중 곤란 등 증세가 있으며, 장시간 마셨을 경우 인체에 치명적인 독소가 된다. 그러나 아직까지 포르말린 대체 원료가 없는 관계로 계속 사용하고 있는데 이에 정부에서는 PB, MDF 등 목재에 방출되는 포름알데히드의 방출량 기준을 마련하고 있다. 또한 최근 환경 협회에서는 E1 등급의 자재를 사용한 제품에 한해 환경 인증 마크를 부여하고 있다.

* 포름알데히드 방출량 기준(단위 mg/L)
● E0 : 0.5 이하 ● E1 : 1.5 이하 ● E2 : 5.0 이하

다음으로 가구의 측판이나 구조용 브라켓류, 파티션류의 프레임의 재료로 쓰이는 금속(철재나 알루미늄)의 도장에 대한 친환경적 여부를 살펴본다.

도장이라고 함은 보호, 미장 등을 위해서 물체의 표면을 피복할 목적으로 도료를 사용해 도막 또는 도막층을 형성시키기 위한 행위를 말하는데, 이러한 도장 작업 시에는 용제형 도료나 수성 도료를 많이 사용하게 된다. 그런데 용제형 도료는 인

체에 유해한 화학 물질이 많이 포함되어 중독 위험성이 있다. 반면에 수성 도료는 인체에 위험성은 적으나 제품 자체 내구성이 떨어지는 단점이 있다.

이러한 이유로 요즘 많은 기업들은 100% 고형분(powder) 무용제형 도료를 사용하여 도장의 품질과 내구성을 높이고 있으며, 기술의 발달로 금속뿐만 아니라 목재에도 이것이 적용되고 있다.

분체 도장 공정 이미지

중역용 가구의 주요 재료인 무늬목은 크게 분류하면 건식 무늬목과 습식 무늬목이 있다.

습식 무늬목은 '포르말린' 으로 방부 처리하여 무늬목의 보존 상태를 유지하는 방식이다. 따라서 인체에 치명적인 영향을 미치는 포름알데히드가 방출된다.

건식 무늬목은 이러한 단점을 보완하였으며 유럽에서는 대부분 건식 공법으로 사용하고 있다. 건식 공법은 포르말린 처리를 하지 않고 건조 상태를 유지하므로 매우 친환경적이고 하자율도 적으나, 가격이 다소 비싸 국내 많은 업체에서는 아직도 습식 무늬목을 사용하고 있다.

가구의 생명은 엣지에 있다 해도 과언이 아닐 만큼 엣지 처리가 중요하다. 엣지 자재로는 Paper, PVC, PP, ABS, 우레탄, 무늬목, 전사, 도장 등을 사용하는데 그중 PVC(polyvinylchloride)가 가장 많이 사용되고 있다.

PVC는 고온에서 환경 호르몬이 유출되어 인체에 매우 유해하므로 ABS나 다른 소재로 대체되고 있는 실정이다.

제품의 내구성은 경제적인 이익뿐만 아니라 궁극적으로는 자원 사용을 줄이므로 해서 친환경에 끼치는 영향이 크다.

데스크 상판의 라미네이트 표면재 중에서는 HPM이 가장 우수하며 무늬목 도장인 경우에 UV와 우레탄 도장을 비교하면 UV도장이 친환경적이고 강도도 높다.

서랍의 레일, 도어의 힌지, 의자의 틸팅 등의 하드웨어 또한 친환경에 아주 중요한 요소라 할 수 있는데, 이들 부품 중 일부에 하자가 발생해도 전체 제품에 문제가 생긴다.

친환경 디자인이란 인간공학적이어야 한다. 만약 가구가 사용자에게 불편함을 초래하고 건강에 좋지 않은 영향을 미친다면 이는 결코 친환경 디자인이라고 말할 수 없다. 인간공학적 고려가 제대로 되지 않은 가구는 업무 집중도를 떨어뜨려 사업의 성과를 불만족스럽게 만들고 결국 일찌감치 폐기에 이르게 될 것이다. 이는 곧 경제적, 환경적 측면 모두에서 손실을 가져오게 된다.

사무 가구에서 인체에 가장 밀접한 품목이 의자인데, 좋은 의자란 사용자의 업무 집중도를 높이고 건강 보호 및 편안함을 주는 것이라 할 수 있다. 가장 좋은 의자는 그것의 존재를 인식하지 못한 채 오랫동안 앉을 수 있는 의자일 것이다. 그러나 사람마다 제각기 신체 조건이 다르므로 다양성을 완벽하게 수용해야만 하는데, 그러기 위해서는 신체 조건에 맞는 조절이 가능해야 한다. 높이 조절, 틸팅 각도 조절, 팔걸이 높이 및 회전, 좌판 깊이 조절, 등판 높이 조절, 헤드레스트 높이 및 각도 조절, 허리 받침대 높이 조절 기능이 고려되어야 한다.

Pion chair 2004. fursys. 인간공학 디자인상 수상

최근 사무용, 주방용, 혼례용 가구할 것 없이 소음 및 PL법 도입에 따른 사용자 안전이 큰 이슈이다. 서랍, 도어, 슬라이딩 도어 등은 큰 힘으로 닫아도 소음을 방지하고 안전을 보장하는 댐핑 기능을 추가하고 있다.

제품의 유연성과 확장성은 향후의 공간에 대한 변화를 수용할 수 있도록 하므로 사용 단계에 있어서 친환경적으로 중요한 요소이다. 데스크나 캐비닛을 쉽게 조립 분해하고 칸막이를 쉽게 조립하여 이전 설치할 수 있어야 하고, 또한 여러 번 해체, 조립 시에도 파손되지 않아야 한다.

그리고 하나의 공간을 필요에 따라 무용실, 강의 공간, 세미나 공간, 회의 공간 등으로 복합적으로 사용할 수 있는 다용도 제품이 친환경적이라 말할 수 있다. 예를 들어 학교 교실 한 개를 짓는데 1억 이상 비용이 투자되는데, 한 교실을 여러 용도로 사용할 수 있는 가구를 개발한다면 경제적 이익과 함께 자원 소모 측면에서 많은 이익이 될 것 이다.

마지막으로 유지 보수가 쉽도록 디자인해야 한다. 이로 인해 제품의 수명을 증가시키고 자원 소모를 감소시킬 수 있다.

3) 폐기 단계

폐기 단계에서는 재활용 시스템이 얼마나 잘되어 있는가가 중요하다. 제품에는 두 가지 이상의 소재로 만들어진 일체형 부품이 많은데 복합 소재의 제품이 분리되지 않을 때 '폐기물'이 발생하게 되므로 이를 소재별로 분리가 용이하도록 설계하여야 한다. 또한 금속류나 플라스틱 부품을 금형으로 만들 때 금형에 재질 표기를 하여 쉽게 분리 · 배출이 되게 해야 한다.

THING chair. steelcase 소재별 분리, 재활용 제품

가구 디자이너는 특히 환경에 대한 중요성을 인식하고 축척된 경험으로 친환경 제품을 디자인하여야 한다. 위에서 언급했듯, 재료 선택에서부터 제작 공정, 사용 단

계, 폐기, 재활용에 이르기까지 총체적으로 생각해야 한다. 그러기 위해서는 제품을 개발할 때 기획 및 설계 단계에서부터 품질, 비용적 측면과 동시에 환경적 측면을 고려하고 환경 부하를 최소화함으로써 제품의 친환경성을 보증할 수 있다.

인간이 편리하게 사용하고 오랫동안 사용할 수 있고 실증 나지 않는 가구야말로 진정한 의미에서 좋은 디자인이라 할 수 있으며, 나아가 친환경적인 디자인이라 할 수 있다.

2. 유니버설 디자인(UNIVERSAL DESIGN)

유니버설 디자인은 기본적으로 Barrier-Free Design 개념으로 1950년대 장애인들에게 건축 환경의 장애를 제거하는 과정에서 시작되었으며, 이는 장애인들에게만 국한되어 부정적 의미로 사용되는 것이 아니라 모든 사용자에게 분리가 아닌 평등, 공평한 기회의 제공이 이루어지도록 하는 의미를 포함한다. 따라서 이는 시설적 의미를 강하게 내포하고 있으며 Ron Mace에 의해 1985년에 처음 사용되어졌다.

2-1. 유니버설 디자인(Universal Design)의 정의

유니버설 디자인(Universal Design)이란 사람의 신체 능력이나 신체 크기, 나이에 상관없이 가능한 모든 사람이 이용할 수 있는 제품 디자인이나 환경 디자인이다.

이는 과거에 모든 디자인이 표준형인 사람들을 대상으로만 이루어졌던 것에 비해 소외되었던 계층, 즉 장애자나 노인, 어린이 등의 대상을 포함하여 다양한 요구를 수용하고, 나아가 사람의 요구가 변화되거나 특별한 상황에서의 요구도 모두 수용하는 하나의 새로운 가치 체계인 디자인 접근 방식이다.

2-2. 유니버설 디자인(Universal Design)의 배경

디자인의 주된 목적은 사용자에 대한 깊은 이해를 전제로 해야 한다. 그러나 지난 산업 사회에서 균일화된 표준 제품을 효율성 우선주의로 대량 생산하려는 것만을 추구해 옴으로써 사용자가 느끼는 불편함은 다양한 국면에서 다양한 양상으로 나타나고 있다. 그에 따라 근래에는 일방적으로 수용하여야만 했던 평균적 표준에 대한 사용 불편함과 고충에 대한 문제점을 지적하고 개선을 위한 행동이 유니버설 디자인을 통해 나타나고 있는것이다.

유니버설 디자인은 '모든 사람들을 위한 디자인(Design for All)', 연령과 성별, 국적(언어), 장애의 유무 등에 관계없이 처음부터 누구나 공평히 사용 가능한 제품, 건축 환경, 서비스 등의 구현, 즉 디자인을 의미한다.

2-3. 유니버설 디자인(Universal Design)이 필요한 이유

1) 법률적 변화

1 US의 많은 법들은 장애자에 대한 접근성을 요구

- 1996년의 Telecommunication Act (장애에 대한 장려)
- 1990년 The Americans with Disabilits Act (ADA) (장애인에게 건축적 접근성을 높임)

2 최근 통신장비에 있어서의 장애자에 대한 접근성

- 1982년의 장애자를 위한 통신법
- 1988년의 듣기를 돕는 적합성 법령(Hearing Aid Compatibility Act of 1988)
- 1990년의 텔레비전 문자 발송법
- 1996년의 통신법
- 가장 최근의 sec. 508 (재활법에 대한 변경안)

2) 변화되는 인구 통계

1 장애를 가진 사람이 미국 인구의 20%(1997년)

- 미국 인구의 11.9%가 65세이상 노인이며, 이중 30%가 장애, 40.1%가 심각한 장애를 안고 있다.
- 영국, 독일, 프랑스, 일본, 스웨덴, 노르웨이는 65세 이상 인구가 미국보다 많

고 증가 추세이다.

2 의학 기술의 발전으로 치료율이 높아짐

- 장애를 지닌 채 살아가는 사람 많아진다.

3 베이비 붐 세대에 의해 나타난 노년 인구의 증대

- 나이가 들어감에 따라 점점 쉽고, 즉각적으로 이해할 수 있기를 희망한다.

3) 비용을 감소시킨다

1 시장의 사이즈를 늘리고, 제조에 관련된 비용을 줄인다

- 특수 기술이 보편화됨에 따라 생산 가격 1/3로 떨어진다.

2 개개인의 독립성을 증대시켜 돌보는 비용을 감소시킨다

- 개인적으로 돌보는 데는 많은 비용이 든다.
- 클린턴 대통령은 장애자를 장기간 집에서 돌보는 가정에게 세금 감면 프로그램을 실시하였다.

4) 세계적 시장

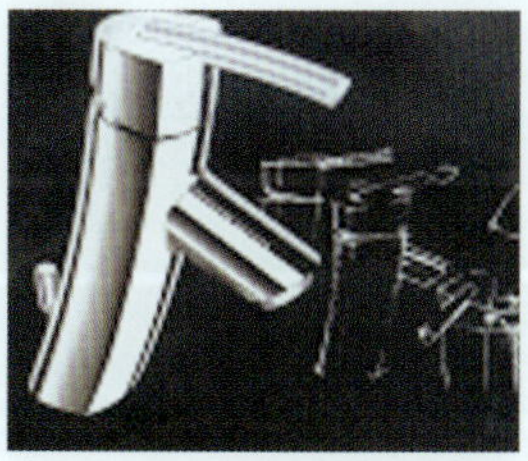

1 유니버설한 제품은 문화적 특성들을 극복할 수 있다

- 하나의 제품으로 전 세계 수많은 사람들의 생활의 질에 영향을 미친다.

2-4. 유니버설 디자인의 원리

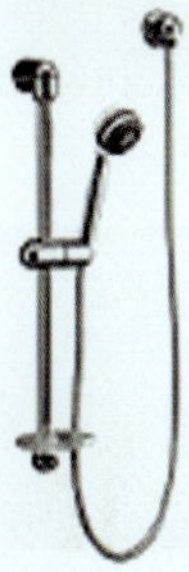

Mace & The Center for Universal Design	• 기능적 지원성이 높은 디자인(Supportive Design) • 수용 가능한 디자인(Adaptable Design) • 접근 가능한 디자인(Accessible Design) • 안전한 디자인(Safety - Oriented Design)

Connell, Jones, Mace, Mueller, Mullick, Ostroff, Sanford, Story, Steinfeld & Vanderheide etc.	• 공평한 사용(Equitable use) • 사용상의 융통성(Flexibility in Use) • 간단하고 직관적인 사용(Simple and Intuitive Use) • 쉽게 인지할 수 있는 정보(Perceptible Information) • 오류에 대한 포용력(Tolerance for Error) • 적은 물리적 노력(Low Physical Effort) • 접근과 사용을 위한 크기와 공간 (Size and Space for Approach and Use)

2-5. 유니버설 디자인 원칙

(1) 공평한 사용

모든 사용자에게 같은 의미를 제공하라.

분리하거나 특정 계층으로 규정하지 말라.

(2) 사용에 있어서의 유연성

사용하는 방법에 있어서 선택을 할 수 있게 하라.

사용자의 보폭에 맞춰라.(융통성, 적응성)

(3) 간단하고 직관적 사용

불필요한 복잡성은 제거하라.

교육 수준과 언어의 넓은 범위를 수용하라.

사용자의 기대와 직관에 일치하게 하라.

(4) 쉽게 인지할 수 있는 정보

필수 정보의 표현은 여러 모드(Mode)로 하라.

필수 정보를 최대한 눈에 잘 띄게 하라.

(5) 실수에 대한 안내

위험과 에러에 대한 경고를 제시하라.

자동 안전 장치를 제공하라.

(6) 낮은 물리적 노력

사용자가 보통의 몸 상태를 유지하게 하라.

육체적 노력을 최소화하게 하라.

(7) 접근과 사용을 위한 사이즈와 공간

앉아있거나 서 있는 사용자에게 모두 적합하게 하라.

손과 쥐는 사이즈에 있어서의 다양함에 대응하라.

2-6. 유니버셜 디자인 사례

1990년대 초반, 미스 아메리카에 장애인이 선발되어 장애인 처우 문제가 사회 이슈화되면서, 미국에선 공적인 제품이나 서비스를 장애자가 사용할 수 있도록 하는 것을 의무화하는 법률(미국 장애자법 - Americans with Disabilities Act 통칭 ADA법)을 제정하였다. 이 시기에 공개되어 화제에 오른 영화는 레인맨(더스틴 호프만, 톰 크루즈)과 사랑의 기적(로버트 드니로, 로빈윌리암스)이 있다.

청각장애자용인 TV의 캡션도 이때 의무화되었다. 이러한 계기로 미국에선 유니버셜 디자인이 수면 위에 떠오르게 되며 대중들에게 각광받는 분야가 되었다.

미국에서 유니버셜 디자인의 가장 큰 성공 사례로 꼽히는 것 중 하나는 1990년에 창업한 'OXO International' 사의 굿 그립(good grip) 시리즈다. 이 회사의 이름을 어떻게 읽어야 할 것인가? 빵 곱하기 빵 제로 엑스 제로? 정답은 옥소이다. 왼

OXO

쪽 오른쪽 어느 방향으로 읽어도 옥소로, 그 이름 속에서 우리는 이 회사의 유니버셜 디자인의 철학을 읽을 수 있다. 창업자는 류머티스 때문에 고생했던 아내를 위해 개발한 생활용품 15가지 아이템으로 출발해, 350가지 아이템으로 세계 30개국의 판매율 달성을 불과 10년 만에 이루어 냈다. 손잡이 디자인 하나만으로 다른 제품들보다 몇 배나 비싼 가격으로 팔수있었던 것, 바로 디자인의 힘인 것이다.

Smart Design에서 디자인한 주방용품들은 모두 적은 힘으로 간단히 사용할 수 있게 하는 제품들이다. Orangex사의 쥬서와 OXO사의 감자깎이와 칫솔은 미국에서 활약 중인 중국 출신의 디자이너 Eric Chan이 디자인한 어린이용 칫솔이다.

기능과 디자인성을 겸비한 유니버셜 디자인 제품이다.

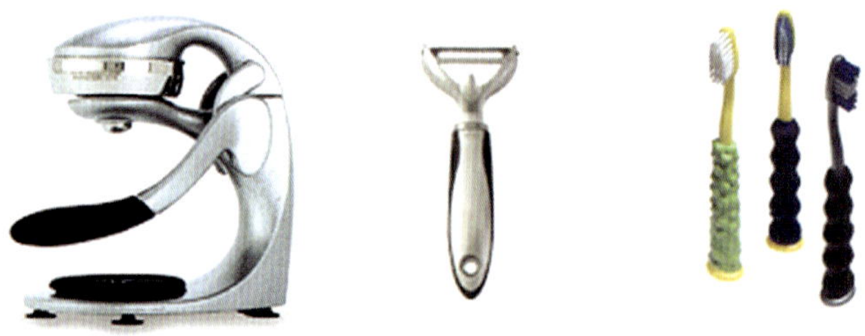

2-7. UD 가구 디자인 개발

유니버셜 디자인은 제품이나 환경 시설 외에 모든 산업을 대상으로 할 만큼 대단히 광범위하며, 이러한 디자인 원리를 가구에 적용한 것이 UD 가구라 할 수 있다.

1) UD 가구에 적용 가능한 요소

가구는 인간의 행태에 직접적으로 지원하는 시스템으로 UD의 개념을 적극적으로 도입하여 적용해야만 하는 주요 제품군이다.

이에 적용 가능한 개념과 요소를 다음과 같이 정리할 수 있다.

① 충분한 수납 공간을 확보하고 하부 수납 공간은 인출식으로 계획하여 사용하면 공간의 효율성을 높일 수 있다.

② 세로로 긴 바 타입의 도어 손잡이를 설치하여 신장과 잡는 위치와 상관없이 편리하게 열고 닫을 수 있다.

③ 시각적 인지가 쉬운 형태와 알람, 경보 등의 청각적 시각적 알림 장치를 하여 위험을 방지하고 안전성을 배려할 수 있다.

④ 액세서리는 돌출 부분을 없애고 매립식으로 계획하여 다칠 수 있는 위험 요소를 제거한다.

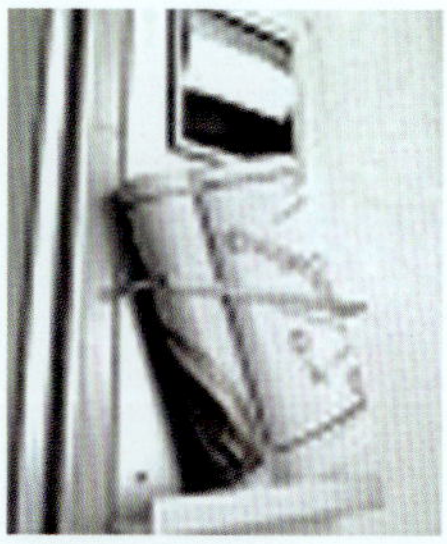

⑤ 욕실 가구는 환기 및 통풍, 채광 등 쾌적성에 대한 배려를 강화한다.

⑥ 욕실 가구의 세면대 하부를 활용할 수 있도록 계획한다.

⑦ 주방 가구는 화기로부터의 안전성을 높인 전기쿡탑을 사용한다.

⑧ 주방 가구의 하부 수납장은 허리를 많이 굽히지 않도록 인출식으로 계획한다.

⑨ 휠체어나 의자 등에서도 앉아서 작업할 수 있도록 무릎이 들어갈 수 있는 개수대는 장애가 있는 경우도 편리한 사용을 지원하게 될 것이다.

⑩ 주방 가구의 경우 손이 닿는 위치의 수납장과 슬라이딩 다운 수납장을 계획하면 키가 작거나 허리가 아픈 사용자에게 편리함을 제공하게 될 것이다.

⑪ 다치기 쉬운 모서리 부분에는 색상 대비나 부드러운 재질을 적용하여 쉽고 빠르게 인지할 수 있도록 한다.

⑫ 발밑 조명등을 설치하여 어두운 경우에도 대비할 수 있도록 한다.

그 외에 슬라이딩 도어나 레버형 문손잡이, 눈부심 방지 조명, 리모컨을 통한 조절 기능 부여 등 여러 가지 다양한 방법으로 가구에 UD 개념을 접목시킬 수 있을 것이며, 본격적인 고령 사회의 도래로 실버 산업에 대응하는 가구의 개발은 UD 가구 디자인 개념이 적용될 수 있는 좋은 사례가 될 것이다. 또한 국제화, 정보통신기술의 고도화 등에 동반하여 사회 · 경제 구조의 변혁, 가치관의 다양화 등이 한층 진전될 것으로 예측되는 21세기에 있어서, 유니버설 디자인과 이를 수용할

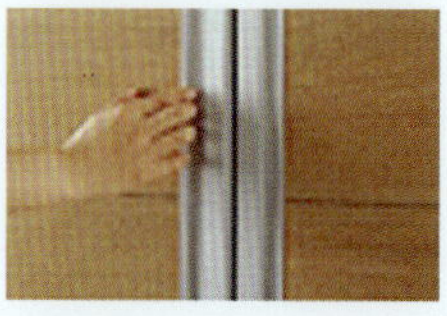

수 있는 UD 가구는 공간 사용의 효율성과 사용자의 행태를 적극 지원해 가기 위해 필연적인 대안이 되는 것이다.

1990년대 초 · 중반에 등장했던 허먼밀러(Hermanmiller)사의 사무용 의자인 Aeron Chair도 빅 히트를 기록하게 된다. 기본으로 세 가지 사이즈로 발매되었고 각종 세부 조정으로 유저들의 몸에 맞추어 조절된다는 점, 그리고 척추를 편안하게 휠 수 있도록 서포트(Support)해 준다는 점, 이 때문에 그 후 타사의 사무 의자 개발에도 지대한 영향을 끼친 UD 개념 가구의 예이다.

참고 문헌

- Interni, 1999-2006, Italy
- MD, 2002-2006, Germany
- www.leight.de
- www.tisettanta.com
- www.cleanup.co.jp
- www.bif.co.kr
- www.maximum.co.kr
- www.hanssem.com
- www.enex.co.kr
- http//:national.jp/sumai/kitchen
- www.mew.co.jp
- DDN, Italy
- 마쓰시다 -National manual, 2003, 일본
- Toto manual, 2003, 일본
- Leight manual, 2004, Germany
- Elam manual, 2004, Italy
- Euro cuccina manual, 2004, Italy
- International Moebel Messe manual, 2006, Germany
- 실내건축 재료학, 박시환, 장경수 지음, 2001, 기문당
- 난 알아요 ISO 9000, 김영세 지음, 도서출판 가남
- 실내 디자인 양식사 이연숙 지음, 1998 연세대학교 출판부

index

저자 약력

김국선

김포대학 실내디자인과 교수
연세대학교 생활과학대학원 실내디자인 전공 이학박사
홍익대학교 미술대학 미술학사 및 석사
KIID(한국 실내 디자인학회) 이사
서울시 강서구 · 양천구 건축심의 위원
가구디자인 교수학습방법 한국전문대학교육협의회장상 수상
한국가구디자이너협회 가구디자인상 수상

이세환

두원공과대학 건축 디자인과 부교수
계명대학교 산업미술학과 졸업
홍익대학교 대학원 가구디자인 전공
'85~90(주)보루네오가구 설계실 근무
'03~'06 한국 우수 디자인 상품 선정 심사위원
'97~'03 미국 Neocon Fair 출품
한국 가구학회 이사, 한국 실내 디자인학회 회원

공석만

(주)퍼시스 재직(개발 분야)
계명대학교 졸업(건축 전공)
'99~'01 인천국제공항 가구 설계 총괄(퍼시스 가구연구소)
'02 Korea Built-in Furniture 초대작가
'04 04 Good Design Award 우수 산업 디자이너상 수상
'04~'06 퍼시스 가구 연구소, 일룸 생활가구, 팀스 가구 부문 총괄
'07 홍익대학교 산업미술대학원 석사 과정

가구 @디자인

2007년 3월15일 1판 1쇄 인쇄
2007년 3월20일 1판 1쇄 발행

지은이 : 김국선 · 이세환 · 공석만 공 저
펴낸이 : 박 정 태

펴낸곳 : **광 문 각**

121-130
서울시 마포구 구수동 41-4 영풍빌딩
등 록 : 1991. 5. 31 제12-484호
전화(代) : 02)713-2122
팩 스 : 02)713-2125
E-mail : kwangmk@unitel.co.kr
홈페이지 : www.kwangmoonkag.co.kr

ISBN: 978-89-7093-424-2 93540

정가 : 25,000원